Denis Alcides Rezende

Cidade digital estratégica além da *Smart City*:
guia para projetos de cidades inteligentes

Rua Clara Vendramin, 58 . Mossunguê
Cep 81200-170 . Curitiba . PR . Brasil
Fone: (41) 2106-4170
www.intersaberes.com
editora@intersaberes.com

Conselho editorial
Dr. Alexandre Coutinho Pagliarini
Drª Elena Godoy
Dr. Neri dos Santos
M.ª Maria Lúcia Prado Sabatella

Editora-chefe
Lindsay Azambuja

Gerente editorial
Ariadne Nunes Wenger

Assistete editorial
Daniela Viroli Pereira Pinto

Edição de texto
Caroline Rabelo Gomes
Letra & Língua Ltda. - ME

Capa e projeto gráfico
Charles L. da Silva

Diagramação
Querido Design

Equipe de *design*
Sílvio Gabriel Spannenberg

Iconografia
Regina Claudia Cruz Prestes

Dados Internacionais de Catalogação na Publicação (CIP)
(Câmara Brasileira do Livro, SP, Brasil)

Rezende, Denis Alcides
　　Cidade digital estratégica além da smart city : guia para projetos de cidades inteligentes / Denis Alcides Rezende. -- Curitiba, PR : InterSaberes, 2024.

　　Bibliografia.
　　ISBN 978-85-227-1312-7

　　1. Cidades e vilas – Inovações tecnológicas 2. Planejamento estratégico 3. Planejamento urbano – Inovações tecnológicas I. Título.

24-188967　　　　　　　　　　　　　　　　　　　　　　　　　　　　CDD-307.1216

Índices para catálogo sistemático:
1. Cidades : Planejamento : Sociologia　307.1216

Cibele Maria Dias – Bibliotecária – CRB-8/9427

1ª edição, 2024.

Foi feito o depósito legal.

Informamos que é de inteira responsabilidade do autor a emissão de conceitos.

Nenhuma parte desta publicação poderá ser reproduzida por qualquer meio ou forma sem a prévia autorização da Editora InterSaberes.

A violação dos direitos autorais é crime estabelecido na Lei n. 9.610/1998 e punido pelo art. 184 do Código Penal.

Sumário

Dedicatória 7

Apresentação 9

Capítulo 1
Cidade digital estratégica 11
1.1   Conceitos convencionais de cidade digital 12
1.2   Conceitos de *smart city* 14
1.3   Conceito de cidade digital estratégica 15
1.4   Componentes da cidade digital estratégica 16
1.5   Estratégias municipais e cidade digital estratégica 16
1.6   Informações municipais e cidade digital estratégica 17
1.7   Serviços públicos municipais e cidade digital estratégica 18
1.8   Tecnologia da informação e cidade digital estratégica 19
1.9   Projeto de cidade digital estratégica 19

Capítulo 2
Premissas do planejamento de estratégias, informações e tecnologias municipais 21
2.1   Administração, administração estratégica e pensamento estratégico 22
2.2   Gestão municipal, gestão de cidade e gestão urbana 24
2.3   Funções ou temáticas municipais 26
2.4   Empreendedorismo municipal 34
2.5   Plano plurianual municipal 37
2.6   Plano diretor municipal 39
2.7   Plano de governo municipal 41
2.8   Projetos participativos municipais 43
2.9   Alinhamento e integração dos planejamentos e planos municipais 45
2.10 Inteligência pública 59

Capítulo 3
Fase zero para projetos municipais 63
- 3.1 Subfase 0.1. Conhecer o município ou o local do projeto municipal 64
- 3.2 Subfase 0.2. Entender a prefeitura e as organizações públicas municipais para o projeto municipal 65
- 3.3 Subfase 0.3. Adotar o conceito do projeto municipal 66
- 3.4 Subfase 0.4. Definir o objetivo do projeto municipal 67
- 3.5 Subfase 0.5. Definir a metodologia do projeto municipal 68
- 3.6 Subfase 0.6. Definir a equipe multidisciplinar do projeto municipal 71
- 3.7 Subfase 0.7. Divulgar o projeto municipal 75
- 3.8 Subfase 0.8. Capacitar os envolvidos no projeto municipal 76
- 3.9 Subfase 0.9. Definir os instrumentos de gestão do projeto municipal 78
- 3.10 Subfase 0.10. Elaborar o plano de trabalho do projeto municipal 79

Capítulo 4
Planejamento estratégico do município 83
- 4.1 Conceito, benefícios e fatores críticos de sucesso do planejamento estratégico do município 84
- 4.2 Metodologia e projeto de planejamento estratégico do município 87
- 4.3 Análises municipais 96
- 4.4 Diretrizes municipais 113
- 4.5 Estratégias e ações municipais 127
- 4.6 Controles municipais e gestão do planejamento estratégico do município 155

Capítulo 5
Planejamento de informações municipais 183

5.1 Conceitos, sistemas e modelos 183
5.2 Metodologia e projeto de planejamento de informações municipais 200
5.3 Revisar o planejamento estratégico do município 204
5.4 Planejar informações e conhecimentos municipais 205
5.5 Avaliar e planejar sistemas de informação e de conhecimentos municipais 208
5.6 Avaliar e planejar recursos humanos 216
5.7 Priorizar e custear o projeto 226
5.8 Executar o projeto 231
5.9 Gerir o projeto 232

Capítulo 6
Planejamento da tecnologia da informação e da cidade digital 237

6.1 Conceito, modelos e recursos tecnológicos municipais 237
6.2 Metodologia e projeto de planejamento da tecnologia da informação e da cidade digital 241
6.3 Avaliar e planejar tecnologia da informação e cidade digital 243
6.4 Avaliar e planejar serviços municipais 263
6.5 Executar, gerir e encerrar o projeto 266

Lista de siglas 269
Referências 271
Sobre o autor 277

Dedicatória

A que amo e a quem amo.

A meus mestres, amigos, colegas, orientandos, alunos e clientes.

Apresentação

Um dos maiores desafios da Administração Pública é fazer a gestão competente das cidades, dos municípios, das prefeituras e das organizações públicas municipais, seja de maneira convencional, seja via digital, utilizando-se de recursos da tecnologia da informação (TI) ou do governo eletrônico. Desse modo, elaborar projetos relacionados a estratégias, serviços públicos, tecnologias e informações nas cidades propicia à gestão municipal melhorar a qualidade de vida dos cidadãos.

Por meio do conceito de *cidade digital estratégica*, que vai além daquele de *smart city* e de cidade digital convencional, apresentamos, nesta obra, um guia prático para elaboração de projetos, contemplando: planejamento estratégico do município (PEM); planejamento de informações municipais (PIM); planejamento de serviços públicos municipais (PSPM); planejamento da tecnologia da informação (PTI); e projeto da cidade digital estratégica. Também abordamos as premissas do planejamento de estratégias, informações, serviços públicos, tecnologias municipais e a fase zero para projetos municipais, bem como um modelo de cidade digital estratégica. Além disso, tratamos de outros conceitos, destacando funções ou temáticas municipais, empreendedorismo municipal, plano plurianual municipal (PPAM), plano diretor municipal (PDM), plano de governo municipal, inteligência pública e suas integrações.

Assim, descrevemos partes, fases, subfases e produtos de metodologias para os projetos municipais, detalhando de maneira objetiva a visão moderna e a aplicação adequada de um guia para planejamentos em cidades brasileiras e estrangeiras, transcrevendo grande parte da experiência do autor com projetos municipais adquirida desde 2003 em pesquisas acadêmicas, sala de aula e trabalhos de assessorias em municípios, prefeituras e organizações públicas municipais do Brasil e de outros países.

Os projetos municipais sugeridos são instrumentos de relevância inquestionável para a gestão de cidades, municípios, prefeituras e organizações públicas, principalmente pelas dificuldades oriundas de recursos financeiros, como obediência à Lei de Responsabilidade Fiscal (LRF), exigências do Estatuto da Cidade e pressão de gestores locais e munícipes.

Esta obra, portanto, destina-se a interessados em administração pública municipal, cidadãos, prefeitos, secretários municipais, assessores públicos, servidores públicos, políticos partidários, profissionais e acadêmicos que estão envolvidos com planejamento de municípios, sistemas de informação, TI, cidade digital e governo eletrônico. No meio acadêmico, pode ser utilizada nos cursos sequenciais, de graduação e pós-graduação, como componente de planos de aulas das disciplinas de Planejamento Estratégico, Administração Pública, Informações Municipais, Planejamento da Tecnologia da Informação, Plano Diretor de Informática, Gestão de Informações, Gestão do Conhecimento, Gerência de Informática, Cidade Digital e *Smart City*.

Capítulo 1

Cidade digital estratégica

Todas as cidades, além de físicas e territoriais, são digitais, pois parte de seu funcionamento exige a utilização de recursos da tecnologia da informação (TI) (Rezende, 2023).

Mas não só os recursos da TI são relevantes, as estratégias, as informações e os serviços públicos são desafios permanentes em cidades que se preocupam com a qualidade de vida dos cidadãos e a gestão municipal. Tal desafio requer a participação de todos os envolvidos, de servidores municipais a cidadãos, sejam eles trabalhadores, estudantes, aposentados ou donos de casa, sejam vereadores, empresários, entre outros.

Os constantes desafios sociais, financeiros e políticos enfrentados pelas cidades têm exigido de seus gestores uma atuação mais competente para propiciar qualidade de vida adequada aos cidadãos. Por outro lado, a participação dos cidadãos na condução da cidade é uma necessidade inexorável. Nesse contexto, uma das formas de contribuir para superar esses desafios é por meio da elaboração coletiva, participativa e formal de um projeto de cidade digital estratégica (Rezende, 2012).

O projeto de cidade digital estratégica integrado com os demais planos municipais (estratégico, estratégico das informações, diretor, plurianual, de governo, participativos etc.), requer exaustivos exercícios práticos embasados em fundamentação teórica sedimentada. Esses exercícios estão relacionados às atividades cotidianas e dinâmicas inteligentes de prefeituras e organizações públicas, bem como às ações de gestão das cidades. Tais atividades devem ser elaboradas de maneira integrada e estruturada, em que as estratégias peculiares e as informações personalizadas e oportunas são fatores essenciais para a gestão participativa e adequada das cidades, incluindo serviços aos cidadãos por meio de recursos da TI (Rezende, 2012). Evidentemente, essas atividades serão mais profícuas para as cidades se tiverem efetiva participação de seus cidadãos (Rezende et al., 2014; Rezende, 2023).

1.1 Conceitos convencionais de cidade digital

As primeiras referências ao conceito de cidade digital surgiram a partir da década de 1980. Não há um consenso sobre esse conceito, pois ele é utilizado para diferentes abordagens, que vão desde portais eletrônicos até representações virtuais de cidades.

Diferentes projetos de cidades digitais surgiram no decorrer do tempo, como: De Digitale Stad, em Amsterdã, na Holanda; Bolonha Digital, em Bolonha, na Itália; Helsinque Digital, em Helsinque, na Finlândia; Kyoto Digital, em Kyoto, no Japão; Netville, em Toronto, no Canadá, entre outros, nos quais, em sua maioria, cidade digital é a conexão da internet com os cidadãos (Ishida; Isbister, 2000; Fernandes; Carniello, 2017).

De modo geral, as diferentes definições de cidade digital podem ser agrupadas em quatro tipos de experiência: (1) representação *web* de determinado local em forma de portal; (2) criação de infraestrutura e serviços e de acesso público a locais urbanos para uso de novas tecnologias e redes telemáticas; (3) modelagem 3D de espaços urbanos por meio de sistemas de informação espacial (Spatial Information System – SIS), como o Geographic Information System (GIS), ou sistema de informação geográfica (SIG), em português; e (4) representações metafóricas eletrônicas em forma de comunidades virtuais, como fóruns, *chats*, *news* etc.

Os projetos de cidade digital podem ser de iniciativa pública, privada ou uma parceria público-privada, em geral, com o envolvimento da sociedade civil.

No Brasil, um projeto de cidade digital tem sido realizado nos últimos anos como um programa de políticas públicas. Esse projeto, patrocinado pelo Ministério das Comunicações (MCom) e administrado pela Secretaria de Inclusão Digital, foi instituído pela Portaria n. 376, de 19 de agosto de 2011 (Brasil, 2011), tendo como principal objetivo promover a inclusão digital e a expansão dos serviços de governo eletrônico nos municípios (Rezende, 2012). Também visa uma política contínua e sustentável de longo prazo, integrando ações de inclusão digital (Fernandes; Carniello, 2017). Outros objetivos do projeto são:

- melhoria da qualidade e transparência na gestão pública;
- democratização de acesso à internet;
- fomento à economia criativa e sustentável;
- criação e desenvolvimento de conteúdos;
- construção de ambientes de colaboração em redes abertas.

Desse modo, é um projeto estruturante que tem por meta estabelecer uma cultura digital na sociedade brasileira (Brasil, 2011).

Os textos clássicos relacionam cidade digital com coleta, estruturação e disponibilização de informações por meios digitais para que os cidadãos possam interagir entre si e com o governo, interligando-se na rede digital de determinado território. Posteriormente, essa rede pode possibilitar a integração de recursos tecnológicos e disponibilizar serviços públicos e respectivas informações em diferentes realidades virtuais ampliadas de espaços urbanos e rurais. Os referidos serviços públicos podem facilitar a vida dos cidadãos em termos de tempo, espaço e até qualidade de informações, de modo, inclusive, a ampliar sua participação na gestão do município.

1.2 Conceitos de *smart city*

Desde a década de 1960, com mais ênfase na década de 1980, o termo *smart city* está relacionado com a teoria *New Public Management* (NPM) (ver Seção 2.2), que pressupõe facilitar a vida dos cidadãos por meio de aplicações de recursos de TI.

Essencialmente, como conceito, modelos e aplicações, a ênfase da maioria dos projetos de *smart city* direciona-se às tecnologias, sejam inovadoras, sejam convencionais, aplicadas na cidade, tanto no meio urbano quanto no rural. Alguns conceitos ou modelos também consideram a sustentabilidade e suas múltiplas abordagens ambientais no projeto.

Resumidamente, existem duas divisões mundiais de entendimento sobre *smart city*: (1) estudos urbanos científicos com casos de cidades mais adequadas e sustentáveis; e (2) mundo comercial das empresas, com ênfase em *softwares* e recursos de TI.

A empresa IBM, como uma empresa comercial que, no passado, deixou de fabricar super computadores e optou por desenvolver *softwares* para governos, divulgou o conceito de *smart city* como uma área urbana desenvolvida, que cria desenvolvimento econômico sustentável e alta qualidade de vida ao se destacar em algumas áreas-chave, a saber: economia, mobilidade, meio ambiente, pessoas, vida e governo. A excelência nessas áreas-chave pode ser alcançada por meio de forte capital humano e social e infraestruturas de tecnologia da informação e comunicação (TIC).

Já para a Nokia, uma cidade pode ser definida como *smart* quando os investimentos em capital humano e social e em TI e respectivas infraestruturas de comunicação fomentarem o desenvolvimento econômico sustentável e a elevada qualidade de vida dos cidadãos, com uma gestão inteligente dos recursos naturais.

Finalmente, para a União Europeia, *smart cities* são sistemas conectados e pessoas interagindo por meio de energias sustentáveis, materiais adequados, serviços úteis e recursos financeiros para fomentar o desenvolvimento econômico local e a ampliação da qualidade de vida das pessoas na cidade.

Para muitos autores, de maneira geral, é possível definir que as aplicações de *smart city* utilizam os fatores tecnológicos e humanos em determinados serviços da cidade, sejam públicos, sejam privados. Frequentemente, inserem-se no contexto de dimensões ou subprojetos, como sustentabilidade integral, meio ambiente congruente, economia adequada, mobilidade flexível, segurança plena, qualidade de vida dos cidadãos, aplicações governamentais, entre outras.

Assim, não existe uma definição universalmente aceita de *smart city*, o que implica conceitos diferentes para pessoas diferentes, de modo que a conceituação de *smart city* varia de cidade para cidade, comunidade para comunidade, país para país e, infelizmente, de empresa para empresa, dependendo dos interesses de cada um dos envolvidos nesse projeto complexo, mas relevante para todas as cidades que se preocupam com a efetiva qualidade de vida dos cidadãos e uma gestão pública adequada, moderna, sustentável, transparente e participativa.

Quanto aos projetos, eles podem abranger cidades e/ou regiões, vilas, condomínios, edifícios, casas e até mesmo ruas inteligentes.

1.3 Conceito de cidade digital estratégica

Diferentemente do conceito de cidade digital convencional e de cidade inteligente (ou *smart city*), a *cidade digital estratégica* pode ser entendida como a aplicação dos recursos da TI na gestão do município e na disponibilização de informações e de serviços aos cidadãos, mediante estratégias da cidade. É um projeto mais abrangente que apenas oferecer internet aos cidadãos por meio de recursos convencionais de telecomunicações; vai além de incluir digitalmente os cidadãos na rede mundial de computadores; e sim tem como base as estratégias da cidade para atender aos objetivos das diferentes temáticas municipais (Rezende, 2012; 2018a; 2023).

Todos os projetos, subprojetos e planejamentos devem levar em conta as funções ou temáticas municipais (ver Seção 2.3).

O maior objetivo da cidade digital estratégica e seus subprojetos é ampliar a qualidade de vida dos cidadãos e auxiliar a gestão pública, considerando transparência, agilidade, participação, inclusão, sustentabilidade e inteligências pública e privada.

1.4 Componentes da cidade digital estratégica

A cidade digital estratégica é dividida em quatro subprojetos: (1) estratégias municipais (para alcançar os objetivos do município); (2) informações municipais (para auxiliar nas decisões de cidadãos e gestores do município); (3) serviços públicos municipais (para ampliar a qualidade de vida dos cidadãos); e (4) recursos da TI (Rezende, 2012; 2018a; 2023).

1.5 Estratégias municipais e cidade digital estratégica

Estratégias municipais são meios, formas ou caminhos para atender aos objetivos municipais (Rezende, 2012; 2018a; 2023). Podem ser escritas utilizando "verbo" + "o quê". Alguns exemplos são: ampliar saúde; aumentar educação; investir em segurança; reduzir criminalidade; manter cidadãos satisfeitos; divulgar cidade; melhorar turismo; diminuir despesas; sustentar agricultura; desenvolver ciência, tecnologia e inovação; fomentar cultura; melhorar esportes; modernizar indústria; cuidar do meio ambiente; habilitar obras; criar saneamento; desenvolver projetos sociais; profissionalizar transporte; organizar mobilidade; integrar o urbano com o rural.

Já os objetivos municipais são metas qualificadas e quantificadas para a cidade ou o município. Devem ser descritos em frases curtas, mencionando "verbo", "quanto", "o quê" e "quando" (data/ano). Alguns exemplos são: construir 9 hospitais até 2099; pavimentar 99 km de ruas até 2099; construir 9 escolas até 2099; investir $99 em segurança até 2099; reduzir 99% da criminalidade até 2099; aumentar a satisfação dos cidadãos em 99% até 2099; desenvolver 1 projeto de publicidade municipal até 2099; construir 1 local turístico até 2099; diminuir despesas de $99 até 2099; plantar 99 produtos agrícolas até 2099; desenvolver 9 laboratórios de ciência, tecnologia e inovação até 2099; construir 9 teatros de cultura até 2099; edificar 9 instalações esportivas até 2099; facilitar 99 novas indústrias até 2099; construir 9 km de esgoto sanitário até 2099; criar 9 parques ambientais até 2099; fornecer 99 empregos até 2099; desenvolver 9 projetos sociais até 2099; disponibilizar 99 ônibus de transporte até 2099; facilitar 9 projetos de mobilidade por metrô até 2099; desenvolver 9 projetos urbanos integrados com rurais até 2099; criar 1 projeto de inteligência pública até 2099.

As estratégias municipais e os objetivos municipais devem levar em conta as funções ou temáticas municipais (ver Seção 2.3).

1.6 Informações municipais e cidade digital estratégica

Informações municipais podem ser entendidas como algo útil para facilitar as decisões municipais, sejam dos gestores públicos, sejam dos cidadãos (Rezende, 2012). A informação é todo o dado trabalhado ou tratado, isto é, um dado com valor significativo atribuído ou agregado e um sentido natural e lógico para quem usa a informação. Como exemplos, podemos citar: nome do cidadão; data de nascimento do cidadão; cor do prédio do hospital; número de equipamentos; valor total da arrecadação mensal. Quando a informação é trabalhada por pessoas e recursos computacionais, possibilitando a geração de cenários, simulações e oportunidades, pode ser chamada de *conhecimento* (Rezende, 2005; 2012). Alguns exemplos são: nome da estratégia municipal; nome da temática municipal; nome da fonte da estratégia municipal; nome do serviço municipal com TI; nome do recurso tecnológico para o serviço municipal; quantidade de cidadãos; percentual de satisfação dos atendimentos médicos; data da solicitação do serviço público; tipo de sangue.

Cada informação pode ser entendida como uma variável do protocolo de pesquisa.

Os dados, as informações e os conhecimentos não podem ser confundidos com decisões (atos mentais, pensamentos), ações (atos físicos, execuções) ou processos ou procedimentos. As informações, para que sejam úteis para as decisões, devem conter as seguintes características ou premissas: ter conteúdo único; exigir mais de duas palavras; não apresentar generalizações; não ser abstrata; não conter verbos; ser diferentes de documentos, programas, arquivos ou correlatos. Podem, ainda, ser classificadas como convencionais, oportunas e personalizadas, e sistematizadas em operacionais, gerenciais e estratégicas (Rezende, 2012).

1.7 Serviços públicos municipais e cidade digital estratégica

Serviços públicos podem ser entendidos como atividades oferecidas pelo governo para facilitar as ações dos cidadãos, preferencialmente por meio dos recursos da TI (Rezende, 2012; 2018a; 2023).Alguns exemplos são: agendar consulta médica; matricular em escola; emitir certidão; requerer alvará; solicitar coleta; pagar impostos.

Os serviços públicos são aqueles prestados pelo governo ou por seus delegados sob normas e controles para atender às necessidades essenciais da comunidade ou à conveniência secundária ou simples do Estado. Exemplos de serviços públicos são: educação pública, polícia, saúde pública, transporte público, telecomunicações.

Os estudiosos e administradores dos governos municipais, em geral, concordam que há quatro pilares essenciais nos serviços públicos: (1) eficiência; (2) eficácia; (3) equidade; e (4) capacidade de resposta (England; Pelissero; Morgan, 2012).

Diferentemente da informação, que, com frequência, é apenas apresentada aos usuários em projetos de cidade digital estratégica, os serviços públicos se caracterizam pela interação dos cidadãos ou gestores públicos com os serviços eletrônicos oferecidos pelo município e por organizações públicas municipais envolvidas (Rezende, 2012).

O projeto de cidade digital estratégica enfatiza os serviços públicos com os recursos da TI por meio de aplicativos, *softwares* específicos, portais, *sites*, totens e todos os demais dispositivos de telecomunicações. Também devem levar em conta as funções ou temáticas municipais (ver Seção 2.3).

1.8 Tecnologia da informação e cidade digital estratégica

A informática, ou TI, pode ser conceituada como os recursos tecnológicos e computacionais para guarda, geração e uso de dados, informações e conhecimentos (Rezende, 2012). Está fundamentada nos seguintes componentes: *hardware* e seus dispositivos e periféricos; *software* e seus recursos; sistemas de telecomunicações; gestão de dados e informações (Rezende; Abreu, 2013).

O *hardware* contempla computadores e respectivos dispositivos e periféricos; já o *software* contempla os programas em seus diversos tipos, como o de base ou operacionais, de redes, aplicativos, utilitários e de automação. Os sistemas de telecomunicações são recursos que interligam o *hardware* e o *software*. A gestão de dados e informações compreende as atividades de guarda e recuperação de dados, níveis e controle de acesso das informações (Rezende, 2012).

1.9 Projeto de cidade digital estratégica

Para sua implantação adequada, o projeto de cidade digital estratégica exige a elaboração de: planejamento estratégico do município (PEM), com os objetivos e as estratégias do município por meio das funções ou temáticas municipais; planejamento de informações municipais (PIM); planejamento de serviços públicos municipais (PSPM); e planejamento da tecnologia da informação (PTI) do município e das organizações públicas municipais envolvidas.

Os modelos de informações das funções ou temáticas municipais são os principais produtos do projeto PIM, sendo pré-requisitos para o planejamento dos sistemas de informação e dos sistemas de conhecimentos municipais e respectivos perfis de recursos humanos (RH) necessários, sejam dos gestores locais ou servidores municipais, sejam dos munícipes ou cidadãos.

O projeto PTI possibilitará o PSPM e respectivos recursos de TI oferecidos pelo município aos munícipes ou cidadãos (Rezende, 2012; 2018a; 2023).

As integrações (←→↕) dos projetos municipais podem ser observadas na Figura 1.1, a seguir.

Figura 1.1 – Modelo de cidade digital estratégica

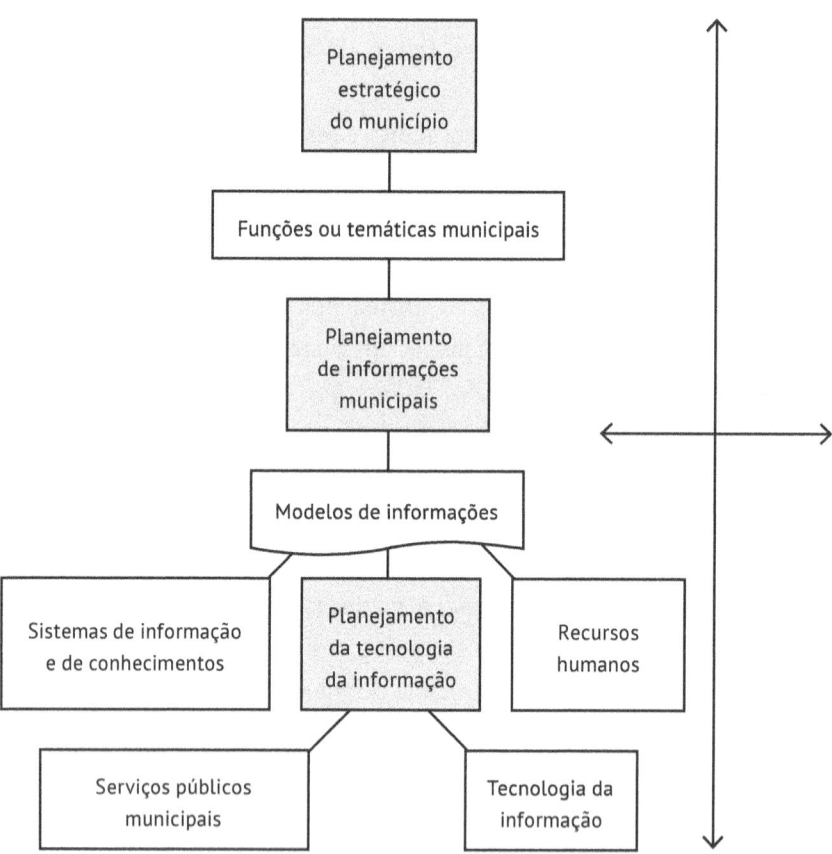

O modelo de cidade digital estratégica proposto deve ser estudado, discutido, planejado e implantado de cima para baixo, com a opção de implantação segmentada ou parcial.

Capítulo 2

Premissas do planejamento de estratégias, informações e tecnologias municipais

Antes de os municípios e as organizações públicas elaborarem seus planejamentos de estratégias, informações e tecnologias, algumas premissas e conceitos devem ser amplamente discutidos, entendidos e disseminados. Tais premissas e conceitos devem levar em conta a Lei de Responsabilidade Fiscal (LRF) – Lei n. 101, de 4 de maio de 2000 –, que "Estabelece normas de finanças públicas voltadas para a responsabilidade na gestão fiscal [...]", mediante ações "[...] em que se previnem riscos e corrijem desvios capazes de afetar o equilíbrio das contas públicas" (Brasil, 2000, ementa; art. 1º, § 1º), destacando-se o planejamento, o controle, a transparência e a responsabilização.

Além da LRF, a Constituição Federal (Brasil, 1988), o Estatuto da Cidade (Lei n. 10.257, de 10 de julho de 2001 – Brasil, 2001) e a Lei Orgânica Municipal (LOM) também devem ser considerados. Durante o processo de consolidação da Constituição Federal de 1988, um movimento multissetorial e de abrangência nacional trabalhou para incluir no texto instrumentos que levassem à instauração da função social do município e da propriedade em seu processo de construção; inclusive, o Estatuto da Cidade abrange um conjunto de princípios que expressam uma concepção de município e de planejamentos municipais (Rezende; Castor, 2006).

Sem planejar e executar suas estratégias, informações e tecnologias, dificilmente prefeituras e organizações públicas são geridas competentemente e podem oferecer qualidade de vida a seus gestores locais, servidores municipais, munícipes ou cidadãos (Rezende, 2012).

2.1 Administração, administração estratégica e pensamento estratégico

A **administração** pode ser resumida como a ciência que estuda as organizações (públicas ou privadas) e seu meio interno e externo, por meio de suas funções, que são: planejamento; organização; direção; e controle. Essas funções levam em conta a teoria de sistemas, que tem como preceito que uma organização é um sistema composto de múltiplos subsistemas integrados com objetivos comuns e retroalimentados.

A ciência da administração preconiza cinco variáveis básicas em sua teoria geral: (1) tarefas; (2) estrutura; (3) pessoas; (4) ambiente; e (5) tecnologia. Essas variáveis estão relacionadas com as atitudes pelas quais as pessoas realizam ações com métodos, técnicas, normas, prazos e recursos. Não só as funções da administração devem ser consideradas nos planejamentos dos municípios e das organizações públicas, mas também os conceitos e preceitos da administração estratégica e do pensamento estratégico.

Já a **admistração estratégica** é mais ampla e abrange a gestão de partes ou estágios, bem como detalhes e discussões que antecedem a elaboração do planejamento estratégico (Wright; Kroll; Parnell, 2000). É um processo contínuo e iterativo que visa manter os municípios e as organizações públicas como um conjunto apropriadamente integrado a seus ambientes (Certo; Peter, 1993); *contínuo* porque acentua que os gestores se dediquem a uma série de etapas ou a um processo constante, e *iterativo* porque as etapas são repetidas ciclicamente.

Os ambientes internos e externos mudam constantemente, e os municípios e as organizações públicas devem se transformar de maneira adequada para assegurar que os objetivos e as estratégias possam ser alcançados. Desse modo, são cinco as etapas do processo no que diz respeito ao sistema de administração estratégica: (1) analisar os ambientes (monitorar o meio interno e externo para identificar riscos ou ameaças, oportunidades, fraquezas e forças); (2) estabelecer as diretrizes (determinar essencialmente missão, visão e objetivos); (3) formular estratégias (definir como as ações realizam as estratégicas e alcançam os objetivos); (4) implementar estratégias (colocar em ação as estratégias formalizadas); e (5) elaborar controles estratégicos (monitorar e avaliar todo o processo para melhorá-lo e assegurar um funcionamento adequado, inclusive com os sistemas de informação pertinentes). Outras questões complementam essas etapas, como: parcerias público-privadas; convênios com outros governos; operações internacionais; responsabilidade social; respeito ao meio ambiente ecológico; saúde e bem-estar de gestores locais, servidores municipais, munícipes ou cidadãos etc.

O **pensamento estratégico,** por sua vez, é a arte de criar estratégias com efetividade. Pensar estrategicamente e agir operacionalmente significa dominar o presente e conquistar o futuro, visando superar os adversários, os quais estão igualmente nessa busca. O bom raciocínio estratégico em diferentes contextos continua sendo uma arte. Seus fundamentos consistem no princípio básico de ciência das estratégias pensadas e formalizadas coletiva e participativamente. A ciência do pensamento estratégico pode ser chamada de *teoria dos jogos* (Dixit; Nalebuff, 1994). Nessa teoria, os jogos vão desde xadrez até inúmeras e diferentes estratégias em suas múltiplas abordagens e dimensões. Nenhum planejamento de estratégias e de informações de municípios e organizações públicas terá sustentação se os responsáveis não tiverem um pensamento estratégico. Quando os gestores locais, os munícipes e os demais envolvidos estiverem pensando estrategicamente, será necessário que pensem, inclusive, do geral para o particular e vice-versa, uma vez que o raciocínio estratégico pressupõe todo um "sexto sentido" para se diferenciar dos gestores com pensamento estratégico comum (Oliveira, 1999).

2.2 Gestão municipal, gestão de cidade e gestão urbana

A gestão envolve múltiplos e diferentes conceitos e abordagens relacionados à ciência da administração. O conceito de *gestão* pode ser resumido como a aplicação da ciência da administração no município, na cidade ou no urbano.

Por sua vez, o *planejamento* é um dos principais instrumentos para gerir as cidades e as organizações públicas e pode ser conceituado como o conjunto de recursos decisórios e a aplicação das atividades destinadas aos atos de gerir.

Já a *governança* pode ser entendida como a competência dos gestores nas atividades de gestão, e governança pública está direcionada à capacidade dos governos na gestão das funções federais, estaduais e municipais, bem como à competência na implementação das respectivas políticas públicas, de modo a facilitar as ações necessárias na condução do país, dos estados e dos municípios, contextualizando-se sempre a participação de gestores locais, servidores municipais, munícipes ou cidadãos nesses desafios. O município é um organismo dinâmico e complexo que se caracteriza por grandes diversidades, múltiplos contrastes e divergentes interesses, gerando inúmeras dificuldades aos gestores municipais, aos munícipes e aos demais interessados no município (que também podem ser chamados de *stakeholders* ou *atores sociais*).

Alguns autores diferenciam a gestão municipal da gestão urbana, considerando esta última como a gestão da cidade, relacionada com o conjunto de recursos e instrumentos da administração aplicados na cidade como um todo, visando à qualidade da infraestrutura e dos serviços urbanos, de modo a propiciar as melhores condições de vida aos cidadãos e aproximá-los das decisões e ações da governança pública municipal. Outros autores ainda contemplam as questões rurais na gestão urbana. No que diz respeito ao planejamento municipal, a gestão urbana enfatiza o plano diretor municipal (PDM). Já a *gestão municipal* pode ser entendida como a gestão do município, da prefeitura e de seus órgãos, institutos, autarquias e secretarias, relacionando-se com o conjunto de recursos e instrumentos da administração aplicada à gestão local por meio de seus servidores municipais. No que diz respeito ao planejamento municipal, a gestão municipal enfatiza o planejamento estratégico do município (PEM), seja urbano, seja rural.

Tanto a gestão urbana quanto a gestão municipal podem estar relacionadas com os conceitos das teorias *New Public Management* (NPM) e inteligência pública.

A NPM, também chamada de *nova gestão pública*, pressupõe a aplicação, nas organizações públicas, dos modelos de gestão da iniciativa privada e dos conceitos de administração estratégica focados nos negócios empresariais, bem como pressupõe aplicar os conceitos e preceitos do empreendedorismo nas iniciativas públicas. Esse modelo adota como características essenciais: contextualizar o cidadão como um cliente em foco; dar o sentido claro da missão da organização pública; delegar autoridades; substituir normas por incentivos; elaborar orçamentos baseados em resultados; expor operações do governo à concorrência; procurar soluções de mercado, e não apenas administrativas; e medir o sucesso do governo pelo cidadão. E tem como princípios: reestruturação; reengenharia; reinvenção; realinhamento; e reconceituação (Jones; Thompson, 2000).

A teoria NPM é um abrangente campo de discussão sobre as intervenções políticas no governo executivo. As características dos instrumentos das intervenções de políticas são regras institucionais e rotinas organizacionais que afetam o planejamento das despesas, a gestão das finanças, a administração pública, as relações civis de trabalho, as compras, a organização, os métodos, a auditoria e a avaliação (Barzelay, 2001).

A NPM tem defendido que os gestores públicos devem se comportar como novos empresários e empreendedores, sendo mais dedicados e crescentes em posturas de privatização do governo, não emulando apenas as práticas, mas também os valores dos negócios.

Os proponentes da NPM desenvolveram seus argumentos por contrastes com a velha administração pública (*old public administration*) em favor do "novo serviço público", no qual o papel do servidor público é ajudar os cidadãos na articulação e no encontro de seus interesses compartilhados, e não tentar controlar ou guiar a sociedade (Denhardt; Denhardt, 2000). Como resultado, várias mudanças altamente positivas foram implementadas no setor público (Osborne; Gaebler, 1992). A evolução do movimento da NPM pressionou as organizações públicas com o objetivo de torná-las mais responsivas para os cidadãos como clientes participativos. Sem dúvida, é um avanço importante na contemporânea administração pública (Vigoda, 2002).

2.3 Funções ou temáticas municipais

As funções ou temáticas municipais são as macroatividades presentes em todos os municípios e organizações públicas necessárias para seu funcionamento integrado e efetivo. Nas organizações privadas, também são chamadas de *funções empresariais*, e nas prefeituras e organizações públicas, de *funções públicas* (Rezende, 2012).

São diversas as funções ou temáticas municipais presentes nas prefeituras e organizações públicas, por exemplo: administração; agricultura; ciência e tecnologia; comércio; cultura; divulgação ou *marketing*; educação; esportes; financeira; governo; habitação; indústria; jurídico-legal; lazer; materiais ou logística; meio ambiente; obras; planejamento; recursos humanos (RH); rural; saneamento; saúde; segurança; serviços municipais; social; trânsito; transportes; turismo; urbanização; entre outras. Essas funções ou temáticas municipais devem ser integradas tanto para seu funcionamento quanto para os planos e planejamentos municipais.

Cada uma dessas funções pode ser desmembrada em módulos ou subsistemas, que também podem ser chamados de *assuntos municipais*.

A função administração pode conter, por exemplo, os seguintes assuntos municipais: atendimento ao cidadão; cemitério; compras; concursos; contratos; custos de serviços; estoque; expediente; folha de pagamento; fornecedores; frota e veículos; funcionários ou servidores municipais; fundo previdenciário; gestão de pessoas; jurídico; licitação; logística; manutenção de equipamentos, produtos ou serviços; orçamento; ouvidoria; patrimônio; pregão eletrônico; protocolo; segurança do trabalho; serviços gerais; sistemas de qualidade e produtividade; telefonia etc.

A função agricultura pode conter, por exemplo, os seguintes assuntos municipais: agregação de valor à produção; agricultura; agricultura orgânica; agropecuária; água; alternativas de rendas; cooperativas; doenças de animais; êxodo rural; feira do produtor; feiras agropecuárias; fomentação da produção agropecuária; genética de animais; mecanização; mercado popular; piscicultura; rural; silo de armazenagem; solo etc.

A função ciência e tecnologia pode conter, por exemplo, os seguintes assuntos municipais: parques tecnológicos; pesquisa científica; projetos de inovação urbana e rural; tecnologia da informação (TI); outras tecnologias etc.

A função comércio pode conter, por exemplo, os seguintes assuntos municipais: ambulantes; apoio ao comércio; atendimento empresarial; banco do povo; centros comerciais; diversificação; identificação e padronização visual; posto de atendimento ao trabalhador; qualificação profissional; sonorização etc.

A função cultura pode conter, por exemplo, os seguintes assuntos municipais: banda marcial; biblioteca municipal; casa de cultura; casa do artista; centro de convenções; conselho municipal de cultura; cursos e capacitação; espaço cultural; eventos culturais; lona do circo e lazer; patrimônio histórico municipal; teatro municipal etc.

A função divulgação ou *marketing* pode conter, por exemplo, os seguintes assuntos municipais: campanhas municipais; divulgação municipal; estatísticas; *marketing* municipal; *marketing* verde; pesquisas etc.

A função educação pode conter, por exemplo, os seguintes assuntos municipais: aluno; analfabetismo; associação de pais e mestres; bolsa de estudos; creches; educação continuada; educação convencional; educação escolar; educação especial; escolas; fundos educacionais; inclusão digital; instituições educacionais; matrículas; notas; nutrição; pedagógico; professores; programas educacionais; transporte de alunos etc.

A função esportes pode conter, por exemplo, os seguintes assuntos municipais: atletas; casa do atleta; centros de esportes; conferência municipal; eventos esportivos; infraestrutura; junta disciplinar desportiva etc.

A função financeira pode conter, por exemplo, os seguintes assuntos municipais: gestão do capital; arrecadação; contabilidade; contas a pagar ou despesas; contencioso; dívida ativa; fiscalização tributária; fluxo de caixa; habite-se; impostos municipais e específicos; legislações; movimentos bancários; orçamentos etc.

A função governo pode conter, por exemplo, os seguintes assuntos municipais: agenda prefeito; assessoria econômico-financeira; comunicação interna e externa; divulgação; expediente; gabinete do prefeito; região metropolitana etc.

A função habitação pode conter, por exemplo, os seguintes assuntos municipais: cadastro habitacional; companhia de desenvolvimento habitacional e urbano; conjuntos residenciais; loteamentos populares; ocupações irregulares; plantas habitacionais; regularização de construções; relacionamentos e atividades externas etc.

A função indústria pode conter, por exemplo, os seguintes assuntos municipais: diversificação; infraestrutura industrial; logística industrial; pequenas indústrias; polos industriais; qualificação de mão de obra etc.

A função jurídico-legal pode conter, por exemplo, os seguintes assuntos municipais: ativo fixo ou patrimônio; contabilidade; fazenda; impostos e recolhimentos; livros fiscais de entrada e saída; programa de orientação e proteção ao consumidor etc.

A função lazer pode conter, por exemplo, os seguintes assuntos municipais: centros de convivência; espaços de lazer; eventos de lazer etc.

A função materiais ou logística pode conter, por exemplo, os seguintes assuntos municipais: compras ou suprimentos; estoque; fornecedores; importação; recepção e expedição de materiais etc.

A função meio ambiente pode conter, por exemplo, os seguintes assuntos municipais: áreas verdes; coleta seletiva; desenvolvimento sustentável; educação ambiental; mananciais; parques ambientais; poluição; proteção a fundos e vales; reciclagem; recursos naturais; reservas ambientais; resíduos sólidos etc.

A função obras pode conter, por exemplo, os seguintes assuntos municipais: obras; projetos; topografia etc.

A função planejamento pode conter, por exemplo, os seguintes assuntos municipais: geoprocessamento; planejamento estratégico municipal; plano de governo; planejamento de RH (gestores locais, servidores municipais, cidadãos); plano diretor; plano plurianual etc.

A função RH pode conter, por exemplo, os seguintes assuntos municipais: gestão de pessoal (admissão, demissão e férias); benefícios e assistência social; cargos e salários; cargos de confiança; concursos; folha de pagamento; medicina do trabalho; recrutamento e seleção; segurança; treinamento e desenvolvimento (capacitação) etc.

A função rural pode conter, por exemplo, os seguintes assuntos municipais: animais; êxodo rural; plantações; estradas etc.

A função saneamento pode conter, por exemplo, os seguintes assuntos municipais: água; esgoto; nascentes de água; saneamento etc.

A função saúde pode conter, por exemplo, os seguintes assuntos municipais: atenção básica; atendimento médico; cartão-saúde; centro de atenção psicossocial; dependências químicas; especialidades; especialidades em saúde; farmácia e medicamentos; fisioterapia; hospitais; infraestrutura hospitalar; laboratórios; nutrição; odontologia; postos de saúde; prevenção a doenças e endemias; programas de saúde; pronto-atendimentos às urgências e emergências; prontuário; saúde familiar; saúde mental; sistema único de saúde (SUS); transporte especial; vacinação; vigilância à saúde; vigilância em saúde etc.

A função segurança pode conter, por exemplo, os seguintes assuntos municipais: bombeiros municipais; guarda municipal; integração dos órgãos de segurança; monitoramento comercial; monitoramento de mobilidade; patrulhamento rural; polícia civil; polícia militar (ações paralelas); resgate municipal; segurança privada; segurança pública municipal; sistema carcerário etc.

A função serviços municipais pode conter, por exemplo, os seguintes assuntos municipais: serviços autônomos; serviços especializados; serviços municipais etc.

A função social pode conter, por exemplo, os seguintes assuntos municipais: adolescentes; assessoria jurídica social; atendimentos assistenciais; benefícios e transferência de renda; conselhos municipais sociais; crianças; deficientes; família; idoso; instituições sociais; observatório de políticas de assistência social; projetos sociais; proteção social; violência doméstica etc.

A função trânsito pode conter, por exemplo, os seguintes assuntos municipais: educação; sinalização; mobilidade etc.

A função transporte pode conter, por exemplo, os seguintes assuntos municipais: estacionamentos especiais; transporte coletivo; transporte de atletas; transporte escolar; transporte especial etc.

A função turismo pode conter, por exemplo, os seguintes assuntos municipais: atividades turísticas; caminhos e áreas históricas; conselho municipal de turismo; ecoturismo (turismo em áreas naturais); eventos turísticos; postos de informações; receptivo; resgate histórico-cultural; sítios arqueológicos; turismo industrial; turismo nas colônias; turismo religioso; turismo rural etc.

A função urbano pode conter, por exemplo, os seguintes assuntos municipais: legislação urbanística; loteamentos não populares; paisagismo; parques e praças; região metropolitana; saneamento; setorização do município; sistema viário etc.

Nas prefeituras e organizações públicas municipais, as funções públicas são: produção ou serviços públicos; comercial ou *marketing*; materiais ou logística; financeira; RH; e jurídico-legal. No governo federal e estadual, as funções públicas também podem chamadas de *temáticas governamentais*.

A função pública produção ou serviços públicos pode conter os seguintes módulos, subsistemas ou subfunções: planejamento e controle de projetos, produção ou serviços públicos; pesquisa, desenvolvimento e engenharia do produto, serviços ou projetos públicos; sistemas de qualidade, produtividade e sustentabilidade de produtos ou serviços públicos; custos de produção ou de serviços públicos; monitoramento e manutenção de equipamentos, produtos ou serviços públicos. Nas prefeituras, os serviços municipais, específicos ou em conjunto com os governos federal e estadual, ainda podem ser subdivididos em: atendimento ao cidadão; arrecadação; fiscalização; normatização; relações institucionais; sistemas de indicadores locais; sistemas ou grupos regulamentadores (governo federal, governo estadual, órgãos especiais, sindicatos, conselhos, associações etc.); e outros serviços municipais.

A função pública comercial ou *marketing* pode conter os seguintes módulos, subsistemas ou subfunções: planejamento e gestão de *marketing*; clientes, consumidores e *prospects* ou potenciais; vendas; faturamento;

contratos e distribuição; pesquisas e estatísticas; exportação. Nas prefeituras, essa função pública também pode ser chamada de *divulgação* ou *comunicação municipal* e ainda pode subdividida em: divulgação ou comunicação de informações municipais; sistema de imagem institucional; planejamento e gestão de *marketing* municipal; gestão de gestores locais, servidores municipais, munícipes ou cidadãos; projetos de *marketing* social; gestão de contratos municipais ou de parcerias público-privadas; pesquisas e estatísticas municipais etc.

A função pública materiais ou logística pode conter os seguintes módulos, subsistemas ou subfunções: fornecedores; compras ou suprimentos; estoque; recepção e expedição de materiais; importação. Nas prefeituras, a licitação pode fazer parte dessa função pública.

A função pública financeira pode conter os seguintes módulos, subsistemas ou subfunções: contas a pagar; contas a receber; movimentos bancários; fluxo de caixa; orçamentos; gestão do capital. Nas prefeituras, a arrecadação, os repasses financeiros, o plano plurianual e os orçamentos públicos podem fazer parte dessa função pública.

As receitas e as despesas municipais têm características peculiares. A *receita* é definida como todo e qualquer recolhimento aos cofres públicos em dinheiro ou outro bem representativo de valor que o governo tem direito a arrecadar em virtude de leis, contratos, convênios e quaisquer outros títulos, de que seja oriundo de alguma finalidade específica, cuja arrecadação lhe pertença ou caso figure como depositário dos valores que não lhe pertençam.

As receitas públicas, por convenção contábil, são vislumbradas por regime de caixa, ao passo que as despesas públicas o são por regime de competência. As receitas são classificadas em receitas correntes (tributárias, de contribuições, patrimoniais, agropecuárias, industriais, de serviços, transferências correntes, entre outras), receitas de capital (operações de créditos, alienação de bens, amortização de empréstimos, transferências de capital, entre outras) e receitas de alienação de bens.

A despesa se constitui de toda saída de recursos ou de todo pagamento efetuado, a qualquer título, pelos agentes pagadores para saldar gastos fixados na lei do orçamento (ou lei especial) e destinados à execução de serviços, entre eles custeios e investimentos, além de aumentos patrimoniais, pagamento de dívidas, devolução de importâncias recebidas a títulos de caução, depósitos e consignações. As despesas orçamentárias são classificadas em despesas institucionais, funcionais, estrutural programática, pela natureza e outras constantes no plano de contas orçamentário.

Tanto as receitas quanto as despesas podem ser classificadas em extraorçamentárias (Andrade, 2002).

A função pública RH pode conter os seguintes módulos, subsistemas ou subfunções: recrutamento e seleção; gestão de pessoal (admissão, demissão e férias); folha de pagamento; cargos e salários; treinamento e desenvolvimento (capacitação); benefícios e assistência social; segurança e medicina do trabalho. Nas prefeituras, os concursos e os cargos de confiança podem fazer parte dessa função pública.

A função pública jurídico-legal pode conter os seguintes módulos, subsistemas ou subfunções: contabilidade; ativo fixo ou patrimônio; impostos e recolhimentos; livros fiscais de entrada e saída. Nas prefeituras, a contabilidade pública ou governamental pode fazer parte dessa função pública.

As funções públicas produção ou serviços públicos e comercial ou *marketing* ou divulgação ou comunicação municipal são consideradas primárias ou essenciais, e as demais são secundárias, porém, não menos importantes.

Com relação à estrutura organizacional, as funções públicas fazem parte de toda a prefeitura e organização pública municipal em seus três níveis hierárquicos: (1) estratégico (correspondendo à alta administração); (2) tático ou intermediário (correspondendo ao corpo gestor); e (3) técnico ou operacional (correspondendo ao corpo técnico). Essa forma de funcionamento determina o alinhamento ou a integração horizontal e vertical da prefeitura e das organizações públicas municipais envolvidas.

A integração das funções públicas ou abordagem sistêmica diz respeito ao funcionamento engrenado das funções organizacionais presentes nessas instituições. Com a compreensão de que a prefeitura ou a organização pública municipal é o maior dos sistemas, as funções públicas devem ser dependentes e integradas entre si. Essas relações entre as funções públicas ficam claras na medida em que se observa que todas geram dados ou trocam informações com as demais e, quando uma delas para, o sistema organizacional (o funcionamento harmônico e efetivo da prefeitura e das organizações públicas municipais envolvidas) também para.

As seis funções públicas também estão decompostas em módulos, subsistemas ou subfunções, os quais podem se apresentar de modo diferente nessas instituições, pois cada uma tem cultura, filosofia e políticas próprias. Em cada prefeitura e organização pública municipal, esses módulos podem estar representados de diversas formas e em diversos tipos de organogramas ou diagramas.

As funções ou temáticas municipais, bem como as funções públicas, não devem ser confundidas com unidades departamentais ou setores das prefeituras ou organizações públicas, pois não necessariamente existem todas as funções com departamentos equivalentes e com o mesmo nome. Independentemente do tipo e da forma de organograma utilizado pela prefeitura ou organização pública, as funções existirão nas organizações na forma de serviços ou atividades municipais. Essas macroatividades e seus módulos agrupados darão base para o desenvolvimento dos planejamentos de estratégias e de informações municipais.

Com o entendimento de que as funções ou temáticas municipais são as macroatividades do município e as funções públicas são as macroatividades da prefeitura e das organizações públicas municipais, e não suas unidades departamentais ou setores, reforça-se a teoria de que o organograma formaliza a estrutura de poder. Essas macroatividades e seus módulos integrados se constituem em uma relevante base para o projeto de PEM.

A informática ou TI não é uma função ou temática municipal, já que esse recurso tecnológico constitui-se em um instrumento opcional para harmonizar e integrar as relações das referidas funções. Antes de informatizar as prefeituras e as organizações públicas municipais, é necessário estruturá-las interna e externamente. Tal estruturação compreende principalmente as funções ou temáticas municipais e seus respectivos processos e procedimentos. Somente depois dessa estruturação e sistematização, as prefeituras ou organizações públicas municipais podem iniciar a informatização. Nas ações de estruturar, sistematizar e informatizar os municípios ou organizações públicas, devem ser consideradas as atividades de organização e métodos (O&M) ou organização, sistemas e métodos (OSM), oriundas da ciência da administração.

Os planejamentos de estratégias e de informações municipais devem ser elaborados com foco nas funções ou temáticas municipais, e nunca com base no organograma das secretarias municipais, independentemente do tipo ou tamanho da prefeitura ou organização pública municipal e do número seus departamentos ou setores, de cargos ou pessoas.

2.4 Empreendedorismo municipal

O empreendedorismo tem sido, nestes últimos anos, objeto de estudo em muitas instituições. Por analogia, isso tem inquietado os munícipes ou cidadãos e motivado alguns gestores públicos a praticar esse conceito em prefeituras e organizações públicas, que podem ser vistas como um empreendimento. Nesse sentido, para um empreendimento conquistar seu sucesso, necessita de empreendedores, pessoas que tenham diferenciais emanados pelo que se chama de *espírito empreendedor*. Esse espírito diz respeito a características singulares das pessoas, como motivação, paixão, persistência, dinamismo, criatividade, autoconfiança e outras variáveis positivas.

Os munícipes ou cidadãos, os gestores locais e os servidores municipais revestidos do espírito empreendedor podem oferecer soluções diferenciadas e alternativas peculiares para as prefeituras e as organizações, principalmente porque, muitas vezes, a economia local não é positiva ou a legislação é severa. Nesse caso, os conceitos e preceitos do empreendedorismo devem ser considerados para a elaboração das políticas locais e para o desenvolvimento do planejamento das estratégias e das informações dos municípios.

O *empreendedorismo* pode ser entendido como realização, e o empreendedor é quem realiza, ou seja, coloca em prática o planejamento, executa atividades, efetua ações, efetiva fatos, faz acontecer e gera resultados positivos. Empreendedores, acima de tudo, são pessoas com atitudes e posicionamentos positivos embasados em conceitos sedimentados. Os empreendedores são indivíduos diferenciados, que têm motivação singular, são apaixonados pelo que fazem, não se contentam em ser mais um na multidão, querem ser reconhecidos e admirados, referenciados e imitados, querem deixar um legado. Uma vez que os empreendedores estão revolucionando o mundo, seu comportamento e o próprio processo empreendedor devem ser estudados e entendidos (Dornelas, 2001). Os empreendedores estão sempre buscando mudanças, reagem a ela e a exploram como uma oportunidade, que nem sempre é vista pelos demais; são pessoas que criam algo novo, diferente, mudam ou transformam valores, não restringindo seu empreendimento a instituições exclusivamente econômicas; também são essencialmente inovadores, com capacidade para conviver com riscos e incertezas envolvidas nas decisões (Drucker, 1987). O empreendedor é o responsável pela criação de novos serviços, produtos e mercados que superam os anteriores, por apresentarem vantagens, como maior eficiência e menor custo (Degen, 1989). O empreendedor é descrito também como um indivíduo com iniciativa, agressividade e faro para oportunidades, ansioso para gerar resultados profícuos; aquele que aprende a utilizar uma estratégia de fazer as coisas de maneira simples, básica, mas sem nunca deixar de fazê-las (Farrel, 1993). Desse modo, os empreendedores são considerados o motor da economia, agentes de mudanças, indivíduos que inovam, identificam e criam oportunidades, montam e coordenam novas combinações de recursos para extrair os maiores benefícios de suas inovações. Frequentemente, um empreendedor imagina, desenvolve e realiza visões (Dolabela, 1999).

O *espírito empreendedor* pode ser entendido como a parte imaterial do ser humano, a alma (por oposição ao corpo), algo que vem de dentro. Ele está associado à caracterização pessoal dos gestores quando há uma visão clara de propósitos na direção de atividades mais adaptadas a seus objetivos estratégicos. Tem relação com a expressão *entrepreneurship* somada ao termo *inovação* (Drucker, 1987). Esse espírito faz parte da chamada *escola empreendedora*, uma linha da formação estratégica de características visionárias e proativas nas soluções necessárias para as prefeituras e organizações públicas (Mintzberg; Ahlstrand; Lampel; 2000).

O *perfil empreendedor* pode ser entendido como o conjunto de características, habilidades e competências dos empreendedores. Existe uma grande variedade de atributos que envolvem o empreendedor, e o perfil dos empreendedores gestores requer sempre visão sociotécnica clara do município e da organização pública, das teorias de gestão de pessoas e dos recursos não humanos.

De acordo com essas abordagens, conceitua-se o gestor como uma função ou um papel, não um cargo ou uma profissão. As habilidades requeridas dos gestores e o conceito de gestão sempre envolvem a atuação com três grandes competências: (1) pessoas ou RH; (2) serviços, processos, atividades ou projetos; e (3) recursos diversos, como tecnológicos, financeiros, materiais, de tempo, entre outros. O perfil dos empreendedores técnicos (ou não gestores) contempla três grandes habilidades: (1) técnica; (2) de serviços; e (3) humana.

O processo empreendedor é constituído de fases convencionais, que iniciam pela geração de ideias ou pela busca de oportunidades, seguem-se do desenvolvimento de um plano de negócios ou planejamento estratégico, da busca de recursos financeiros e não financeiros para sua viabilidade e findam com o controle ou a gestão do empreendimento.

Liderança e inovação também estão relacionadas com empreendedorismo. A *inovação* pode ser entendida como fazer diferente, com valor agregado, sem necessariamente ser novo. É diferente de invenção (coisa nova criada ou concebida), que envolve a formulação de uma proposta inédita.

Nesse sentido, os municípios e as organizações públicas inovadoras são aqueles que prestam serviços ou oferecem produtos com valores agregados em duas abordagens: (1) tecnológica e (2) humana.

A *liderança* é a capacidade inteligente de influenciar outras pessoas ou municípios e organizações públicas e de gerar seguidores para atingir objetivos determinados. A literatura nacional e internacional é rica em conceitos de liderança, sejam em abordagens humanas, sejam organizacionais. Ambas as abordagens levam em consideração as múltiplas definições, quer seja como fenômenos pessoais ou grupais, quer seja de influências, poder, comunicação, motivação e persuasão. A imposição passa a ceder espaço para a influência no alcance dos objetivos determinados pela livre vontade dos envolvidos de seguir o líder.

A liderança é relevante na vida pessoal, profissional e familiar, sendo necessária em todos os grupos de pessoas e em todos os municípios e organizações públicas. Indubitavelmente, pessoas com capacidade inteligente de influenciar outras pessoas vivenciam, de fato, a liderança empreendedora e participativa. O alcance dos objetivos, a realização das estratégias e a efetivação das ações municipais só são possíveis por meio do esforço dos líderes com espírito empreendedor e participativo, pois é no dia a dia que os líderes desempenham a vontade, o envolvimento, o comprometimento, a determinação e o carisma nas atividades municipais. Tais características funcionam como uma obstinação pessoal ao sucesso das organizações e das pessoas de seu meio interno e externo, para, inclusive, aumentar a qualidade de vida dessas pessoas.

O empreendedorismo e os empreendedores recebem diferentes conceitos e podem ser estudados sob uma multiplicidade de enfoques e uma variedade de áreas de conhecimento. Nem todas as pessoas são empreendedoras, independentemente de sua qualificação, formação acadêmica, origem familiar, convivência social e outras distintas variáveis, mas as pessoas podem se transformar em empreendedores pela iniciativa pessoal, principalmente aquelas que conseguem olhar além do usual, do comum, dos padrões predefinidos.

Assim, um município empreendedor ou uma organização pública empreendedora é a que realiza. Para tanto, exige pessoas com diferenciais. Em outras palavras, se não existirem na equipe multidisciplinar dos projetos de planejamento de estratégias e de informações municipais pessoas com características de empreendedorismo, inovação e liderança, a elaboração, a gestão e a implementação desses projetos podem ficar muito prejudicadas, sob pena de sua não conclusão.

2.5 Plano plurianual municipal

O plano plurianual é exigido pela Constituição Federal de 1988, que estabelece, em seu art. 165, o sistema orçamentário brasileiro regulado por três leis: (1) Lei do Plano Plurinanual (LPPA); (2) Lei de Diretrizes Orçamentárias (LDO); e (3) Lei Orçamentária Anual (LOA) (Brasil, 1988).

A LPPA é de periodicidade quadrienal, avançando um ano do próximo governo. O plano plurianual municipal (PPAM) é um instrumento de planejamento dos municípios que estabelece os objetivos, as estratégias e as ações da administração pública municipal para as despesas de capital e delas decorrentes, bem como para aquelas relativas aos programas de duração continuada. Dele derivam a LDO e a LOA.

A LDO é de periodicidade anual e estabelece um conjunto de instruções em termos de normas de forma e conteúdo com que a lei orçamentária de cada exercício deve ser apresentada para indicar as prioridades a serem observadas em sua elaboração. Deve conter: metas e prioridades da administração pública municipal; estrutura e organização dos orçamentos; disposições relativas às despesas com pessoal e encargos sociais; metas e riscos fiscais; critérios e formas de limitação de empenho; transferências para entidades públicas e privadas; limites e normas de utilização da reserva de contingência; margem de expansão das despesas obrigatórias de caráter continuado; disposições relativas à dívida pública; política de aplicação das agências financeiras oficiais de fomento; e vedações diversas.

A LOA é de periodicidade anual e proverá os recursos necessários para cada ação constante da LDO. A LOA é uma lei de natureza especial em razão do seu objeto e da forma peculiar de tramitação que lhe é definida. Por meio de seus planos operacionais, estabelece as receitas previstas e autoriza as despesas municipais. Explicita a política econômica e financeira e o programa de trabalho do governo municipal, bem como define os mecanismos de flexibilidade que a prefeitura fica autorizada a utilizar. É constituída pelos seguintes orçamentos: fiscal; seguridade social; e investimento das empresas. Para seu funcionamento, requer os orçamentos-programa, que são documentos que evidenciam a política econômico-financeira e os programas de trabalho da administração pública municipal. Tais documentos discriminam as despesas segundo sua natureza, dando ênfase aos fins ou objetivos, e não à forma como será gerado ou gasto o recurso, de modo a demonstrar em que e para que o governo gastará, bem como quem será responsável pela execução de seus programas.

2.6 Plano diretor municipal

O PDM também é chamado de *plano diretor de cidades* e até mesmo de *planejamento urbano*.

Os municípios brasileiros passam e passarão por mudanças profundas que poderão garantir um futuro de desenvolvimento equilibrado. Também poderão universalizar o direito à moradia digna em ambiente saudável para todos os seus munícipes. Para tanto, os municípios têm de contar com fontes estáveis e seguras de financiamento para o desenvolvimento urbano, indispensáveis para que os municípios possam se manter e se expandir adequada e democraticamente. Entretanto, para que isso seja possível, gestores locais, servidores municipais e munícipes ou cidadãos também terão que enfrentar um grande desafio constante: o de instituir formas de planejamento e controle do território municipal. Juntos, a gestão urbana, a gestão municipal e os munícipes podem utilizar potenciais e limites de seu meio físico; as potencialidades abertas pela existência de redes de transporte e logística em seus territórios de modo que os impactos de seu crescimento e desenvolvimento não se traduzam em desequilíbrios e deseconomias, como têm sido as experiências recentes de urbanização.

Planejar o futuro do município, incorporando todos os setores sociais, econômicos e políticos que o compõem, de maneira a construir um compromisso entre gestores locais, servidores municipais, munícipes ou cidadãos e governos na direção de um projeto que inclua todos, é o desafio que o Estatuto da Cidade impõe a todos os planos diretores municipais (Brasil, 2004).

Os princípios que norteiam o PDM estão contidos no Estatuto da Cidade. Nos termos desse estatuto, o PDM está definido como instrumento básico para orientar a política de desenvolvimento e de ordenamento da expansão urbana do município (Estatuto..., 2002). É obrigatório aos municípios: com mais de 20 mil habitantes; integrantes de regiões metropolitanas e aglomerações urbanas; com áreas de especial interesse turístico; situados em áreas de influência de empreendimentos ou atividades com significativo impacto ambiental na região ou no país (Brasil, 2004). Em alguns estados brasileiros, são exigidos planos diretores para todos os municípios.

O PDM sempre foi considerado um instrumento capaz de garantir adequado processo de ocupação do solo, resultando em uma melhor qualidade de vida de seus habitantes. Na década de 1970, houve a disseminação, em termos nacionais, da aplicação dos planos diretores, ao se institucionalizar no Brasil o planejamento urbano, tendo o objetivo precípuo de promover o desenvolvimento integrado e o equilíbrio dos municípios. Os estudos até então tinham forte base na definição de padrões adequados ou aceitáveis de organização do espaço físico, consubstanciados principalmente na regulamentação do uso e na ocupação do solo e nas diretrizes relativas a infraestrutura, serviços, equipamentos e aspectos socioeconômicos. Sua implementação era de responsabilidade do Poder Público municipal. Os planos diretores municipais eram normalmente baseados em um plano de ação com investimentos públicos, direcionados principalmente para áreas de transportes, sistema viário, infraestrutura e equipamentos públicos. De modo geral, os aspectos relacionados ao sistema viário e aos transportes tinham um teor mais técnico, e as seções relacionadas aos instrumentos de controle de uso do solo e à política habitacional tinham uma linguagem de caráter mais político. Outra crítica feita ao processo é o da separação que se fazia entre a vertente técnica e a política ou, em outras palavras, entre uma visão do planejamento técnico e da gestão, que, além do planejamento urbano, incorpora o enfoque político (Hardt; Hardt, 2009).

Com o movimento da reforma urbana, iniciado no final dos anos 1970, tendo seus principais resultados na incorporação da questão urbana pela Constituição Federal de 1988 e, finalmente, pelo Estatuto da Cidade, em 2001, houve a quebra desses paradigmas do trato da questão urbana. O instrumento PDM, até então um tanto desgastado, pela forma como foi sendo tratado, chegando, inclusive, a ser objeto de um sem-número de imposições legais de vontades políticas eticamente condenáveis, acabou por ser redimido, agora com nova configuração. A Constituição Federal de 1988, em seu art. 174, concede ao município a competência de estabelecer o PDM e, em seu art. 182, parágrafos 2º e 4º, transforma-o em instrumento obrigatório para o município intervir, objetivando a execução da política urbana como meio de garantir que sejam respeitadas as funções sociais da propriedade urbana e, complementarmente, das funções sociais do município (Brasil, 1988).

Assim, o PDM passa a exercer fundamental papel no processo de gestão dos municípios brasileiros, em especial naquela cuja obrigatoriedade de sua execução é definida por lei. O PDM também deve expor a seus gestores locais, servidores municipais e munícipes ou cidadãos os rumos de sua política urbana. Com base na situação local e regional, deve estabelecer os destinos que se quer dar aos diversos compartimentos do município, sempre tendo a participação direta da sociedade, tanto no processo de leitura desse espaço quanto no de análise e proposição de intervenções e políticas. O papel regional do município deve ser respeitado sem, no entanto, desconhecer aspirações, necessidades e interesses locais. Esse conjunto deve consubstanciar as estratégias a serem preconizadas, visando-se atingir os objetivos previamente determinados. Dessa forma, o PDM deve observar os seguintes princípios constitucionais: a função social da propriedade; o desenvolvimento sustentável; as funções sociais do município; a igualdade e a justiça social; e a participação popular (Hardt; Hardt, 2009).

Para que o PDM seja elaborado, ele deve atender aos requisitos da legislação vigente, que requer sua aprovação por lei municipal, definição de zonas urbanas e rurais, participação popular e demais particularidades.

2.7 Plano de governo municipal

Plano de governo pode ser entendido com um conjunto de intenções do candidato a prefeito, no qual são descritas suas ideias, suas promessas e seus projetos, sendo eles individuais ou coletivos, partidários ou não. Também é chamado de *programa de governo*, com as orientações políticas e propostas de ações para governar um país, um estado ou um município.

O plano ou programa de governo também pode ser constituir em uma política municipal como um documento que formaliza projetos e ações de governo para alcance de determinados objetivos, estratégias ou interesses. Normalmente, sua vigência é de quatro anos.

As *políticas* podem ser entendidas como regras ou diretrizes que expressam os limites dentro dos quais as ações ocorrem. A palavra *política* está relacionada com a ciência dos fenômenos referentes ao Estado e a ciência política, como um sistema de regras respeitantes à direção das atividades públicas. Também pode ser compreendida como a arte de bem governar os povos ou como o conjunto de objetivos que formam determinado programa de ação governamental e condicionam sua execução. Toda política pública é uma forma de regulação ou intervenção na sociedade.

As *políticas públicas* podem ser entendidas como produtos ou *outputs* da atividade política, compreendendo o conjunto das ações estrategicamente selecionadas para implementar as decisões tomadas. Inscreve-se em uma estrutura de poder que informa possibilidades e formas de interação entre os atores (Rua, 1997). Na ciência política, podem-se distinguir três abordagens: (1) o sistema político garantir e proteger a felicidade de gestores locais, servidores municipais e munícipes ou cidadãos; (2) o questionamento político que se refere à análise das forças políticas cruciais no processo decisório; e (3) as investigações dos resultados que dado sistema político vem produzindo. Ainda, a literatura diferencia três dimensões da política: (1) *polity*, para denominar as instituições políticas; (2) *politics*, para os processos políticos; e (3) *policy*, para os conteúdos da política (Frey, 2000).

O art. 182 da Constituição Federal de 1988 descreve que a política de desenvolvimento urbano deve ser executada pelo Poder Público municipal, conforme diretrizes gerais fixadas em lei e tem por objetivo ordenar o pleno desenvolvimento das funções sociais do município e garantir o bem-estar de seus munícipes (Brasil, 1988). A prefeitura é a maior das instituições responsáveis pela viabilização das políticas municipais por meio de seu aparato governamental. Para tanto, são exigidas integrações entre as múltiplas articulações das instâncias dos governos municipal, estadual e federal. Essas viabilizações vão além das negociações dos governos com os atores, mas, acima de tudo, com os munícipes, os gestores locais e os demais interessados no município.

As políticas municipais envolvem o conceito de *accountability*, termo pode ser entendido como transparência e responsabilização dos processos institucionalizados de ações e controles políticos estendidos no tempo (eleição e mandato). Devem participar politicamente, de um modo ou de outro, os munícipes, os gestores locais e os demais interessados no município. A abordagem social deve ser fortemente contextualizada nas políticas municipais. Essas práticas vêm se consolidando nos municípios e formando um consenso baseado nas possibilidades de maior efetividade dos gastos municipais e da democratização política.

O PDM é uma política estabelecida na Constituição Federal, porém, as políticas municipais também podem se apresentar como planejamentos municipais, objetivos municipais, estratégias municipais e até mesmo como ações municipais integradas aos demais planejamentos.

2.8 Projetos participativos municipais

As atividades de elaboração do PPAM, do PDM e do PEM se constituem em projetos participativos. Outros projetos formais e informais, como Agenda 21 local, projetos comunitários, programas sociais e atividades cidadãs coletivas, também podem se constituir em projetos participativos municipais.

O PDM deve ser elaborado e implementado com a participação efetiva de todos os gestores locais, servidores municipais, munícipes ou cidadãos. O processo deve ser conduzido pelo Poder Executivo, articulado com os representantes no Poder Legislativo e com a sociedade civil. É importante que todas as etapas do PDM sejam conduzidas, elaboradas e acompanhadas pelas equipes técnicas de cada prefeitura municipal e por moradores do município. A participação da sociedade não deve estar limitada apenas à solenidade de apresentação do PDM em audiência pública. Ele deve ser vivenciado por todos os munícipes. O Ministério das Cidades recomenda que os representantes do Poder Legislativo participem desde o início do processo de elaboração do PDM, evitando alterações substanciais, radicalmente distintas da proposta construída pelo processo participativo (Brasil, 2004).

O art. 6 da Constituição Federal de 1988 estabelece os direitos sociais dos munícipes à educação, à saúde, ao trabalho, à moradia, ao lazer, à segurança, à previdência social, à proteção à maternidade e à infância e à assistência aos desamparados (Brasil, 1988). Todos os projetos sociais devem ter regularidade para garantia de seu funcionamento, mesmo que com tempo predefinido. Os projetos de PPAM, de PDM e de PEM podem contribuir com a construção de municípios melhores e mais justos, onde todos os gestores locais, servidores municipais, munícipes ou cidadãos estão habilitados a participar desses projetos e podem intervir na realidade de seu município. Para que essa capacidade saia do plano virtual ou potencial e concretize-se na forma de ação participativa, os processos dos planos e projetos têm de prever métodos e passos que todos os gestores locais, servidores municipais, munícipes ou cidadãos compreendam com clareza, em todos os municípios.

Garantir, de fato, e possibilitar que os diferentes segmentos da sociedade participem das atividades de planejar e gerir as políticas urbanas e territoriais é um grande desafio. A atividade de construir e elaborar os PEMs de cada município deve servir para incentivar os municípios a avaliar e implantar todo o sistema de planejamento municipal. Esse planejamento implica: atualizar e compatibilizar cadastros; integrar políticas setoriais, orçamentos anuais e plurianual com o plano de governo e as diretrizes do PDM; capacitar equipes locais; sistematizar e revisar a legislação.

A atividade de construir e elaborar o PDM é também uma oportunidade para estabelecer um processo permanente de construir políticas, de avaliar ações e de corrigir rumos. Democratizar as decisões é fundamental para transformar o planejamento da ação municipal em trabalho compartilhado entre gestores locais, servidores municipais e munícipes ou cidadãos, bem como para assegurar que todos se comprometam e sintam-se responsáveis e responsabilizados no processo de construir e implementar o PDM (Brasil, 2004). É imperativo que todo projeto participativo leve em conta a legislação vigente (municipal, estadual ou federal). Também deve contextualizar as respectivas políticas públicas pertinentes. Para sua realização, os projetos participativos devem constar no plano plurianual municipal (PPAM) e na LOA do município.

Os projetos participativos se vinculam geralmente a situações de vulnerabilidade ou risco. As situações de vulnerabilidade estão relacionadas com pobreza, crianças, adolescentes, mulheres, idosos, minorias étnicas, moradores de rua, trabalhadores de rua, portadores de necessidades especiais e similares. As situações de risco estão relacionadas com exploração de pessoas, violência de pessoas, trabalho infantil, trabalho escravo, negligência, abandono, exposição a doenças, fatores ambientais e similares. Os macro-objetivos dos projetos participativos fazem referências às seguintes questões: oferecer qualidade de vida aos munícipes; redistribuir renda e benefícios; construir autonomia ou emancipar a população; fortalecer o convívio e o pertencimento da comunidade local, propiciando condições de participação e uso do município; proteger emergencialmente em casos de calamidades, fornecendo abrigo e cuidados primários de higiene, vestuário e alimento.

Os projetos participativos também devem estar atentos à qualificação e à formação profissional e cidadã dos munícipes, bem como devem estar integrados ao fortalecimento da economia local, respeitando as vocações do município. Para o fortalecimento da economia local, podem ser elaborados programas de economia solidária, cooperativismo e grupos produtivos municipais (Kauchakje; Rezende, 2009). Os projetos participativos municipais podem envolver recursos públicos e privados.

2.9 Alinhamento e integração dos planejamentos e planos municipais

O alinhamento e a integração entre os múltiplos planejamentos e planos municipais podem ocorrer de diversas formas, considerando ou não as informações e os recursos da TI nas prefeituras e organizações públicas municipais.

2.9.1 Alinhamento dos planejamentos e planos municipais

Os municípios preocupados com seu êxito e a qualidade de vida de seus munícipes devem alinhar e integrar seus diferentes planejamentos e planos. Os planejamentos e planos nos municípios podem compreender os seguintes instrumentos integrados e alinhados: PEM; PPAM; PDM; plano de governo municipal; projetos participativos municipais; planejamento de RH; e planejamento de informações e tecnologias.

No que tange ao alinhamento do PEM com os demais planejamentos e planos, todos esses instrumentos de planejamentos nos municípios devem estar alinhados para efetivamente alcançar seus objetivos propostos integrados. A Figura 2.1, a seguir, mostra o alinhamento sugerido, permeado por legislações específicas.

Figura 2.1 – Alinhamento dos planejamentos e planos municipais

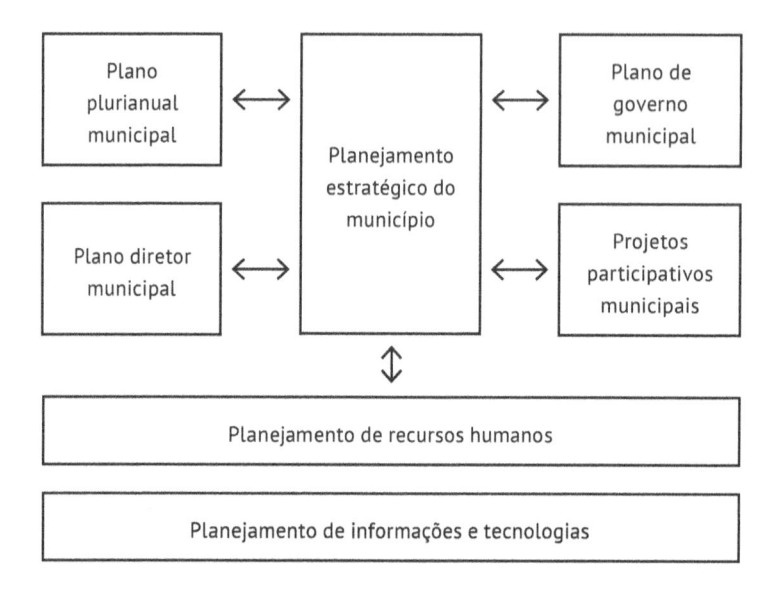

```
┌──────────────┐       ┌──────────────┐       ┌──────────────┐
│    Plano     │       │              │       │   Plano de   │
│  plurianual  │ ←───→ │              │ ←───→ │   governo    │
│   municipal  │       │ Planejamento │       │   municipal  │
└──────────────┘       │ estratégico  │       └──────────────┘
                       │      do      │
┌──────────────┐       │   município  │       ┌──────────────┐
│ Plano diretor│ ←───→ │              │ ←───→ │   Projetos   │
│   municipal  │       │              │       │participativos│
└──────────────┘       └──────────────┘       │   municipais │
                              ↕                └──────────────┘
            ┌────────────────────────────────────────┐
            │ Planejamento de recursos humanos       │
            └────────────────────────────────────────┘
            ┌────────────────────────────────────────┐
            │ Planejamento de informações e tecnologias │
            └────────────────────────────────────────┘
```

O PPAM tem foco orçamentário e está direcionado para o controle e a gestão financeira do município (ver Seção 2.5).

O PDM tem foco no controle, no desenvolvimento e na expansão territorial urbana e está direcionado para as questões físicas e territoriais do município (ver Seção 2.6).

O plano de governo municipal, também chamado de *programa de governo*, está relacionado com o conjunto de intenções do prefeito e de seus colaboradores, como uma forma de política pública. O plano ou programa de governo do prefeito eleito frequentemente contém propostas de políticas municipais e de projetos participativos municipais (ver Seção 2.70).

Os projetos participativos municipais estão relacionados com atividades sociais participativas envolvendo a sociedade civil, a prefeitura e as organizações públicas municipais na promoção do desenvolvimento social e da ampliação da qualidade de vida de gestores locais, servidores municipais e munícipes ou cidadãos (ver Seção 2.8). Tais projetos podem contribuir no alinhamento proposto pelas suas questões legais, competitivas, econômicas, ambientais, sociais e outras que envolvem as pressões e participações de gestores locais, servidores municipais, munícipes ou cidadãos e demais atores interessados no município (residentes ou não).

O planejamento de RH está relacionado com a discussão, a definição e a capacitação das pessoas requeridas para a elaboração e a implementação do PEM. Em um primeiro momento, deve ser definido o perfil profissional necessário pala a elaboração do projeto de PEM. Esse perfil está direcionado para as habilidades requerentes para o projeto, que contempla o domínio das habilidades técnicas, dos serviços municipais e humana ou comportamental. As habilidades técnicas dizem respeito ao domínio dos instrumentos de PEM. As habilidades dos serviços municipais dizem respeito ao entendimento dos serviços prestados pelas organizações públicas municipais, pela prefeitura e pelo município. E as habilidades humanas dizem respeito às relações pessoais requeridas em todas as atividades profissionais. Em um segundo momento, deve ser definido o perfil das pessoas para a implementação de objetivos, estratégias e ações municipais constantes no projeto de PEM. Contempla o perfil dos servidores municipais e também dos munícipes ou cidadãos para atender, inclusive, às vocações atuais e futuras do município.

O planejamento das informações e tecnologias está relacionado com a discussão, a definição e a organização das informações e das tecnologias necessárias para a elaboração e a implementação do PEM, incluindo projeto de cidade digital estratégica. Essas tecnologias são de todos os tipos, como industriais, comerciais, de serviços e de TI. Assim como o PEM, o planejamento das informações e das tecnologias se constitui em um instrumento de gestão estratégica e operacional dos municípios. É um processo dinâmico e interativo para estruturar estratégica, tática e operacionalmente as informações do município, da prefeitura e das organizações públicas municipais, que conta com a TI (e seus recursos: *hardware*, *software*, sistemas de telecomunicação, gestão de dados e informação), os sistemas de informação e de conhecimentos, as pessoas envolvidas e a infraestrutura necessária para o atendimento de todas as decisões, ações e respectivos processos da prefeitura e das organizações públicas municipais.

Para atingir os objetivos propostos pelo projeto de planejamento das informações e das tecnologias com maior grau de efetividade, o trabalho é dividido em fases, que podem ser elaboradas concomitantemente por equipe multidisciplinar ou multifuncional, visando facilitar a administração de tempo, recursos, qualidade, produtividade e efetividade do referido planejamento.

As etapas e tarefas relatadas a seguir podem ser adequadas, complementadas ou suprimidas dependendo da organização e do projeto. A metodologia pode ser composta das seguintes partes, em que a primeira parte deve ser trabalhada juntamente com a última: planejar o projeto (organizar o projeto e capacitar as equipes); revisar o PEM (identificar objetivos, estratégias e ações municipais); planejar informações e conhecimentos municipais; avaliar e planejar sistemas de informação e de conhecimentos; avaliar e planejar TI; avaliar e planejar RH; priorizar, custear e avaliar impactos; executar planejamento; gerir, divulgar, documentar e aprovar o projeto.

O PEM se alinha e se integra com o PPAM e com o PDM pelas trocas de objetivos, estratégias e ações municipais. O plano de governo e os projetos participativos municipais se alinham e se integram com o PEM pelas regulações, intervenções, pressões e participações políticas e sociais de munícipes, gestores locais e demais interessados no município.

Para a viabilização do PEM, será necessário planejar os RH, as informações e as tecnologias. A falta de planejamento dessas variáveis tem causado insucesso na elaboração e na implantação do PEM. Os referidos alinhamentos e as respectivas integrações também são relevantes para o desenvolvimento local ou regional e para a melhoria da qualidade de vida dos munícipes ou cidadãos.

2.9.2 Integração dos planejamentos e planos municipais

Especificamente, a integração do PEM com o PDM e com o PPAM leva em consideração: o tempo de elaboração; os anseios dos munícipes ou desejos dos munícipes ou cidadãos; os interesses expressos no plano ou programa de governo do prefeito eleito; e as variáveis de integração entre o planejamento estratégico e os dois planos municipais (Figura 2.2). Do ponto de vista do tempo de elaboração, o PPAM contempla até 4 anos de planejamento, tal como o plano ou programa de governo do prefeito eleito; o PDM, 10 anos; e o PEM, um prazo superior a 10 anos (15 a 20 sugestivamente).

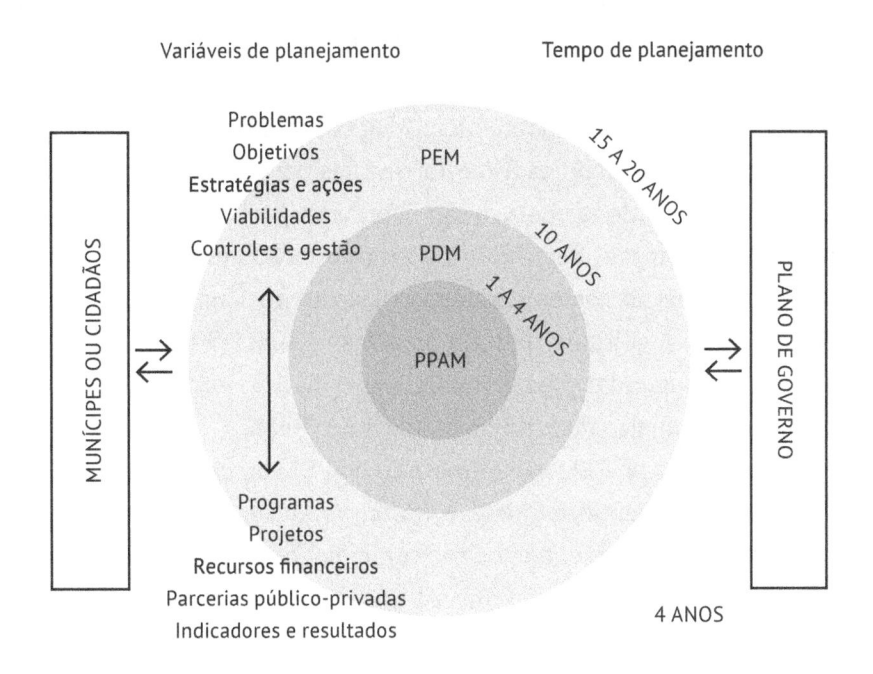

Figura 2.2 – Integração dos planejamentos e planos municipais

Nos extremos, de um lado estão os munícipes ou cidadãos com desejos, demandas e anseios pessoais e coletivos frente ao município, de outro, estão os interesses do governo local expressos no plano ou programa de governo do prefeito eleito. Ambos os desejos e os interesses devem ser contemplados no PEM, no PDM e no PPAM.

Para realizar a integração do PEM com o PDM, algumas variáveis de relações entre os mesmos podem ser citadas: problemas; objetivos; estratégias e ações; viabilidades; controles e gestão. No PDM, os conflitos e as potencialidades do município estão inseridos na variável "problemas".

Os problemas no PDM estão mais relacionados com as temáticas territoriais, tais como: desenvolvimento econômico; reabilitação de áreas centrais do município e sítios históricos; avaliação e atividades em áreas rurais; políticas habitacionais; regularização fundiária; transporte e mobilidade; saneamento ambiental; estudos de impactos de vizinhança; instrumentos tributários e de indução de desenvolvimento; desenvolvimento regional; e outras questões de ocupação do solo. Essas temáticas podem ser abordadas em quatro etapas: (1) elaborar leituras técnicas e comunitárias para identificar, mapear e entender a situação do município; (2) formular e pactuar propostas com perspectiva estratégica; (3) definir instrumentos de viabilidades dos objetivos e estratégias municipais; e (4) elaborar sistema de gestão e planejamento do município (Brasil, 2004). Essas questões de ocupação do solo ou estudos físico-territoriais podem contemplar ainda: polinucleação e escalonamento urbano; formas espaciais urbanas; circulação urbana ou para vias, terminais e áreas de estacionamento; uso do solo para fins residenciais, comerciais, industriais, institucionais (educacionais, sociais, culturais, cultuais, de lazer e outras) e rurais (Ferrari, 1986). As quatro etapas sugeridas para formalizar as temáticas do PDM são muito semelhantes às quatro fases da metodologia do PEM.

Os problemas no PEM são os mesmos do PDM acrescidos das seguintes temáticas: ambientes municipais (potencialidades, forças e fraquezas municipais); ambientes externos ao município (oportunidades e riscos); gestão municipal; ambiente de tarefa da prefeitura e das organizações públicas municipais; serviços e funções ou temáticas municipais; sistemas de informação; TI; modelo de gestão da prefeitura e das organizações públicas municipais; e outras questões administrativas, financeiras, contábeis, de materiais, de *marketing* e de RH do município.

O Estatuto da Cidade e a Agenda 21 Local também narram os problemas no município, os quais são similares aos problemas descritos no PDM e no PEM. O Estatuto da Cidade regulamenta os arts. 182 e 183 da Constituição Federal e estabelece parâmetros e diretrizes da política urbana no Brasil, bem como oferece instrumentos para que o município possa intervir nos processos de planejamento e gestão urbana e territorial e garantir a realização do direito à cidade (Brasil, 2004; Estatuto..., 2002). A Agenda 21 Local chama a atenção para os problemas do município em suas dimensões sociais e econômicas: cooperação internacional para o desenvolvimento sustentável; combate a pobreza; mudança dos padrões de consumo; dinâmica demográfica e sustentabilidade; proteção e promoção das condições da saúde urbana; promoção do desenvolvimento sustentável dos assentamentos humanos; integração entre meio ambiente e desenvolvimento na tomada de decisões; e trata ainda das questões de conservação e gerenciamento dos recursos para desenvolvimento ambiental sustentável, incluindo, por exemplo, atmosfera, resíduos, recursos terrestres, biológicos, hídricos e todo o ecossistema (Agenda 21, 2001).

Os problemas do município, quando são diagnosticados e analisados, carecem de formalização de objetivos municipais e consequentemente de definição de estratégias e ações integradas e alinhadas no planejamento e planos municipais.

Os objetivos no PEM e no PDM estão relacionados com os alvos ou desafios a serem conquistados pela prefeitura e pelas organizações públicas municipais envolvidas, devidamente qualificados e quantificados. Para tanto, devem formalizar "o que", "quando" e "quanto" (ver Seção 3.4).

As estratégias no PEM e no PDM estão relacionadas com as atividades para atender aos objetivos propostos do município e das organizações públicas municipais, os quais devem ser viabilizados financeiramente ou socialmente. Já as ações formalizam as atividades para atender às estratégias municipais elaboradas tanto no PEM quanto no PDM (ver Seção 4.5).

As viabilidades do PEM e do PDM estão relacionadas com a formalização das análises de custos, benefícios, riscos e outras análises não financeiras; nesse caso, destacam-se os benefícios não mensuráveis (ver Seção 4.5).

Os controles e a gestão do PEM e do PDM estão relacionados com os padrões e as medições de desempenho, acompanhamento, correção de desvios e garantias do cumprimento das fases, subfases e atividades planejadas (ver Seção 4.6).

Para realizar a integração e o alinhamento do PEM com o PPAM, algumas variáveis comuns entre eles podem ser citadas: programas; projetos; recursos financeiros; parcerias público-privadas; indicadores e resultados. Tais variáveis estabelecem relações do PPAM com as fases e subfases do PEM e, como consequência, do PDM.

As variáveis do PPAM estão alinhadas com a fase de análises municipais do PEM (ver Seção 4.3). As análises do município envolvem, no planejamento e nos planos, as questões humanas, sociais, políticas, econômicas, demográficas (ou populacionais), ambientais, ecológicas, tecnológicas, legais, produtivas (produtividade local), de parcerias e de outros programas e projetos municipais. Essas análises estabelecem uma relação direta com a base estratégica exigida pelas normas legais do PPAM, destacando-se: avaliação da situação atual do município (incluindo avaliação dos recursos financeiros municipais e respectivos indicadores e resultados); estudo dos problemas do município; potencialidades do município; cooperação com o setor privado (incluindo parcerias público-privadas); atividades de planejamento territorial integrado; políticas de desenvolvimento local (incluindo indicadores e resultados sociais); levantamento das ações ou atividades em andamento; demandas da população; participação popular; restrições legais e outras. Todas essas variáveis no planejamento e nos planos expressam as análises de potencialidades, forças e fraquezas municipais requerentes da metodologia de PEM.

As análises do ambiente externo consideram diversos fatores que envolvem o município, por exemplo: outros municípios concorrentes; os municípios circunvizinhos; as conurbações; os *stakeholders* não locais; os cidadãos não residentes no município; os governos federal e estadual; o mercado nacional e internacional; as organizações fora dos limites municipais; as tecnologias importadas; as parcerias públicas ou privadas; a mão de obra externa e outras dependências externas. Essas análises também estabelecem uma relação direta com a base estratégica exigida pelas normas legais do PPAM, destacando-se: avaliação da situação atual do município em relação aos outros municípios; estudo dos problemas dos municípios circunvizinhos; potencialidades de outros municípios; cooperações externas; atividades de planejamento territorial metropolitano; políticas de desenvolvimento regional e nacional; levantamento das ações de outros municípios; demandas da população externa, mas que utiliza os serviços desse município; restrições legais; entre outras. Todas essas variáveis do planejamento e dos planos expressam as análises de oportunidades e riscos ao município requeridas pela metodologia de PEM.

As análises da gestão municipal (prefeitura e organizações públicas municipais) também têm relações com a base estratégica e com os programas de apoio administrativo exigidos pelas normas legais do PPAM, destacando-se: objetivos; metas quantitativas; tipos de ações (projetos, atividades e operações especiais); natureza das ações (nova ou em andamento, contínua ou temporária); produtos ou resultados esperados; indicadores utilizados; valores e respectivas fontes de receitas, despesas, investimentos, inversões financeiras e amortizações de dívidas; satisfação do público-alvo (pessoas ou locais); responsáveis ou executores; e datas de início e término das atividades.

As variáveis do PPAM estão alinhadas com a fase de diretrizes municipais do PEM (ver Seção 4.4). As diretrizes do município requerem principalmente quatro variáveis do PEM: (1) visão do município; (2) vocações do município; (3) valores ou princípios do município e de gestores locais, servidores municipais e munícipes ou cidadãos; e (4) objetivos municipais. Essas variáveis têm relação direta com a base estratégica exigida pelas normas legais do PPAM, destacando-se: perspectivas para as ações municipais; estudo das potencialidades do município e de seus munícipes ou cidadãos; demandas da população; planejamento integrado; cooperações de longo prazo; participação popular; e, fundamentalmente, orientação estratégica do prefeito e definição dos macro-objetivos da gestão local. Exemplos de integração linear são as demandas da população ou os macro-objetivos da gestão local e as potencialidades do município exigidas pelo PPAM, que são, respectivamente, os objetivos municipais e as vocações do município descritas no PEM. O PPAM tem um horizonte de prazo de apenas 4 anos, divergindo do PEM, que tem um horizonte superior a 10 anos.

As diretrizes da gestão municipal requerem outras quatro variáveis do PEM: (1) missão da prefeitura e das organizações públicas municipais; (2) atividades municipais ou serviços prestados pela prefeitura e pelas organizações públicas municipais envolvidas; (3) políticas municipais; e (4) procedimentos operacionais. Essas variáveis têm relação direta com os programas exigidos pelas normas legais do PPAM, sejam eles finalísticos, sejam de apoio administrativo. Tais programas propostos podem ser novos ou continuados do PPAM anterior. As atividades municipais ou serviços prestados pela prefeitura e pelas organizações públicas municipais propostas no PEM, quase que em sua totalidade, dizem respeito aos programas determinados pelo PPAM, ambos levando em conta os procedimentos operacionais requeridos e os indicadores estabelecidos. Os indicadores exigidos pelo PPAM são equivalentes aos objetivos devidamente qualificados e quantificados estabelecidos pelo PEM. As políticas municipais formalizadas no PEM são equivalentes aos programas atuais e propostos pelo PPAM. Tanto o PEM quanto o PDM e o PPAM levam em conta todas as propostas do plano ou programa de governo do prefeito eleito.

As variáveis do PPAM estão alinhadas com a fase de estratégias e ações municipais (ver Seção 4.5). Quanto às estratégias municipais, o alinhamento é direto. Com base na análise da situação atual do município (constante na base estratégica exigida pelo PPAM) e dos objetivos de cada programa proposto no PPAM, são definidos os macro-objetivos da gestão local. Os macro-objetivos são partes essenciais do PPAM e são equivalentes às estratégias formalizadas no PEM. Essas estratégias são as grandes atividades (descritas em frases) para atender aos objetivos formalizados no PEM e aos macro-objetivos formalizados no PPAM.

Quanto às ações municipais, o alinhamento também é direto. As ações municipais são formalizadas por meio dos planos de ação no PEM. Cada estratégia do PEM exige pelo menos um plano de ação, que é equivalente aos programas (ou orçamentos-programas) do PPAM. O plano de ação ou plano de trabalho do PEM deve ser composto das mesmas variáveis equivalentes dos programas do PPAM, respeitando-se inclusive, as questões exigidas pelas ações setoriais, pela participação popular e pelas restrições orçamentárias e financeiras do município.

Quanto à viabilização das estratégias e ações municipais, o alinhamento é direto com o orçamento municipal. No caso do PEM, a viabilização pode ser desmembrada nas análises de: custos; benefícios mensuráveis; benefícios não mensuráveis (por exemplo, sociais); riscos; e viabilidade propriamente dita. Essas análises são equivalentes às variáveis do orçamento municipal constante no PPAM em que aparecem: metas (quantidades); tipos e natureza das ações; produtos (resultados); indicadores, índices (taxas) ou unidades de medidas (financeiros e sociais ou não financeiros);

público-alvo; responsáveis ou executores; datas; e valores (fonte de receitas, despesas, investimentos, inversões financeiras e amortizações de dívidas).

Sumariando, fica evidente a relação direta das variáveis e atividades das estratégias e ações municipais do PEM com as variáveis e atividades do PPAM, principalmente pelas suas similaridades.

As variáveis do PPAM também estão alinhadas com a fase de controles municipais e gestão do PEM (ver Seção 4.6). No que tange aos níveis e meios de controles municipais, o alinhamento é total. No planejamento e nos planos, devem ser estabelecidos os controles nos níveis estratégico, tático e operacional. Os meios de controles do PEM, do PDM e do PPAM são os mesmos, ou seja, os legais e os opcionais. Os controles legais são estabelecidos na Constituição Federal, na LRF e na LOM, complementados por normativos da Secretaria do Tesouro Nacional do Ministério da Fazenda, do Tribunal de Contas da União, do Tribunal de Contas Estadual e da Procuradoria-Geral do Município. Os controles opcionais podem ser: auditorias municipais; gestão por resultados como um processo cíclico e interativo; sistema de indicadores; e sistemas de informação com os recursos da informática ou TI.

Já a periodicidade do PEM mostra divergência de alinhamento com o PDM e o PPAM nos diferentes horizontes de maior que 10, 10 e 4 anos, respectivamente. O acompanhamento para fins de revisão do planejamento e dos planos pode ser o mesmo, por exemplo, diário, mensal e semestral.

A gestão do PEM tem alinhamento direto com a gestão do PDM e do PPAM. Essa atividade deve ser estabelecida no início do planejamento e dos planos por meio de procedimentos pertinentes e planos de trabalho para os membros da equipe multidisciplinar (gestores locais, servidores municipais, munícipes ou cidadãos) ou dos comitês de trabalho.

A integração e o alinhamento também são chamados de *alinhamento horizontal*, entre planejamentos e planos, e *alinhamento vertical*, que compreende a integração dos planejamentos e planos federal, estadual, regional (quando houver regiões metropolitanas) e municipal.

É fundamental que esses planejamentos e planos estejam integrados e alinhados entre si para que suas relações sejam profícuas e que envolvam os munícipes de maneira participativa. Algumas premissas não podem ser esquecidas para o sucesso da integração e do alinhamento proposto: organização antecipada dos planejamentos e planos municipais; envolvimento efetivo dos munícipes; elaboração de orçamentos e planos de investimentos; divulgação ampla (interna e externa à prefeitura); adoção de uma metodologia adequada à realidade do município; capacitação e acompanhamento das pessoas envolvidas; obediência às realidades do município (ver Capítulo 3); desvinculação de um partido político e de um governo específico; e gestão cotidiana e competente dos planejamentos e planos municipais. Essas premissas e atividades devem sem vivenciadas cotidianamente e pensadas em longo prazo (evidentemente, não apenas para quatro anos).

2.9.3 Integração dos planejamentos de estratégia, informação e TI

O PEM, o planejamento de informações municipais (PIM) e o planejamento da tecnologia da informação (PTI) devem estar integrados. Os sistemas de informação e os sistemas de conhecimentos juntamente à TI devem desempenhar um papel estratégico e agregar valores aos serviços ou produtos municipais disponibilizados aos munícipes ou cidadãos com vistas a facilitar a inteligência da prefeitura e das organizações públicas municipais envolvidas. O trabalho conjunto, harmonioso e competente relacionado com estratégias, informações e TI facilita a elaboração e a implantação do PEM, bem como a gestão integrada das respectivas tecnologias da informação utilizadas.

A integração dos planejamentos de estratégia, informação e TI está graficamente representada pela Figura 2.3. A parte superior apresenta o PEM, que essencialmente desmembra os objetivos e as estratégias das funções ou temáticas municipais e os respectivos módulos (ou subsistemas).

Os objetivos e as estratégias municipais direcionam o PIM e o PTI, bem como respectivos sistemas de informação, sistemas de conhecimentos, recursos da TI e respectivos perfis de RH, sejam de gestores locais e servidores municipais, sejam de munícipes ou cidadãos.

Todas essas variáveis devem contemplar o princípio da sinergia, ou seja, coerência, integração e alinhamento vertical e horizontal (↔↕), que podem ser observadas na Figura 2.3, a seguir.

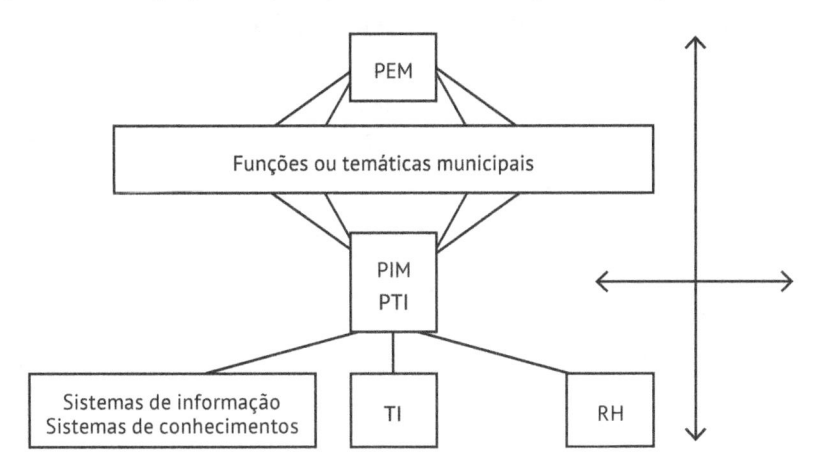

Figura 2.3 – Integração dos planejamentos de estratégia, informação e TI

A proliferação de equipamentos, *hardware* e *software* por todo o município, prefeitura e organização pública municipal envolvida e a difusão da TI em seus diversos níveis requerem os referidos planejamentos de maneira integrada.

O aprofundamento e o amadurecimento dessa integração dos planejamentos deram origem ao modelo de alinhamento dos planejamentos de estratégia e TI (Rezende, 2002).

2.9.4 Alinhamento dos planejamentos de estratégia e TI

O alinhamento do PEM com o planejamento estratégico da TI ou planejamento dos sistemas de informação, dos sistemas de conhecimentos e da informática constitui-se como base na relação vertical e horizontal com os respectivos ambientes externo e interno, promovendo o ajuste ou a adequação estratégica para atender ao posicionamento da prefeitura e das organizações públicas municipais, por meio de seus diferentes relacionamentos funcionais entre habilidades pessoais, processos (organizacionais e da TI), arquitetura da TI e infraestrutura de apoio aos objetivos e estratégias municipais (Rezende, 2002).

O alinhamento deve ser amplamente estudado, discutido e adaptado à realidade da prefeitura e das organizações públicas municipais envolvidas. Essa atividade não é comum e muito menos fácil de ser realizada. Duas dificuldades ficam mais evidenciadas: (1) questões comportamentais que fazem parte dos valores pessoais dos profissionais envolvidos; e (2) distância entre as teorias dos modelos acadêmicos e a realidade dos recursos tecnológicos e humanos da prefeitura e das organizações públicas municipais envolvidas. O modelo de alinhamento é sustentado por quatro grandes grupos de fatores ou construtos: (1) TI; (2) sistemas de informação e sistemas de conhecimentos; (3) pessoas ou RH; e (4) contexto ou infraestrutura organizacional. O referido modelo de alinhamento pode ser representado pela Figura 2.4, a seguir, com suas dimensões, seus construtos e suas variáveis.

Figura 2.4 – Alinhamento dos planejamentos de estratégia e TI

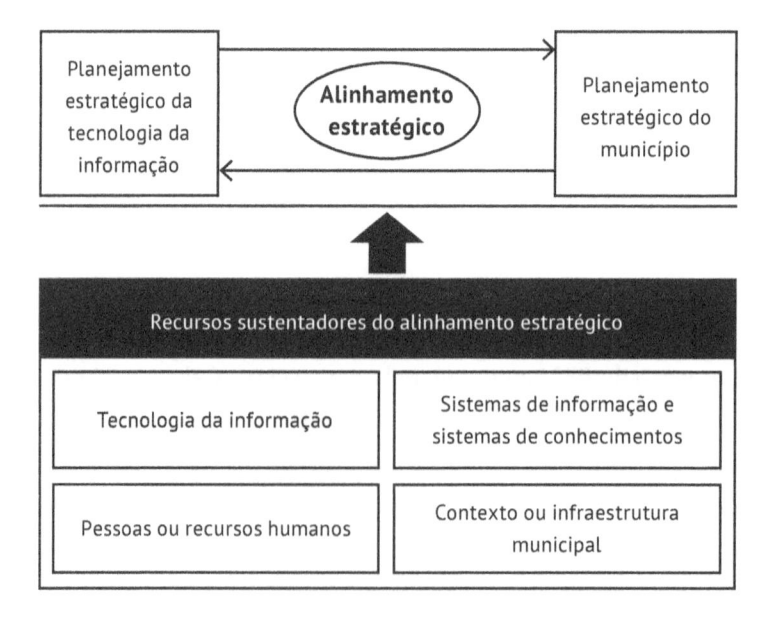

O recurso sustentador da TI leva em consideração os conceitos de cidade digital e de governo eletrônico (ver Seção 6.1).

2.10 Inteligência pública

O termo *inteligência pública*, ou *inteligência organizacional*, é oriundo do termo *inteligência empresarial*, que é definido como um sistema de monitoramento de informações internas e externas direcionadas ao êxito ou sucesso das organizações. Esse termo superou o *termo inteligência competitiva*.

A inteligência organizacional leva em consideração a teoria da cognição, a teoria humanista e a teoria social, integrando a capacidade das pessoas na solução de problemas, a convivência dos seres humanos e o saber fazer, considerando os lados social e profissional (Lemos, 2002). Assim, é íntima a relação entre a inteligência das pessoas, a inteligência pública e a elaboração dos objetivos, a formulação das estratégias e a implementação das ações organizacionais.

Para Albrecht (2004), o conceito de inteligência integra diversos níveis de inteligência individual, de equipe e organizacional, em uma estrutura para criar organizações inteligentes com sete dimensões-chave: (1) visão estratégica; (2) destino compartilhado ("todos no mesmo barco"); (3) apetite por mudanças; (4) sentido coletivo de energia, entusiasmo, motivação e disposição de fazer um esforço extra para que a empresa tenha sucesso ("coração"); (5) alinhamento e congruência entre visão estratégica e prioridades cruciais para o sucesso; (6) uso do conhecimento e sabedoria coletivos para fomentar o desenvolvimento de novos conhecimentos; e (7) pressão por desempenho ("fazer o que tem de ser feito").

Nas organizações públicas, a inteligência pública também está relacionada com os conceitos preceitos da teoria *New Public Management* (NPM). Essa teoria pressupõe aplicar nas organizações públicas os modelos de gestão originalmente oriundos da iniciativa privada e dos conceitos de administração estratégica focada nos negócios empresariais e nos conceitos de empreendedorismo (ver Seções 2.2 e 2.4).

A sinergia das funções ou temáticas municipais, a adequação das tecnologias disponíveis, a elaboração do PEM, de informações municipais, da TI e da cidade digital, a gestão da informação, a gestão do conhecimento e a prática da inteligência competitiva nas prefeituras e organizações públicas municipais favorecem a inteligência pública.

Como exemplo provocativo, uma organização pública inteligente atende educadamente o cidadão, um posto de combustível inteligente também pode abastecer veículos, um hotel inteligente pode inclusive hospedar clientes, uma farmácia inteligente pode até mesmo vender remédios, e assim por diante; em contrapartida, se essas organizações, respectivamente, apenas atenderem educadamente o cidadão, abastecerem veículos, hospedarem pessoas e venderem remédios, não utilizam o conceito de inteligência. Por outro lado, atender mais que educadamente o cidadão, ter uma loja de conveniências no posto de combustível, um restaurante no hotel e outros produtos na farmácia, não significa que essas organizações são inteligentes.

Nesse sentido, com base em informações e conhecimentos sistematizados, personalizados e oportunos, nas decisões e ações competentes e na aplicação dos preceitos da inteligência pública, a organização inteligente pode gerar novos serviços, produtos, negócios ou atividades além dos triviais e, como consequência, contribuir para seu êxito. Ainda provocativamente, por exemplo, em uma organização "inteligente", os "recepcionistas", os "atendentes", os "executores" e todas as demais pessoas "prestam serviços" ou "vendem produtos"; nas organizações públicas, todas as pessoas (servidores públicos ou não) "prestam serviços públicos" aos cidadãos para contribuir com sua qualidade de vida. Em uma escola "inteligente", os "porteiros", os "assistentes de secretarias" e todas as demais pessoas "ensinam". Em uma revenda de automóveis "inteligente", a "senhora da limpeza" e todas as demais pessoas "vendem" automóveis.

Conceitua-se *inteligência pública* como o somatório dos conceitos de inovação, criatividade, qualidade, produtividade, efetividade, perenidade, rentabilidade ou sustentabilidade financeira, modernidade, inteligência competitiva e gestão do conhecimento (Rezende, 2002).

De modo reducionista, cada conceito tem seu direcionamento, ou seja, a inovação está direcionada para fazer diferente com valor agregado, a criatividade com a capacidade de gerar soluções com os recursos disponíveis, a qualidade com adequação ou satisfação, a produtividade com resultados adequados, a efetividade com o somatório da eficiência (desempenho), eficácia (resultado) e economicidade (ou valor adequado), a perenidade com a permanência no mercado ou perpetuidade dos serviços, a rentabilidade com dinheiro disponível ou com uso adequado do dinheiro e equilíbrio financeiro, a modernidade com conceito abstrato de atualidade ou de não antiquado, a inteligência competitiva com o diferencial inteligente frente ao competidor ou concorrente, serviço ou produto substituto, e a gestão do conhecimento com o compartilhamento das melhores práticas e dos conhecimentos adequados.

Assim, os municípios, as prefeituras e as organizações públicas municipais que entendem, aceitam e vivem esses conceitos buscam conquistar e manter sua inteligência pública.

Capítulo 3

Fase zero para projetos municipais

A fase zero para projetos municipais, denominada *Organização, divulgação e capacitação*, versa sobre a preparação ou as atividades antecessoras do projeto municipal. Nesse sentido, suas subfases propõem, essencialmente, organizar e divulgar o projeto, bem como capacitar os envolvidos na metodologia adotada pela prefeitura e pelas organizações públicas municipais envolvidas. Essas subfases, ou atividades, apesar de opcionais, devem ser elaboradas antes das demais fases dos projetos municipais.

É possível relacionar a fase zero de projetos municipais com os processos de "iniciação" e de "planejamento" do Project Management Body of Knowledge (PMBOK) – ou guia do conhecimento em gerenciamento de projetos, em tradução livre – do Project Management Institute (PMI).

Em municípios, prefeituras e organizações públicas municipais, todos os projetos deveriam ser iniciados com a fase zero, incluindo, por exemplo, projetos de planejamento estratégico do município (PEM), plano plurianual, plano diretor da cidade, planejamento de informações, sistema de informação, tecnologia da informação (TI), cidade digital, governo eletrônico, aproximação de munícipes ou cidadãos, qualidade de serviços públicos, entre outros.

Nos projetos municipais, a fase zero pode ser formalizada por meio de suas subfases, que podem ser elaboradas de maneira sequencial ou concomitantemente, mas sempre coletiva e participativamente.

3.1 Subfase 0.1. Conhecer o município ou o local do projeto municipal

Antes de iniciar qualquer projeto municipal é fundamental saber onde ele será elaborado, executado, instalado ou implantado. Um projeto municipal pode ser elaborado em um local diferente do de execução ou ser implantado em múltiplos locais (por exemplo, outros municípios, prefeituras, organizações públicas, instituições, órgãos, sedes), incluindo a mesma ou as distintas equipes multidisciplinares ou comitês gestores do projeto.

Atualmente, com a utilização da TI, enfatizada pela internet, por satélites e demais recursos de telecomunicações, é possível elaborar projetos em qualquer lugar do mundo, de modo parcial ou integral. Inclusive, em alguns países, a remuneração por projetos pode ser muito diferenciada e viabilizá-lo mais adequadamente no que tange a questões financeiras e econômicas.

Os distintos locais do projeto podem ter características peculiares e específicas, incluindo cultura e valores das pessoas, modelo de gestão e políticas pertinentes, perfis de gestores locais, servidores municipais, cidadãos ou clientes e consumidores, vocações do município, entre outros detalhes pertinentes. Ainda, na escolha da localização da instalação do projeto, também podem ser observadas as condições legais (ou contratuais ou licitatórias), de segurança, vizinhança (municípios circunvizinhos), facilidade de acesso, espaço físico necessário, disponibilidade de mão de obra, meio ambiente ecológico, proximidade de concorrentes, fornecedores e outros cuidados.

No projeto municipal, os locais de elaboração, execução, instalação ou implantação devem ser descritos em textos que contenham informações precisas e características peculiares desses locais; também é opcional relatar a(s) função(ões) ou temáticas municipais com as quais o projeto está relacionado, o contexto atual e o contexto desejado do projeto.

3.2 Subfase 0.2. Entender a prefeitura e as organizações públicas municipais para o projeto municipal

Além de conhecer ou reconhecer o(s) local(is) do projeto municipal, é importante entender a prefeitura e as organizações públicas municipais envolvidas e onde elas estão ou serão instaladas.

Para a prefeitura e as organizações públicas municipais existentes, é relevante conhecer ou reconhecer sua atividade pública e os respectivos serviços ou produtos municipais. Preliminarmente, podem-se formalizar os serviços ou produtos municipais, os cidadãos ou clientes e públicos-alvo, o local de atuação, a missão, a visão, os objetivos, os gestores locais e a estrutura organizacional. Nesse caso, um organograma pode esclarecer a estrutura de poder da prefeitura e das organizações públicas municipais envolvidas. Também um funcionograma ou a modelagem dos processos e procedimentos organizacionais pode demonstrar a elaboração dos serviços ou produtos municipais atuais. As integrações governamentais, as organizações públicas coirmãs, as diferentes sedes ou filiais, os representantes e os fornecedores podem ser contemplados.

Quando uma organização pública municipal não existe, esse entendimento é necessário para compreender como será a referida organização e suas instalações.

Nem sempre todos os gestores da prefeitura e das organizações públicas municipais envolvidas conhecem e entendem efetivamente sua atividade, os serviços municipais prestados ou os produtos municipais elaborados, os gestores locais, os servidores municipais, os cidadãos, os consumidores ou clientes e outras características essenciais para sua atuação inteligente. Essa subfase é uma oportunidade para que todos os gestores das diferentes funções ou temáticas municipais e os demais envolvidos no projeto possam equalizar conceitos adotados e igualar entendimentos. Inclusive, em muitas prefeituras e organizações públicas municipais, diferentes profissionais estão distantes da respectiva atividade pública ou dos serviços ou produtos municipais. Algumas literaturas, experiências e práticas organizacionais descrevem essa atividade como a identificação da organização pública municipal, ou o perfil organizacional, enfatizando o conhecimento e o entendimento da prefeitura e das organizações públicas municipais envolvidas.

No projeto municipal, o entendimento da prefeitura e das organizações públicas municipais envolvidas deve ser descrito em textos com informações sobre a atividade pública, os serviços ou produtos municipais, os gestores locais, os servidores municipais, os cidadãos ou clientes, os públicos-alvo, o local de atuação e onde estão ou serão instaladas. Também é opcional relatar a missão, a visão, os objetivos, os gestores e a estrutura organizacional ou a modelagem dos processos e procedimentos da prefeitura e das organizações públicas municipais.

3.3 Subfase 0.3. Adotar o conceito do projeto municipal

O conceito do projeto municipal a ser elaborado deve ser amplamente discutido no município, na prefeitura e nas organizações públicas municipais envolvidas. Além do conceito, podem ser discutidos os tipos ou classificações, os componentes ou partes, as características e as integrações do projeto, bem como demais definições pertinentes.

Também se recomenda entender os demais planos do município, da prefeitura e das organizações públicas municipais envolvidas para integrá-los com o projeto municipal. Na prefeitura e nas organizações públicas municipais, podem existir outros planejamentos ou planos, como plano plurianual, plano diretor, plano de governo, planejamento de recursos humanos (RH) – locais, servidores municipais, munícipes –, projeto de cidade digital, governo eletrônico, projetos sociais, entre outros. Eventualmente, cada um desses planejamentos, planos ou projetos podem ter conceitos específicos e distintos do referido projeto municipal a ser elaborado.

Após a discussão e o entendimento dos diferentes temas e abordagens de planejamentos, planos e projetos, um conceito deve ser adotado e divulgado para todo o município, as organizações públicas municipais e os envolvidos no projeto, de modo a deixar claro o que é o projeto. Nesse momento, também é relevante discutir o conceito de inteligência pública para que este esteja relacionado com o conceito do projeto municipal adotado pelo município e pelas organizações públicas municipais envolvidas.

Não se deve iniciar um projeto municipal sem saber seu conceito.

No projeto municipal, o conceito adotado deve ser descrito por meio de texto com significação precisa; também é opcional relatar o conceito de projeto. Vale enfatizar que deve ficar claro para todo o município, as organizações públicas municipais e os envolvidos "o que é" o referido projeto municipal, como dito anteriormente.

Para padronizar conceitos, eventualmente pode ser criado um dicionário de termos ou glossário, relatando termos próprios, conceitos adotados ou palavras especiais utilizadas no município e nas organizações públicas municipais envolvidas no projeto com os respectivos significados.

3.4 Subfase 0.4. Definir o objetivo do projeto municipal

Além do conceito do projeto municipal, deve ser discutido, entendido, adotado e divulgado seu objetivo, deixando claro para que ele está ou estará sendo elaborado. Algumas prefeituras e organizações públicas municipais ainda criam projetos sem saber seu conceito tampouco sua serventia. Isso pode causar insegurança e danos irreversíveis para a gestão e a inteligência da prefeitura e das organizações públicas municipais, bem como para as diferentes pessoas envolvidas.

O objetivo de um projeto municipal pode estar relacionado com as múltiplas atividades de definição e o esclarecimento coletivo do que se almeja para a prefeitura ou as organizações públicas municipais. O objetivo deve ser amplamente discutido e coletivamente assumido. A formalização do objetivo prepara as pessoas para a elaboração do projeto municipal por meio de conceito, roteiro ou métodos determinados para sua planificação. Trata-se de processos que levam ao estabelecimento de um conjunto coordenado de ações municipais coletivas que visam alvos predefinidos.

As prefeituras e as organizações públicas municipais, não obstante seu objeto social público ou sua definição de atividade pública, podem ter como objetivo final o atendimento adequado aos cidadãos e até mesmo o auxílio a questões sociais pertinentes. Outras organizações podem ter como objetivo a inteligência pública, a melhoria dos resultados, a obtenção de diferenciais frente aos concorrentes, a estruturação de processos, entre outros.

Tendo em vista que os projetos municipais podem envolver diferentes e divergentes interesses, estabelecer coletiva e participativamente o objetivo é fundamental para seu êxito e é inexorável para a convivência das pessoas envolvidas. Essencialmente, o objetivo dos projetos municipais está relacionado com o conceito adotado e com a razão de sua elaboração.

Não se deve iniciar um projeto municipal sem saber seu objetivo.

No projeto municipal, o objetivo deve ser descrito por meio de texto preciso e claro, de modo que todo o município, as organizações públicas municipais e os envolvidos compreendam a razão de sua elaboração.

Também é possível constar o contexto desejado do projeto municipal a ser elaborado, bem como suas eventuais versões anteriores, mesmo que sejam parciais ou diferentes.

3.5 Subfase 0.5. Definir a metodologia do projeto municipal

Com a adoção do conceito e a definição do objetivo do projeto municipal, uma metodologia deve ser discutida, entendida, adotada e divulgada, objetivando formalizar sua elaboração por meio de fases, subfases, produtos externados e pontos de avaliação ou aprovação.

Essencialmente, a metodologia de um projeto apresenta fases ou partes, que devem ser desmembradas em subfases. Cada subfase deve gerar pelo menos um produto (resultado ou documento). As subfases funcionam como um guia básico e podem ser ajustadas de acordo com o projeto ou o município, considerando seus objetivos, seus valores e sua realidade. Todos os produtos devem ser avaliados e aprovados pelos envolvidos no PEM.

A metodologia não deve limitar a criatividade dos envolvidos, mas ser um instrumento que determine um planejamento metódico, harmonizando e coordenado com os múltiplos e diferentes interesses. O que limita a criatividade não é a metodologia, mas os requisitos de qualidade, produtividade e efetividade de um projeto.

A abrangência ou escopo do projeto municipal pode ser determinado pelos produtos gerados em cada subfase.

A metodologia deve ser utilizada pelas pessoas envolvidas na execução de todas as atividades do projeto municipal. A definição da metodologia do projeto possibilita equalizar conceitos adotados e igualar entendimentos do município, da prefeitura e das organizações públicas municipais envolvidas a fim de elaborar, executar e implantar coletiva e participativamente o projeto municipal. Permite também que todos trabalhem utilizando um roteiro criado participativamente, pois quando uma metodologia é determinada por algumas pessoas, outras podem não aceitar ou não se motivar em sua execução. Portanto, a metodologia deve ser de todo o município, prefeitura, organização pública municipal e demais envolvidos no projeto municipal.

Não se deve iniciar um projeto municipal sem saber detalhadamente como ele será elaborado, ou seja, sem uma metodologia adotada, não se pode elaborar projetos municipais inteligentes.

Quando não existe uma metodologia adotada, corre-se o risco de cada um dos envolvidos fazer o que quer e como quer. Isso também pode causar insegurança e danos irreversíveis para a inteligência do município, da prefeitura, das organizações públicas municipais e das diferentes pessoas envolvidas. Nem todos os envolvidos no projeto municipal precisam necessariamente saber como realizar as fases e as subfases, mas todos devem entender quais produtos serão externados pelo projeto municipal para que possam coletiva e participativamente aprovar o que está ou estará sendo elaborado no referido projeto municipal.

São três as premissas necessárias para a elaboração de projetos municipais de maneira metodológica: (1) modularidade; (2) existência; e (3) equipe multidisciplinar, comitê gestor do projeto municipal ou comitês de trabalho. A modularidade não tolera o desenvolvimento de projetos municipais sem uma metodologia estruturada, ou seja, o projeto municipal deve ser desenvolvido em partes integradas. A segunda premissa retrata que sempre um projeto municipal deve ser desenvolvido com uma metodologia, mesmo que ainda não esteja fortemente sedimentada. A terceira premissa exige que todo e qualquer projeto municipal deve ser desenvolvido por equipes multidisciplinares ou comitês capacitados e integrados.

As justificativas do desenvolvimento de projetos municipais por meio de metodologias devem ser formalizadas de modo que seus produtos: forneçam a visão do estado do projeto a qualquer instante; sirvam como meio de comunicação entre os envolvidos; indiquem o nível de participação de todos os envolvidos; detalhem nos níveis adequados aos interesses da equipe ou comitês envolvidos; mantenham um histórico documental do projeto; sejam sempre bases para as fases e subfases seguintes. Todas essas justificativas reiteram a importância de uma metodologia de desenvolvimento estruturado de projetos municipais.

As avaliações e aprovações de projetos municipais são os momentos de apresentação, aprovação e verificação do grau de satisfação e atendimento às necessidades e aos requisitos do projeto, obedecendo aos padrões de qualidade, produtividade e efetividade estabelecidos. Principalmente o patrocinador, os gestores locais, os servidores municipais e os munícipes devem avaliar a qualidade do projeto municipal. A avaliação, a revisão e a aprovação devem ser elaboradas em todas as passagens das partes ou fases do projeto municipal, considerando: revisão da(s) partes ou fase(s) imediatamente anterior(es); apresentação dos produtos aos envolvidos; e deferimento formal dos envolvidos.

No projeto municipal, a metodologia adotada deve ser descrita por meio de frases ou textos com definição precisa. Deve ficar claro para todo o município, organização pública municipal e envolvido como será elaborado o projeto municipal. Deve-se, no mínimo, formalizar as fases da metodologia adotada e, se possível, as subfases, os produtos externados e os pontos de avaliação ou aprovação. Por opção, também podem ser relatadas outras abordagens técnicas da ciência da administração, como modelos, métodos, instrumentos, processos e procedimentos pertinentes.

3.6 Subfase 0.6. Definir a equipe multidisciplinar do projeto municipal

A metodologia adotada necessariamente exigirá a formalização de uma equipe multidisciplinar para elaborar o projeto municipal. A equipe multidisciplinar se constitui em uma parte fundamental para o sucesso dos projetos municipais, que são coletivos e participativos. Em determinados projetos municipais, a definição da equipe multidisciplinar pode se constituir na primeira subfase a ser elaborada.

As fases e as respectivas subfases da metodologia adotada para o referido projeto municipal a ser elaborado devem ser executadas pelos componentes da equipe multidisciplinar atuando de maneira interdisciplinar, coletiva e participativa.

Alguns municípios, prefeituras e organizações públicas preferem chamar a equipe multidisciplinar de: *comitê gestor*; *comitês de trabalho*; *grupo de trabalho*; *colegiado de responsáveis*; *time de trabalho*; *equipe multifuncional*; *célula de atividades*; entre outros nomes correlatos. A equipe multidisciplinar reúne talentos de diversas e diferentes competências, vivências, experiências, interesses e valores, incluindo gestores locais, servidores municipais e munícipes ou cidadãos. O somatório dessas variáveis e de distintos conhecimentos possibilita a geração de produtos consistentes no projeto municipal. A equipe multidisciplinar deve ser adequada para cada projeto municipal e para cada município, prefeitura e organização pública municipal, respeitando sua cultura, sua filosofia, suas vocações e suas políticas. Todos os componentes da equipe devem observar os respectivos planos de trabalho, individuais e coletivos.

Antes de iniciar o projeto municipal, é fundamental definir as pessoas que estarão direta e indiretamente envolvidas com a realização de todas as fases e subfases do projeto. Na abordagem da equipe multidisciplinar, seus componentes assumem papéis específicos. Os principais papéis são: patrocinador (ou patrocinadores) do projeto municipal; gestor do projeto municipal; equipe das funções ou temáticas municipais (ou funções públicas para as organizações públicas municipais); e munícipes ou cidadãos.

Uma equipe de TI também é recomendada tendo em vista que seus competidores ou concorrentes podem utilizar esse recurso em suas estratégias e ações municipais. No caso de projetos de cidade digital, a equipe de TI é inquestionável.

Os demais interessados no município, na prefeitura, nas organizações públicas municipais envolvidas e nos projetos municipais podem ser chamados de *stakeholders* ou atores sociais externos. Podem se constituir de pessoas jurídicas e pessoas físicas interessadas, seja de maneira positiva, seja negativa. São pessoas que representam outros municípios, prefeituras, organizações públicas ou privadas, organizações sem fins lucrativos, instituições, associações, conselhos regionais, comunidades, partidos políticos, igrejas, grupos específicos formais e informais (por exemplo, escoteiros, religiosos, conselhos regionais profissionais, centros de tradições, mídias, grupos ilícitos), governos federal, estadual e municipal e o próprio cidadão. Esses demais interessados também podem ser chamados de *atores sociais*. Em especial nas prefeituras e nas organizações públicas municipais, estaduais ou federais, o cidadão é parte fundamental da equipe do projeto municipal (ou comitê gestor do projeto municipal).

Os eventuais consultores ou assessores internos ou externos se constituem em opções. Também podem ser agregadas outras pessoas para compor a equipe multidisciplinar, como coordenadores, técnicos, especialistas e pessoas com competências específicas. Ainda, determinados fornecedores, parceiros, terceiros ou prestadores de serviços também podem compor a equipe multidisciplinar.

O patrocinador do projeto municipal pode ser o prefeito ou um secretário municipal, presidente, diretor ou outra pessoa ligada à alta administração da atividade municipal e até mesmo um cidadão voluntário. Nos governos (federal, estadual e municipal), pode ser o mais alto executivo ou um secretário. Essa pessoa tem alto poder de decisão, formal e informal, e determina os objetivos específicos e os prazos, também exerce forte influência política junto aos outros pares ou diretores e gestores, negocia os planos de trabalho e respectivas pessoas, datas ou cronogramas e participa de reuniões, aprovações e avaliações dos resultados ou produtos das fases da metodologia adotada. Pode ser mais de uma pessoa, mas preferencialmente deve ser apenas uma pessoa para patrocinar o projeto. No caso de um novo empreendimento, pode ser o investidor ou os investidores.

O gestor do projeto municipal pode ser um secretário, diretor ou uma pessoa ligada ao corpo gestor da atividade municipal e até mesmo um cidadão voluntário. É o "dono" executivo do projeto. Deve ter poder de decisão, participação direta e efetiva no projeto, em todas as reuniões, aprovações e avaliação dos resultados ou produtos das fases e das subfases da metodologia adotada. Também é responsável pela elaboração e pelo cumprimento dos planos de trabalho e respectivas pessoas, datas ou cronogramas. O gestor constitui-se na pessoa mais relevante para elaborar, implantar e gerir o projeto municipal. Nesse caso, uma escolha não bem feita pode ocasionar seu insucesso.

A equipe das funções ou temáticas municipais (ou funções públicas para as organizações públicas municipais) pode ser composta de pessoas de cada uma das referidas funções (por exemplo, chefes, técnicos, engenheiros, assistentes, auxiliares e outros servidores municipais) e até mesmo cidadãos voluntários. São os executores das subfases e respectivas atividades dos planos de trabalho conforme datas ou cronogramas. Pode existir no projeto mais de uma equipe, principalmente quando são atribuídas atividades especiais ou predefinidas por um tempo limitado.

Os munícipes ou cidadãos também podem ser integrantes da equipe das funções ou temáticas municipais (ou funções públicas para as organizações públicas municipais).

A equipe da TI pode ser composta de gestores ou técnicos em informática, como gerentes de informática, analistas de sistemas, analistas de informações, engenheiros de *software*, analistas de suporte, programadores de computadores, entre outros profissionais dessa área. Representam a Unidade Departamental da Tecnologia da Informação da prefeitura ou da organização pública municipal. Também são os executores das subfases e respectivas atividades dos planos de trabalho conforme datas ou cronogramas, principalmente as que envolvem os recursos tecnológicos.

A equipe multidisciplinar pode ser modificada durante o andamento do projeto para ajustar ou redirecionar seus objetivos e resultados. Uma pessoa pode assumir mais de um papel, principalmente nas pequenas prefeituras ou organizações públicas municipais. As diferentes pessoas envolvidas de distintas formações acadêmicas, experiências profissionais e funções municipais atendem aos preceitos de uma equipe multidisciplinar, ou seja, um grupo de pessoas com múltiplos conhecimentos, interesses e competências. Com a metodologia adotada e a equipe multidisciplinar formada, ficará claro como e por quem o projeto municipal será elaborado.

Além da equipe multidisciplinar, outros comitês de trabalho podem ser sugeridos. Os comitês de trabalho são conjuntos de pessoas que podem participar ativamente na elaboração do projeto municipal. São grupos ou órgãos deliberativos e consultivos que buscam as participações, as discussões, os consensos e as aprovações das fases metodológicas do projeto municipal. Não obstante a capacidade de discutir, de resolver, de decidir e de deliberar, os comitês também devem coletivamente buscar dados, divulgar informações e disseminar os conhecimentos das pessoas envolvidas no projeto. Essas atividades evidenciam a cooperação entre os envolvidos. Ainda, os comitês de trabalho propiciam às pessoas o franco envolvimento no projeto municipal para buscar o atendimento a seus anseios individuais e coletivos. Também é possível optar por comitês de trabalho específicos, permanentes ou temporários, por exemplo, de serviços municipais, de divulgação municipal, de finanças, entre outros.

Não se deve iniciar um projeto municipal sem saber quem vai elaborá-lo. Cada projeto municipal deve ter uma equipe multidisciplinar ou comitê gestor, ainda que não seja a mesma para os diferentes projetos a serem elaborados.

No projeto municipal, os componentes da equipe multidisciplinar ou comitê gestor deve ser descritos com a definição precisa da referida equipe. É importante ficar claro para todo o município, organização pública municipal e envolvido quem vai elaborar o projeto municipal.

Deve-se, no mínimo, formalizar os papéis ou funções das pessoas envolvidas no projeto, como: patrocinador (ou patrocinadores) do projeto municipal; gestor do projeto municipal; equipe das funções ou temáticas municipais (ou funções públicas para as organizações públicas municipais); e munícipes ou cidadãos. Uma equipe de TI também é recomendada.

Os eventuais consultores ou assessores internos ou externos se constituem em opções. Como sugestão, podem-se elaborar três colunas, contendo: (1) papéis; (2) nome das pessoas; e (3) função (ou cargo) ou área (secretaria municipal ou unidade departamental) de cada pessoa envolvida no projeto municipal. Por opção, também pode ser relatado o perfil da equipe multidisciplinar com indicadores individuais, como envolvimento, motivação, conhecimento do projeto em questão, entre outros.

3.7 Subfase 0.7. Divulgar o projeto municipal

Mediante toda a formalização das subfases anteriores, para obtenção do sucesso do projeto municipal, sua ampla e participativa divulgação deve ser feita para todas as pessoas do município, da prefeitura e das organizações públicas municipais envolvidas, incluindo, por opção, o meio ambiente externo envolvido.

A divulgação pode ser feita por meio de documentos formais e mediante reuniões, visitas e conversas informais. Alguns projetos municipais podem ser também divulgados em eventos, *outdoors*, cartas, memorandos, editoriais, jornais, rádio, televisão e relatórios. Os recursos da TI, em especial de internet e técnicas e instrumentos formais ou informais do *marketing* positivo, podem facilitar essas atividades.

Projetos municipais nunca podem ser sigilosos, pois a transparência pública, a participação da sociedade e a informação para gestores locais, servidores municipais e munícipes ou cidadãos devem ser respeitadas.

A ênfase da divulgação está na angariação de simpatizantes pelo projeto, na motivação das pessoas e no efetivo envolvimento e comprometimento de todos no município, na prefeitura e nas organizações públicas municipais envolvidas. Pode ser entendida como a "articulação" ou a "venda" do projeto municipal. Tal atividade também permite comunicar o início e o andamento do projeto, bem como a recepção de contribuições das pessoas do meio ambiente interno e externo. A divulgação formal e informal do projeto se constitui em um inexorável instrumento de articulação, planejamento, desenvolvimento e conclusão do projeto municipal.

Acredita-se que, quando as pessoas estão envolvidas desde o início do projeto municipal, o indicador de motivação e envolvimento é favorecido.

Não se deve elaborar um projeto sem informar a todos seu início, seu planejamento, sua execução ou seu desenvolvimento, bem como pontos de controle, aprovação e encerramento. Frequentemente, um projeto municipal mobiliza muitas pessoas em suas diversas funções ou temáticas municipais e áreas funcionais (secretarias municipais ou unidades departamentais) e, quando não formalmente informado, pode causar alguns desconfortos ou problemas. Nesse sentido, a ampla divulgação pode minimizar problemas e facilitar a adequada execução do projeto municipal.

No projeto municipal, a divulgação pode ser formalizada por meio de documentos pertinentes ou elaborada de maneira informal. Deve ficar claro para todo o município, organização pública municipal e envolvido (e, eventualmente, o meio ambiente externo) como, quando e por quem será elaborado o projeto municipal. Por opção, algumas técnicas e instrumentos formais ou informais do *marketing* positivo (ou *marketing* pessoal, de guerra e correlatos) podem ser utilizados, como eventos, cartas, memorandos, editoriais internos, *outdoors*, jornais, rádio, televisão, relatórios, recursos da internet e demais mídias locais.

3.8 Subfase 0.8. Capacitar os envolvidos no projeto municipal

Juntamente às atividades de divulgação, a capacitação de todas as pessoas que serão envolvidas no projeto municipal deve ser providenciada, principalmente para os componentes da equipe multidisciplinar ou comitê gestor do projeto.

A elaboração do projeto municipal requer a aquisição de competências para todas as pessoas envolvidas, incluindo gestores locais, servidores municipais e munícipes ou cidadãos. O desenvolvimento do projeto municipal não deve ser iniciado sem que todos os envolvidos estejam capacitados. Para tanto, a definição das necessidades de capacitações deve ser descrita. Com a descrição dessas necessidades, os treinamentos para elaboração do projeto municipal podem ser iniciados. Eventualmente, determinadas capacitações podem se realizar durante o projeto municipal ou depois, conforme as demandas.

É importante conscientizar as pessoas que compõem a equipe multidisciplinar ou comitê gestor e os eventuais comitês de trabalho do projeto municipal sobre seu papel nas respectivas subfases e atividades do projeto municipal. Nesse sentido, é relevante que todas as pessoas se sintam seguras na elaboração de suas subfases, seja nas atividades diretamente relacionadas com as fases do projeto municipal, seja nas atividades de participação parcial ou pontual, seja nas atividades de avaliação e aprovação do projeto.

Como exemplo de capacitação, talvez seja necessário capacitar os envolvidos em administração pública, na atividade municipal ou nos serviços municipais, no instrumento ou na técnica selecionada de gestão de projetos e na elaboração de cada uma das fases e subfases da metodologia adotada. Também pode ser necessário capacitação na exigência dos resultados financeiros e não financeiros, nos resultados sociais do projeto, entre outras capacitações. Dessa forma, cada pessoa que não tenha domínio de determinada subfase, atividade ou tarefa, com a capacitação recebida, passa a entender, elaborar e aprovar a referida subfase com mais competência ou de maneira mais adequada. Os componentes da equipe multidisciplinar ou comitê gestor devem se sentir seguros no momento da elaboração das fases e subfases do projeto municipal.

Não se deve iniciar um projeto municipal sem ter domínio ou competência de como elaborá-lo. Como sugestão, um pequeno projeto (eventualmente distinto do atual ou pretendido) pode ser elaborado, passando por todas as fases e subfases da metodologia adotada.

No projeto municipal, vale ressaltar, a capacitação de todos os envolvidos deve ser formalmente providenciada, principalmente para os componentes da equipe multidisciplinar ou comitê gestor do projeto municipal. Como sugestão, podem-se elaborar duas colunas, contendo: (1) nome da pessoa a ser capacitada; e (2) nome da capacitação necessária. É possível incluir, ainda, data, local e pessoa física ou jurídica que realizou ou realizará a capacitação. Deve ficar claro para todo o município, prefeitura, organização pública municipal e envolvido como cada fase e subfase do projeto municipal deve ser elaborada, bem como quais e de que forma os produtos serão externados nas subfases.

3.9 Subfase 0.9. Definir os instrumentos de gestão do projeto municipal

Antes de iniciar o projeto municipal, a forma de sua gestão deve ser amplamente discutida, definida e divulgada, como fator crítico de seu êxito ou sucesso.

A gestão do projeto municipal compreende o acompanhamento das atividades da equipe multidisciplinar ou comitê gestor. Essa gestão do projeto deve ser atuada antes, durante e depois do término do projeto municipal. Ainda é possível considerar conhecimentos e aplicações da administração científica, da gestão de talentos, conflitos e interesses, do direcionamento dos investimentos, da manutenção dos investimentos e custos, da redução dos tempos de execução das atividades e da garantia de qualidade, produtividade, efetividade, economicidade e inteligência do projeto e do município.

Para gerir as atividades requeridas pela metodologia adotada, bem como os planos de trabalho com seus responsáveis, tempo, recursos e demais detalhes do projeto, é necessária a escolha de pelo menos um modelo, método, instrumento ou técnica de gestão de projetos.

Os modelos de gestão de projetos podem ser clássicos ou contemporâneos. A ciência da administração enfatiza os modelos de gestão autoritário, democrático, participativo e situacional. Também sugere a inteligência organizacional ou inteligência pública como modelo de gestão. Tais modelos podem ser mesclados no município, na prefeitura e nas organizações públicas municipais envolvidas. Ainda, diferentes modelos podem ser adotados em seus diferentes níveis hierárquicos (alta administração, corpo gestor e corpo técnico). Reitera-se que a gestão participativa é o modelo mais indicado para projetos em municípios e organizações públicas municipais.

Os métodos de gestão de projetos disponíveis na literatura e no mercado podem contribuir nessa atividade. Inúmeras são as opções fornecidas pelo mercado, como: PODC (planejar, organizar, dirigir e controlar); PDCA (*plan, do, check, act* – em tradução livre, planejar, fazer, verificar, agir); ISO (Organization for Standardization – em tradução livre, Organização Internacional para Padronização); 5S (*seiri, seiton, seiso, seiketsu* e *shitsuke* – em tradução livre, utilização, organização, limpeza, bem-estar e autodisciplina); PERT (*Program Evaluation and Review Technique* – em tradução livre, técnica de avaliação e revisão de programa); PMBOK-PMI; entre outros, sejam de terceiros, sejam próprios.

Os instrumentos ou técnicas de gestão de projetos podem ser os disponíveis no mercado ou próprios. Os instrumentos próprios do município, da prefeitura e das organizações públicas municipais vão desde uma simples planilha eletrônica a sofisticados, específicos e patenteados instrumentos. Como exemplos de instrumentos ou técnicas de gestão de projetos podem ser citados: *softwares* específicos; planilhas eletrônicas; relatórios de acompanhamentos; documentos informatizados ou manuais; entre outros, sejam de terceiros, sejam próprios.

O modelo, o método e os instrumentos ou técnicas de gestão de projeto poderão ser utilizados no início do planejamento, na elaboração, na conclusão ou encerramento e na execução do projeto municipal.

Não se deve iniciar um projeto municipal sem saber o modelo, o método, o instrumento ou a técnica de gestão de projeto que serão utilizados na prefeitura e nas organizações públicas municipais (ver Seções 4.6 e 5.9).

No projeto municipal, o modelo, o método e o instrumento ou a técnica de gestão de projeto municipal devem ser formalmente definidos, amplamente divulgados e efetivamente utilizados. Também é possível mesclar ou ter mais de um modelo, método ou instrumento. A gestão do projeto se constitui em um inexorável fator crítico de sucesso do projeto.

3.10 Subfase 0.10. Elaborar o plano de trabalho do projeto municipal

Os planos de trabalho do projeto municipal também podem ser chamados de *planos de ação, planos de execução* e já foi chamado de *cronograma de atividades*. A técnica 5W1H (*who, when, what, where, why* e *how* – em tradução livre, quem, quando, o que, onde, por que e como) também pode facilitar a formalização dos planos de trabalho (ver Seção 5.4).

Os diferentes planos de trabalho da equipe multidisciplinar ou comitê gestor do projeto municipal devem ser compatibilizados e integrados para sua formalização. As atividades ou ações podem ser estruturadas e descritas de modo sequencial. Para sua realização, devem ser assegurados os respectivos recursos. Eventualmente, algumas atividades ou ações podem ser permanentes, sem prazo de término, e outras podem ser temporárias, com início e fim definidos. Devem ser elaborados de maneira participativa e com o envolvimento das pessoas das diversas funções ou temáticas municipais relacionadas com o referido projeto municipal. Devem ser amplamente divulgados. Todo esforço de divulgação tem como objetivo a busca de envolvimento, motivação e comprometimento de todos. Para tanto, é vital promover e incentivar a participação direta ou indireta das pessoas do município e das organizações públicas municipais envolvidas.

No projeto municipal, os planos de trabalho devem ser formalizados por meio dos planos de atividades para toda a equipe multidisciplinar envolvida ou comitê gestor, definindo: atividades, tarefas ou ações a serem elaboradas; responsáveis pelas atividades; período ou tempo para realização das atividades; e recursos necessários para realização das atividades.

As atividades, tarefas ou ações descrevem "o que fazer" e podem ser distribuídas de maneira coletiva ou individual. Essas atividades devem contemplar, no mínimo, todas as subfases da metodologia adotada do projeto municipal. Independentemente da forma de atuação das pessoas envolvidas, os planos de trabalho devem ser sempre elaborados, uma vez que elas podem atuar de formas diretas, indiretas ou apenas nas avaliações e aprovações do projeto.

Os responsáveis descrevem "quem fará" cada atividade e podem ser pessoas físicas, jurídicas, unidades departamentais ou, ainda, papéis, cargos ou funções específicas relacionadas com a equipe multidisciplinar do projeto – por exemplo, patrocinador ou patrocinadores do projeto municipal; gestor do projeto municipal; equipe das funções ou temáticas municipais (ou funções públicas para as organizações públicas municipais); munícipes ou cidadãos; equipe da TI; assessoria externa, entre outras.

O período ou tempo descreve "quando fazer" cada atividade e pode ser datas previstas e realizadas, com dias de início e fim, ou prazos em horas, dias, semanas ou meses.

Uma prioridade também pode ser descrita para estabelecer uma ordem de relevância das atividades a serem elaboradas, as quais podem ser expressas em classes (A, B, C, D) ou em números sequenciais. Para estimar tempo de RH e alocar outros recursos, pode-se trabalhar com 8 horas/dia, 40 horas/semana e 160 horas/mês. Porém, quando a mesma pessoa ou equipe elabora outras atividades além do projeto municipal, pode-se estimar de 3 a 5 horas/dia.

Os recursos necessários descrevem "como fazer" cada atividade e dizem respeito a todos os recursos materiais (por exemplo, materiais, equipamentos, computadores, veículos, salas, tecnologias etc.) e humanos envolvidos. Os recursos financeiros podem ser citados, mas devem ser formalizados detalhadamente (ver Seção 4.5).

Por opção, ainda podem ser descritos "onde" serão realizadas as atividades e "por que" elas são necessárias. Posteriormente, pode ser descrito um "*status*" que expressa o estado do andamento da atividade (não iniciada, realizada, em andamento, depende de outras etc.). Nessa subfase, também podem ser definidos os papéis de trabalho (formulários ou documentos) que serão utilizados no decorrer da elaboração e da implantação do projeto municipal.

O plano de trabalho pode ser revisado semanalmente, mensalmente ou em outro tempo predefinido, conforme o andamento do projeto, mas, indubitavelmente, não se deve iniciar um projeto sem saber formalmente "o que", "quem" e "quando" fazer e pelo menos com quais recursos.

Um orçamento financeiro prévio pode ser elaborado para a realização das subfases do projeto ou, ainda, um macro-orçamento para as demais fases do projeto.

Capítulo 4

Planejamento estratégico do município

O planejamento estratégico do município (PEM) é um dos instrumentos de gestão competente de prefeituras e organizações públicas municipais.

A organização, a divulgação e a capacitação, destacando o conceito e a metodologia para o PEM, são atividades que devem ser amplamente discutidas, entendidas e formalizadas antes de iniciar esse abrangente projeto. Quando o município, coletiva e participativamente, investe tempo nessas atividades antecessoras, muitos problemas, desgastes pessoais e perda de tempo são evitados por gestores locais, munícipes e demais interessados no município, ou seja, os resultados são mais profícuos e adequados (Rezende; Castor, 2006).

4.1 Conceito, benefícios e fatores críticos de sucesso do planejamento estratégico do município

Para a elaboração do PEM, é relevante discutir coletivamente seu significado integrado, adotar um conceito e vivenciá-lo.

4.1.1 Conceito de PEM

Diante dos múltiplos planejamentos municipais existentes, o PEM também deve ser conceituado e discutido. O planejamento estratégico é parte das funções da administração (planejamento, organização, direção e controle) que devem estar interligadas em ciclo retroalimentado. Tal planejamento envolve preceitos de administração estratégica, pensamento estratégico, modelagem de atividades públicas, inovação, criatividade, qualidade, produtividade, efetividade, perenidade, sustentabilidade, modernidade e inteligência pública.

Como conceito, o PEM é um projeto, posteriormente um processo dinâmico, coletivo, participativo e interativo para determinação dos objetivos, das estratégias, das ações e dos controles do município, da prefeitura e das organizações públicas municipais. Tem como uma das bases desafios, problemas e fraquezas do município, da prefeitura e das organizações públicas municipais em questão, bem como de outros municípios que, de alguma forma, influenciam ou se relacionam com o município a ser planejado. É elaborado por meio de diferentes e complementares técnicas administrativas com o total envolvimento dos Poderes Executivo, Legislativo e Judiciário e dos atores sociais, ou seja, de munícipes, gestores locais e demais interessados no município. É formalizado para articular políticas federais, estaduais e municipais visando produzir resultados no município e gerar qualidade de vida adequada aos cidadãos. É um projeto urbano e rural que considera os diferentes aspectos e temas municipais, por exemplo, sociais, ambientais, educacionais, econômicos e territoriais. É uma forma participativa e contínua de pensar o município no presente e no futuro.

4.1.2 Benefícios do PEM

A realização do PEM de maneira coletiva e participativa oferece aos municípios e seus munícipes apenas benefícios positivos; não são conhecidos retornos negativos desse projeto. O desenvolvimento local é indiscutível, e a melhora da qualidade de vida é incontestável.

Alguns benefícios para o município e seus atores com a realização do PEM são os seguintes: tratar com coerência a multiplicidade de iniciativas sobre o município, buscando um consenso entre os múltiplos atores na seleção de um futuro desejável e factível; permitir a antecipação das mudanças e o aproveitamento do que se tem de melhor no município; ajudar a identificar o uso mais efetivo dos recursos municipais, estabelecendo prioridades segundo o papel estratégico das ações de desenvolvimento local; proporcionar maior objetividade, separando a realidade da ficção, na medida em que se parte de uma leitura objetiva do município e de seu entorno; contribuir com a coesão social como processo participativo e consensual, reforçando a identidade local e gerando uma sinergia criativa e motivadora entre os atores para enfrentar o futuro; criar um mecanismo idôneo para democratizar o processo de gestão local, delegando poder de decisão à comunidade e fortalecendo as relações da sociedade com o governo (Llona; Luyo; Melgar, 2003).

Apesar dos benefícios, alguns cuidados devem ser observados para diminuir os riscos de desgastes e insucesso desse projeto. O projeto deve ser organizado antecipadamente e amplamente divulgado, a metodologia escolhida deve ser adequada à realidade do município, os envolvidos devem ser capacitados, a visão do município e os objetivos municipais devem ser realísticos, o planejamento e a gestão municipal devem ser integrados e vivenciados constantemente, o envolvimento de munícipes, gestores locais e demais interessados no município deve ser efetivo, o projeto deve ter um orçamento para sua elaboração e, posteriormente, para sua execução, e o PEM deve ser desvinculado de um partido político e de um governo específico.

A decisão de elaborar um PEM como um processo pode estar relacionada aos seguintes fatores: criar um consenso em torno de um modelo de futuro para o município; definir um modelo de município com base na percepção das mudanças que se produzem em seu entorno; dar uma resposta para situações de crises ou de recessão dos setores básicos da economia local; e perseguir uma maior coesão e integração local (Pascual, 2001).

4.1.3 Fatores críticos de sucesso do PEM

Os fatores críticos de sucesso ou o êxito do PEM despontam quando: a visão do município e suas estratégias mobilizam todos no município; os objetivos são exequíveis; existe consenso e trabalho coletivo compromissado; seus elaboradores estão capacitados; os demais planos municipais estão integrados; a gestão local assume e vivencia o PEM juntamente com seus munícipes e com políticas municipais favoráveis; é efetiva a participação e a cogestão ou cobrança dos munícipes por meio da sociedade civil organizada.

Os fatores de insucesso do PEM surgem de distintas maneiras, por exemplo: falta de envolvimento de gestores locais, servidores municipais e munícipes, principalmente quando da não participação desses atores nos respectivos eventos realizados no município, apesar da utilização de múltiplos recursos de divulgação e convocação; a ausência de apoio das lideranças da oposição, seja pela indiferença, seja contradição, contestação ou simplesmente pela participação inerte nos eventos do município e nas reuniões de trabalho organizadas por equipe multidisciplinar do projeto; o não envolvimento efetivo do Poder Legislativo, na falta de atitude proativa dos vereadores quando da realização dos eventos e das reuniões de trabalho, não discordando ou afrontando, mas também não participando ativamente ou defendendo os interesses coletivos dos munícipes; a ausência de agentes externos com visões imparciais e exigência de uma metodologia sedimentada; as mudanças constantes de componentes da equipe multidisciplinar do projeto; as alterações inadequadas no corpo gestor da prefeitura, mudando funções de secretários municipais e diretores; a falta de prescrição da conclusão formal ordenada pelos secretários municipais e principalmente pelo prefeito, ou seja, a não determinação da elaboração do documento conclusivo do projeto; e a interferência do período de eleição municipal.

4.2 Metodologia e projeto de planejamento estratégico do município

Todo projeto municipal deve ser elaborado com uma metodologia adequada, viável, dinâmica e inteligente. Como o PEM é um projeto municipal, ele requer uma metodologia coletiva para sua elaboração e implantação.

4.2.1 Metodologia de PEM

Uma metodologia para o PEM pode se constituir em uma abordagem organizada para alcançar o êxito ou o sucesso do projeto por meio de passos preestabelecidos. Uma metodologia é basicamente um roteiro sugerido. Também pode ser entendida como um processo dinâmico e interativo para desenvolvimento estruturado e inteligente de projetos, visando sua produtividade e efetividade. Permite o uso de uma ou várias técnicas (ver Seção 3.5).

Antes de adotar uma metodologia para elaborar o PEM, os envolvidos devem estudar e discutir diferentes metodologias para, posteriormente, escolher a mais adequada ao município. A metodologia adotada deve auxiliar o desenvolvimento desse projeto, de modo que todos os envolvidos entendam o empreendimento. Deve ser de todos os gestores locais, os servidores municipais e os munícipes e para todo o município. A metodologia deve estar adequada às necessidades do município, possibilitar relacionar os recursos necessários e destacar os prazos ideais para cada fase do projeto. Na medida de sua utilização, ela pode ser revisada, atualizada e complementada.

Muitas metodologias de planejamento estratégico foram desenvolvidas e pesquisadas nestas últimas décadas, principalmente as oriundas da teoria *New Public Management* (NPM) (ver Seção 2.2). As metodologias direcionadas para as organizações privadas podem ser mescladas, adequadas ou complementadas para resultar em um projeto com qualidade, produtividade e efetividade para o município e as organizações públicas municipais.

Além dos anexos, os apêndices (ou documentos próprios) e os pareceres podem ser incluídos no documento final do projeto de PEM.

4.2.2 Projeto de PEM

O projeto de PEM deve ser elaborado e implementado por meio de uma metodologia dinâmica, flexível, coletiva e participativa. Depois de realizadas todas as subfases e tarefas exigidas pela fase zero (ver Capítulo 3), uma efetiva metodologia de PEM deve ser determinada para realizá-lo.

Para elaborar e implementar o PEM sugere-se uma metodologia com as seguintes fases: análises municipais; diretrizes municipais; estratégias e ações municipais; controles municipais e gestão do planejamento.

As **análises municipais**, também chamadas de *diagnósticos municipais* ou *análises estratégicas*, procuram identificar qual a real situação do município, de seu entorno e de sua gestão, incluindo variáveis internas e externas. As **diretrizes municipais**, também chamadas de *diretrizes estratégicas* ou *diretrizes públicas*, procuram estabelecer os objetivos ou os caminhos do município. A formalização das diretrizes estratégicas e das análises municipais se constitui em pré-requisitos para a elaboração das estratégias e ações municipais requeridas pelo PEM.

As **estratégias e ações municipais** procuram definir as estratégias e ações que o município deve planejar para atender a seus respectivos objetivos e também minimizar seus problemas, seus desafios e suas fraquezas. No PEM, as estratégias municipais são as atividades que realizam os objetivos municipais definidos. As ações municipais detalham como as estratégias municipais serão implementadas.

Os **controles municipais** e a **gestão do planejamento** procuram estabelecer os controles estratégicos, táticos e operacionais do PEM por meio de padrões, medição de desempenho, acompanhamento e correção de desvios. Também buscam definir formas de gestão para lidar com os recursos humanos (RH), materiais, financeiros e tecnológicos que são requeridos pelo PEM.

As quatro fases propostas para o PEM podem ser elaboradas de modo sequencial e didático, mas também concomitantemente e de maneira integrada. Observe a Figura 4.1, a seguir.

Figura 4.1 – Visão geral da metodologia do PEM

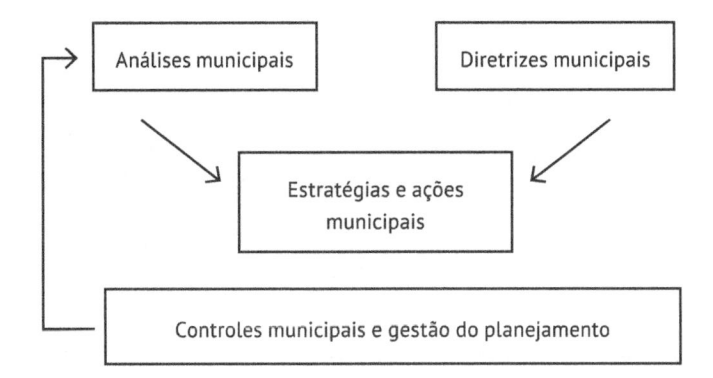

```
    ┌──────────────────┐         ┌──────────────────┐
┌──▶│ Análises municipais│         │Diretrizes municipais│
│   └────────┬─────────┘         └─────────┬────────┘
│            │       ┌──────────────────┐  │
│            └──────▶│ Estratégias e ações│◀─┘
│                    │    municipais     │
│                    └──────────────────┘
│   ┌──────────────────────────────────────────┐
└───│ Controles municipais e gestão do planejamento│
    └──────────────────────────────────────────┘
```

O PEM é um ciclo retroalimentado e em constante amadurecimento. O primeiro projeto é mais difícil de realizar, porém as versões subsequentes serão mais fáceis. Cada ano pode-se ter uma versão atualizada desse projeto.

A visão temporal do PEM representa o comportamento das quatro fases propostas no decorrer do tempo, conforme demonstrado na Figura 4.2.

Figura 4.2 – Visão temporal do PEM

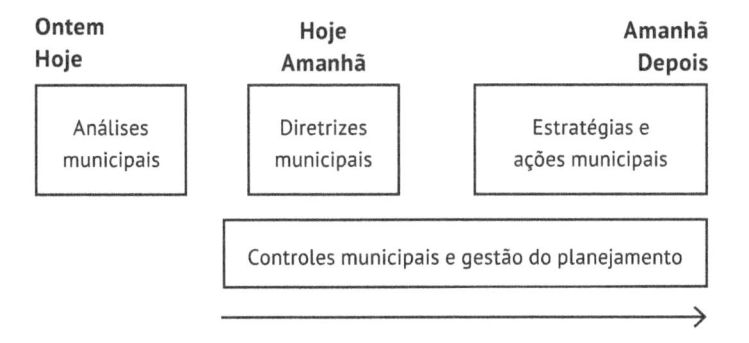

Ontem	**Hoje**	**Amanhã**
Hoje	**Amanhã**	**Depois**
Análises municipais	Diretrizes municipais	Estratégias e ações municipais

Controles municipais e gestão do planejamento

⟶

Com base na metodologia proposta, uma estrutura (roteiro) do projeto de PEM pode ser sugerida. Além do título do projeto municipal, pode conter: capa com nome do município e data; resumo do projeto (página única); sumário (ou índice); dados do município (nome, localização, indicadores, histórico etc.); nome dos componentes da equipe multidisciplinar ou comitê gestor do projeto municipal (nome das pessoas físicas e jurídicas etc.).

A fase *análises municipais* contempla as seguintes subfases: análises do município; análises externas ao município; e análises da gestão municipal.

A fase *diretrizes municipais* contempla as seguintes subfases: diretrizes do município; e diretrizes da gestão municipal

A fase *estratégias e ações municipais* contempla as seguintes subfases: cenários de posicionamentos estratégicos ou macroestratégias municipais; estratégias municipais; planos de ações das estratégias municipais; viabilização das estratégias e ações municipais; e mapeamento orçamentário e financeiro do município.

A fase *controles municipais e gestão do planejamento* contempla as seguintes subfases: níveis de controles municipais; meios de controles municipais; periodicidade do PEM; e encerramento, controle e gestão do PEM.

Ainda podem ser incluídos no projeto de PEM anexos, apêndices (documentos próprios) e pareceres (aprovações com assinaturas).

Essa estrutura sugerida não é rígida. O projeto de projeto de PEM pode conter uma estrutura flexível. Nesse caso, cada item das fases e subfases deve ser descrito, deixando claro seu texto para facilitar a compreensão de todos os munícipes, gestores locais e demais interessados no município e nas organizações públicas municipais envolvidas (ver Seção 3.5).

Para as organizações públicas, tal estrutura pode sofrer pequenos ajustes, mas, em sua sua essência, não existem grandes diferenças entre o PEM e o planejamento estratégico de organizações públicas municipais, estaduais ou federais.

Os municípios podem elaborar o projeto estruturado pelas fases e subfases sugeridas, mas também podem adequá-las, complementá-las ou suprimi-las de acordo com a conveniência e as preferências da equipe multidisciplinar ou dos comitês de trabalho. O nível de detalhamento de cada subfase deve ser determinado pelas pessoas envolvidas com o PEM, conforme o grau de necessidade do município, da prefeitura e das organizações públicas municipais envolvidas e do momento que ele se encontra.

Para a elaboração de algumas fases, recomenda-se a criação de formulários para documentar as respectivas atividades. Esses formulários podem conter: nome do município; nome do documento; responsável(eis)

pelo preenchimento; data da elaboração ou referência; e respectivos campos a serem preenchidos.

Ao final de cada subfase, recomenda-se a elaboração de quadros-resumos (sintéticos ou gerais), que visam apresentar o andamento do PEM a munícipes, gestores locais e demais interessados no município que não estavam completamente integrados ao projeto e que nem sempre dispõem de muito tempo para o acompanhamento e para as aprovações do projeto.

4.2.3 Comitês de trabalho do PEM

Os comitês de trabalho se constituem de partes fundamentais para o sucesso desse projeto coletivo e participativo, tal como a equipe multidisciplinar do PEM. Além dessa equipe, alguns comitês de trabalho podem ser sugeridos. Os comitês de trabalho são conjuntos de pessoas que participarão ativamente da elaboração do projeto de PEM (ver Seção 3.6).

Os comitês de trabalho são grupos ou órgãos deliberativos e consultivos que buscam as participações, as discussões, os consensos e as aprovações das fases metodológicas do PEM. Não obstante a capacidade de discutir, resolver, decidir e deliberar, os comitês também devem coletivamente buscar dados, divulgar informações e disseminar os conhecimentos das pessoas envolvidas no projeto. Essas atividades evidenciam a cooperação entre munícipes, gestores locais e demais interessados no município. Os comitês de trabalho propiciam aos atores sociais o franco envolvimento no PEM para buscar o atendimento a seus anseios individuais e coletivos.

É fundamental a adequada e íntegra nominação dos comitês de trabalho para o sucesso da elaboração e da implantação do PEM. Os comitês de trabalho podem ser compostos dos seguintes grupos de pessoas: comitê gestor do projeto municipal, comitê executivo ou equipe multidisciplinar coordenadora do PEM; conselho da cidade; conselho municipal ou conselho da comunidade local; conselho diretor ou patrocinadores do PEM; grupos de trabalho, comissões especializadas ou conselhos setoriais; e agentes ou assessores externos.

O **comitê gestor do projeto municipal**, ou comitê executivo, atua como o comitê de trabalho executor e gestor do PEM. É responsável pela gestão do projeto de planejamento, tanto na elaboração quanto na implantação e na pós-implantação. Atua pontualmente nas subfases do projeto, na elaboração dos planos de trabalho dos envolvidos, na avaliação de todos os produtos ou documentos e nas ações corretivas exigidas pelo PEM. Nos projetos de planejamento estratégico de organizações publicas, o comitê gestor ou comitê executivo também pode ser chamado de *equipe multidisciplinar coordenadora do planejamento*. Deve ser definido um número limitado e coerente de componentes desse comitê de trabalho e um gestor deve ser coletivamente nomeado. Outros papéis ou equipes assessoras podem ser definidas, principalmente para atender a peculiaridades administrativas e tecnológicas do projeto, bem como às vocações do município e a seus objetivos municipais. Em alguns municípios, o prefeito é convidado a presidir o comitê, mas nem sempre ele tem o perfil ideal para tal função. O perfil para presidir esse comitê está mais relacionado com gestores de organizações ou de projetos. Também não é aconselhável que todos os componentes desse comitê sejam somente servidores municipais, ou seja, é muito relevante a presença de gestores locais, servidores municipais e munícipes.

O **conselho da cidade** (ou equivalente) atua como o comitê de trabalho ou fórum permanente para discutir o município, mobilizar gestores locais, servidores municipais e munícipes e facilitar a integração das políticas municipais. Esse conselho, que representa a sociedade municipal organizada, deve se consolidar como um espaço democrático de discussão das políticas públicas municipais entre todos os segmentos sociais do município, por meio de seus respectivos comitês técnicos. Todas as pessoas jurídicas e físicas devem ser representadas no conselho da cidade, formando o chamado *tecido social* do município que incorpora suas diferenças, suas competências e seus posicionamentos. Com base em suas experiências acumuladas de planejamento e gestão de municípios, deve ser constantemente autoavaliado para provocar novos desafios municipais.

Os **conselhos municipais** são órgãos colegiados, dos quais participam representantes do Poder Público e da sociedade civil, que acompanham, controlam e fiscalizam a implementação do planejamento territorial, nem sempre do PEM.

O **conselho diretor** atua como o comitê de trabalho de gestão do PEM, tendo caráter consultivo nas atividades do planejamento. A principal responsabilidade desse comitê de trabalho está direcionada às aprovações das fases do PEM. Os componentes desse comitê não necessariamente fazem parte do comitê gestor ou executivo. Nos projetos de planejamento estratégico de organizações públicas, o conselho diretor também pode ser chamado de *patrocinador do projeto*. Deve ser definido um número limitado e coerente de componentes desse comitê de trabalho, que atua em forma de colegiado. Na escolha de seus componentes, é necessário levar em conta a competência das pessoas no tocante às suas capacidades de gestão, decisão e atuação social.

Os **grupos de trabalho**, as **comissões especializadas** ou os **conselhos setoriais** atuam como os comitês de trabalho executores de interesses específicos do município, constantes principalmente nas vocações do município ou nas centralidades municipais que fazem parte do PEM. Esses grupos são responsáveis pela elaboração, pela execução e pelo acompanhamento de específicos planos de trabalho. Deve ser definido um número limitado e coerente de componentes desse comitê, e ele pode ou não ter um coordenador para cada grupo de trabalho. O perfil dos componentes de cada grupo de trabalho exige competências específicas ou especializadas em determinadas atividades ou serviços municipais; na escolha de seus componentes, deve ser verificada a competência exigida.

Caso o município tenha grupos formalizados de projetos da Agenda 21 Local ou do Estatuto da Cidade, as pessoas que fazem parte desses projetos também podem compor outros comitês de trabalho.

Os **agentes** ou **assessores externos** podem atuar em todos os comitês de trabalho do PEM. A participação desses elementos externos deve ser muito discutida pelos componentes dos comitês de trabalho, pois eles devem atuar de modo pontual em determinadas fases ou subfases do projeto, nunca de maneira permanente ou substitutiva de talentos locais. Quando sua participação no projeto é planejada coerentemente, pode trazer experiências externas e dinamizar o PEM, caso contrário, pode trazer problemas para o projeto. Por uma série de razões ou limitações organizacionais, infelizmente nem sempre a prefeitura ou as organizações públicas municipais contam com talentos específicos para certas atividades do PEM. Nesse caso, um ou mais agentes ou assessores externos são recomendados, desde que tenham domínio metodológico do projeto e conhecimento específico exigido para as atividades do PEM. Esse procedimento é considerado especial e peculiar, apesar de esses agentes ou assessores externos trazerem "certo oxigênio não viciado" para as atividades do projeto. Podem ser organizações públicas ou provadas, institutos, consultores independentes, professores universitários, entre outros profissionais efetivamente experientes, competentes e idôneos.

Tais comitês de trabalho podem ser visualizados na Figura 4.3, a seguir.

Figura 4.3 – Comitês de trabalho do PEM

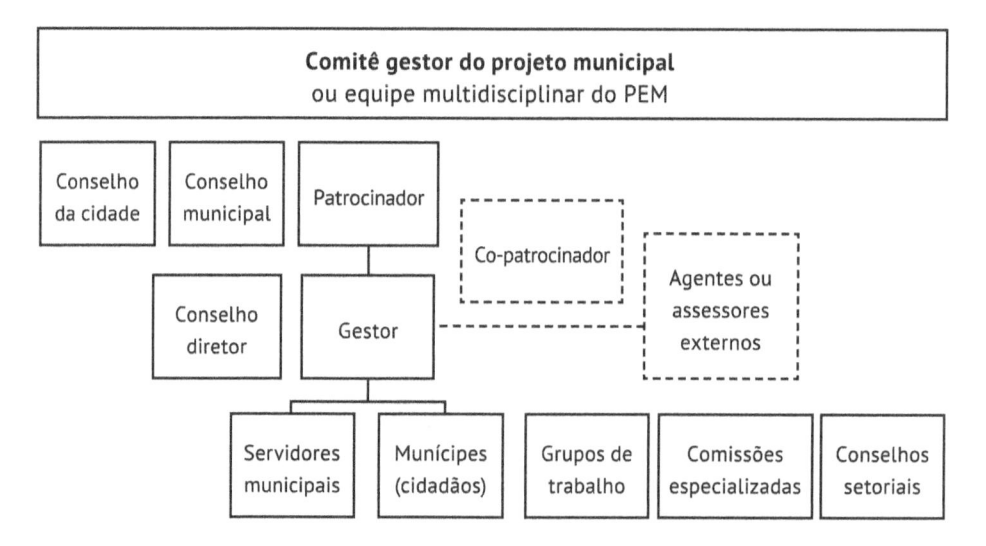

```
                    Comitê gestor do projeto municipal
                    ou equipe multidisciplinar do PEM

  Conselho   Conselho
  da cidade  municipal   Patrocinador
                              |          Co-patrocinador
             Conselho          |                              Agentes ou
             diretor        Gestor  ----------------------    assessores
                                                              externos

         Servidores   Munícipes    Grupos de    Comissões      Conselhos
         municipais   (cidadãos)   trabalho     especializadas setoriais
```

Para todos os comitês de trabalho, devem ser nominados seus componentes e estabelecidas as respectivas atividades pertinentes ao PEM por meio de planos de trabalho ou cronogramas de ações. Esses planos devem destacar os produtos ou os resultados esperados para posterior divulgação, aprovação e acompanhamento ou cobrança dos munícipes, dos gestores locais e dos demais interessados no município.

4.2.4 Documentação e aprovação do PEM

Para complementar as subfases e tarefas elaboradas na fase zero (ver Capítulo 3), os pormenores da gestão do projeto devem ser discutidos, definidos e praticados, bem como a documentação, a divulgação e os pré-requisitos de aprovação do PEM devem ser trabalhados.

A documentação do projeto de PEM constitui-se em sua efetiva realização e em relatórios, diagramas e descrições formais de cada produto elaborado nas respectivas subfases. Deve ser formalmente providenciada a documentação desse projeto municipal. Essa documentação tem como principal objetivo a formalização e a manutenção de um histórico documental do projeto. Tal atividade também permite um meio de comunicação com os envolvidos direta e indiretamente com o projeto. O histórico documental pode ser elaborado em papéis ou em meios magnéticos (com recursos da internet, por exemplo), os quais podem sedimentar a competência dos elaboradores do projeto em novas versões ou edições e servir como um meio de compartilhamento e gestão do conhecimento no município e nas organizações públicas municipais.

As técnicas e ferramentas formais ou informais de organização e métodos (O&M) podem ser utilizadas, como formulários ou documentos específicos, diagramas, relatórios ou descrições formais, atas e outros recursos. Para minimizar a desinformação nos municípios e nas organizações públicas municipais, dirimir dúvidas e padronizar conceitos e nominações, principalmente os relacionados aos interesses municipais, pode ser criado um dicionário de termos, que é um relato de termos próprios ou palavras especiais utilizadas no município, na prefeitura, nas organizações públicas municipais e no projeto de PEM acompanhados de seus respectivos significados. Também pode ser chamado de *glossário*.

Ao término do projeto, um relatório final deve ser elaborado. Esse relatório deve conter todos os detalhes das fases e dos produtos elaborados durante o projeto. Pode também conter eventuais anexos e apêndices. Visa principalmente fornecer as informações necessárias para a execução do projeto e para o acompanhamento e a avaliação das atividades; esse relatório ainda servirá como base para a próxima versão ou edição do projeto de PEM. As prefeituras podem elaborar uma brochura ou folheto com o resumo do PEM para fácil entendimento dos munícipes.

O projeto deve ser constantemente apresentado, avaliado e aprovado pelos envolvidos no PEM. Também objetiva a verificação do grau de satisfação e o atendimento às necessidades e aos requisitos do projeto, obedecendo aos padrões de qualidade, produtividade e efetividade estabelecidos pela prefeitura e pelas organizações públicas municipais. Ademais, devem atender às legislações pertinentes.

A avaliação, a revisão e a aprovação devem ser elaboradas principalmente nas passagens das fases do projeto, considerando: revisão da(s) fase(s) imediatamente anterior(es); apresentação dos produtos aos envolvidos diretamente e indiretamente no projeto; e deferimento formal. Essas atividades podem ser elaboradas em reuniões ou em eventos específicos para esse fim. As técnicas e ferramentas formais ou informais de projetos de qualidade, produtividade e efetividade e as metodologias e técnicas de gestão de projetos disponíveis na literatura e no mercado podem contribuir nessa atividade.

Recomenda-se, ao final do projeto, uma apresentação formal do planejamento estratégico para todo o município, a prefeitura e as organizações públicas municipais, com vistas a avaliar a satisfação e a obter a aprovação formal, com respectivos protocolos e assinaturas.

4.3 Análises municipais

O projeto de PEM pode ser iniciado tanto pela elaboração das diretrizes municipais quanto pelas análises municipais. Começar pela primeira ou segunda fase é uma questão de opção da equipe multidisciplinar ou dos comitês envolvidos, embora essas fases possam ser elaboradas concomitantemente pelas mesmas ou por diferentes pessoas.

As análises municipais também são chamadas de *diagnóstico estratégico, análises estratégicas, análise do meio ambiente*, entre outros nomes correlatos. Elas procuram identificar qual a real situação do município, da prefeitura, das organizações públicas municipais envolvidas, de seu entorno e de sua gestão, incluindo variáveis internas e externas. Nessas análises, procura-se verificar aspectos positivos e negativos, bem como formalizar o que o município, a prefeitura e as organizações públicas municipais envolvidas têm de bom ou adequado, de regular e de ruim ou inadequado, além de responder questões relacionadas aos diferencias municipais, com as pessoas (jurídicas e físicas) que influenciam o momento atual e futuro do município e os pormenores que serão descritos nas diretrizes municipais do projeto de PEM.

Qualquer tomada de posição errada nessa fase prejudicará todo o resto do projeto de desenvolvimento e implementação do PEM. A percepção de quais eventos futuros poderão estar em desacordo com o desejável, pode incentivar o planejamento. O ponto de partida para essa percepção pode ser a disponibilidade de análises, diagnósticos e projeções municipais.

Conceitualmente, as análises estão relacionadas com observações críticas, decomposições de atividades, classificações de ações, apreciações detalhadas, monitoramentos específicos, exames minuciosos e possibilidades de correção. Tais análises pressupõem avaliação em dualidade: positivo ou negativo; bom ou ruim; adequado ou inadequado; suficiente ou insuficiente; atende ou não atende; entre outros. Mas não basta apenas citar esses aspectos, é preciso analisar, diagnosticar, avaliar, calcular, descrever, comentar, apreciar, ou seja, discutir e posicionar-se detalhadamente a respeito do que se está analisando. Essas atividades devem ser elaboradas da maneira verdadeira, pois qualquer posição questionável ou incerta nessa fase prejudicará o projeto de PEM como um todo.

Os dados, as informações e os indicadores do município, da prefeitura e das organizações públicas municipais envolvidas, bem como os conhecimentos de gestores locais, servidores municipais, munícipes e demais envolvidos ou interessados, são recursos imprescindíveis para a elaboração das análises municipais. Nesse caso, os sistemas de informação, os sistemas de conhecimentos, a tecnologia da informação (TI) e o governo eletrônico se constituem em instrumentos fundamentais para a elaboração, a organização e a documentação dessa fase do PEM. Para tanto, o uso de editores de texto, planilhas eletrônicas e programas específicos são muito úteis, uma vez que esses recursos facilitam e padronizam as atividades pertinentes a cada subfase das análises municipais. O senso comum não deve ser utilizado.

Especificamente para as prefeituras e organizações públicas municipais, todas as subfases das análises municipais podem ser elaboradas, por opção, em duas formas: (1) atual (situação existente) e (2) futura (situação proposta e desejada ou condição potencial da prefeitura e das organizações públicas municipais envolvidas). Nesse sentido, quando a organização pública municipal ainda não existe, as análises estarão focadas nas propostas de futuro; quando a organização pública municipal já existe, as análises enfatizam a real situação quanto aos seus detalhes internos e externos, **procurando identificar dados, informações ou indicadores, características** ou aspectos positivos e negativos que a cercam, incluindo pessoas físicas e jurídicas.

Em todas as subfases da fase análises municipais, os competidores ou concorrentes devem ser citados e avaliados detalhadamente. Quando existem muitos competidores ou concorrentes, podem ser selecionados os **mais relevantes;** quando os competidores ou concorrentes não são identificados, os serviços ou produtos municipais substitutos devem ser analisados. Uma análise comparativa entre eles também pode ser elaborada. As análises devem enfatizar separadamente os serviços ou produtos municipais da organização pública, e não a atividade pública, que é mais abrangente.

Vale reiterar que determinada atividade pública pode ter diferentes serviços ou produtos municipais em distintos ambientes ou setores, segmentos ou ramos. As eventuais análises conjuntas e generalizadas da atividade pública podem comprometer o projeto de PEM da prefeitura e das organizações públicas municipais.

O processo de se estabelecer formalmente a fase análises municipais pode obedecer a diversas metodologias e a diferentes técnicas. Por exemplo, **pode ser desmembrada em partes e subfases, sendo três partes: (1) análises do município; (2) análises externas ao município; e (3) análises da gestão municipal,** as quais, por sua vez, vão originar subfases para garantir a geração dos respectivos produtos a serem aprovados pelos envolvidos no PEM. Na prática, nem todas as subfases devem necessariamente ser elaboradas, elas podem ser suprimidas ou complementadas em cada projeto, pois cada município tem suas particularidades.

As análises municipais podem ser elaboradas em três visões temporais. A primeira e a segunda visão temporal estão, respectivamente, no passado e no presente, analisando o ontem e o hoje do município, da prefeitura e das organizações públicas municipais envolvidas. Além do enfoque no momento atual, deve-se elaborar o diagnóstico com olhos no futuro, no próximo momento, no próximo desafio, a fim de se constituir na dimensão crítica para o sucesso permanente do município e de sua gestão.

Essa fase deve ser elaborada coletivamente por meio da equipe multidisciplinar ou comitês de trabalho envolvidos no PEM. Diversas metodologias e técnicas podem ser utilizadas para elaboração das análises municipais a fim de possibilitar a identificação, a documentação e o controle das múltiplas variáveis envolvidas nessa fase e nas respectivas partes e subfases. As variáveis estão relacionadas com os macros e microambientes municipais, com os gestores locais, os servidores municipais, os munícipes ou cidadãos e os demais interessados no município.

Os pormenores do plano diretor municipal (PDM), do plano plurianual e dos demais planos e planejamentos municipais podem ser variáveis ou componentes a serem diagnosticados nas análises municipais.

A elaboração das fases *Análises municipais* e *Diretrizes municipais* serão pré-requisitos para a elaboração da fase *Estratégias e ações municipais* do PEM.

4.3.1 Análises do município

As análises do município procuram diagnosticar todas as variáveis relacionadas com o meio ambiente interno do município, exceto da gestão municipal da prefeitura e das organizações públicas municipais.

Análise dos ambientes municipais

Para analisar o município, é necessário conhecer o contexto em que ele está inserido. Os municípios vivem em um contexto caracterizado por uma multiplicidade de variáveis e forças diferentes que provocam movimentos, mudanças, desejos e inquietações de gestores locais, servidores municipais, munícipes ou cidadãos e demais interessados no município.

Os municípios e as organizações têm um caráter relativista e circunstancial, dependendo das variáveis e forças que predominam no contexto denominado *ambiente*. O ambiente varia constantemente, oferecendo oportunidades, facilidades e vantagens que o município pode aproveitar.

O ambiente também impõe dificuldades, ameaças e coações que o município precisa evitar ou neutralizar, oferecendo contingências daquelas que, muitas vezes, não pode prever. É do ambiente que o município obtém seus recursos materiais, financeiros, políticos, sociais, humanos e mercadológicos, onde pode distribuir os resultados de suas ações municipais. É do ambiente que o município obtém tecnologias adequadas para poder processar, da melhor maneira possível, os recursos de que necessita para atingir seus objetivos. O ambiente e a tecnologia significam os principais desafios da moderna administração das organizações, bem como da gestão dos municípios.

Para facilitar as análises do município, um mapeamento ambiental pode ser referenciado. Como o meio ambiente é extremamente vasto e complexo, os municípios não podem absorvê-lo, conhecê-lo e compreendê-lo em sua totalidade e complexidade. O mapeamento ambiental pode envolver três dificuldades: (1) seleção ambiental; (2) percepção ambiental; e (3) limites ou fronteiras municipais.

No que tange à seleção ambiental, apenas uma pequena porção de todas as inúmeras variáveis ambientais possíveis participa realmente do conhecimento e da experiência do município. A percepção ambiental do município compreende subjetivamente seus ambientes de acordo com suas expectativas, suas experiências, seus problemas, suas convicções e suas motivações; depende muito daquilo que cada município considera relevante em seu ambiente. Os limites ou fronteiras municipais são as linhas imaginárias que definem o que é o município e o que é seu ambiente. Podem ser definidos em termos de valores e atitudes, em termos legais, jurídicos, fiscais e sociais (Certo; Peter, 1993; Chiavenato, 2000).

Os ambientes municipais são multivariados e extremamente complexos, com variáveis em constante mudança. Esses ambientes também se constituem em um conjunto difuso de condições genéricas (internas e externas) aos municípios que contribui de modo geral para tudo aquilo que ocorre no município, seja para definição de objetivos e elaboração de estratégias, seja para implementação de ações municipais.

A análise dos ambientes municipais pode envolver questões humanas, sociais, políticas, econômicas, demográficas (ou populacionais), ambientais, ecológicas, tecnológicas, legais, produtivas (produtividade local), de parcerias e outras. Algumas dessas questões podem depender de outras variáveis externas ao município. Os ambientes municipais podem ser analisados por meio das funções ou temáticas municipais, que também são chamadas de *funções públicas* (ver Seção 2.3).

No projeto de PEM, os ambientes municipais são analisados preferencialmente por meio das funções ou temáticas municipais (ou funções públicas) e respectivos módulos, subsistemas ou subfunções que devem ser descritos e analisadas com avaliações em textos, números, indicadores, valores, tabelas, gráficos, diagramas, fluxos, entre outros, incluindo o nível de integração entre as referidas funções.

Por opção, pode-se também elaborar uma análise setorial do município, da prefeitura e das organizações públicas municipais envolvidas. A análise setorial das organizações pode ser empregada de maneira adaptada nas análises do município, apesar de sua ênfase estar nas questões dos competidores ou concorrência e da competitividade (Porter, 1990). Deve estar direcionada para as análises das funções ou temáticas municipais. A análise setorial contempla: intensidade dos competidores ou a concorrência atual; probabilidade da entrada de novos competidores ou concorrentes (riscos em potencial); poder de negociação com os fornecedores (barganha dos fornecedores ou prestadores de serviços municipais); poder de negociação com os clientes ou cidadãos (barganha dos compradores); probabilidade de serem comercializados produtos substitutos ou prestados serviços municipais substitutos. Para as análises do município, os concorrentes podem ser entendidos como outros municípios; os clientes, como os munícipes ou cidadãos; os fornecedores, como os *stakeholders* ou prestadores de serviços; e os produtos, como os serviços municipais oferecidos. Destacamos, nessa análise, o poder relativo dos grandes contribuintes municipais e a respectiva arrecadação municipal.

A ênfase dessa análise está na qualidade de vida dos munícipes, na efetividade de serviços, produtos, processos ou procedimentos municipais, nos resultados da gestão do município e nos números, indicadores, valores e retornos de cada módulo das funções ou temáticas municipais (ou funções públicas). Nessas análises, devem ser enfatizados os serviços ou produtos do município, da prefeitura e das organizações públicas municipais envolvidas e, se for o caso, das organizações públicas municipais a serem estabelecidas. Nas ações de estruturação, sistematização e eventualmente informatização do município, da prefeitura e das organizações públicas municipais envolvidas, podem ser consideradas as atividades de O&M ou organização, sistemas e métodos (OSM) e os sistemas de qualidade e produtividade, oriundos da ciência da administração.

As análises podem relatar as situações atual e proposta. Para uma organização pública municipal a ser estabelecida, a análise deve relatar a situação proposta ou desejada. Reiteramos que tais análises pressupõem avaliação em dualidade: positivo e negativo; bom e ruim; adequado e inadequado; suficiente ou insuficiente; atende ou não atende; e outros termos correlatos.

Uma vez identificados e analisados os ambientes municipais, todos os procedimentos efetuados, bem como seus resultados qualitativos e quantitativos auferidos, devem ser documentados e aprovados pela equipe multidisciplinar ou comitês de trabalho e, posteriormente, amplamente divulgados.

Análise das potencialidades, forças e fraquezas municipais

A análise das potencialidades municipais determina os temas locais ou os eixos temáticos municipais para formalizar as variáveis das análises do município e das organizações públicas municipais envolvidas. Essa análise será fundamental para a elaboração da subfase *Vocações do município* da fase *Diretrizes municipais*.

A análise das forças e fraquezas municipais está embasada na análise SWOT *(Strengths, Weaknesses, Opportunities, Threats)* ou, em português, FOFA (forças, oportunidades, fraquezas, ameaças), que pode ser utilizada para elaborar o diagnóstico do município, da prefeitura e das organizações públicas municipais envolvidas. Descreve as oportunidades e as ameaças ou riscos como componentes do ambiente externo, as forças ou pontos fortes e as fraquezas ou pontos fracos como componentes da análise interna do município. As forças ou pontos fortes *(strengths)* são as variáveis internas e controláveis que propiciam condições favoráveis para o município em relação a seu ambiente; são características ou qualidades do município, tangíveis ou não, que podem influenciar positivamente seu desempenho. As fraquezas ou pontos fracos (*weaknesses*) são as variáveis internas e controláveis que propiciam condições desfavoráveis para o município em relação a seu ambiente; são características ou qualidades do município, tangíveis ou não, que podem influenciar negativamente seu desempenho (Andrews, 1980). Determinado item pode ser citado em uma ou em até nas quatro abordagens, desde que formalmente analisado e justificado separadamente.

As análises municipais podem fazer parte da análise das forças e fraquezas municipais. São partes fundamentais do diagnóstico estratégico do município para o PEM. Podem ser utilizadas múltiplas técnicas que permitem identificar e monitorar permanentemente as variáveis necessárias para a *performance* do município. As análises municipais são fundamentadas nos estudos da administração estratégica (Certo; Peter, 1993; Wright; Kroll; Parnell, 2000; Mintzberg; Quinn, 2001).

As forças têm conotações positivas, por exemplo, estas frases parciais: existência de; suficiência de; presença de; facilidade na; muita de; adequação na; rapidez no; integração do; conhecimento de; entre outras questões positivas. As fraquezas têm conotações negativas, por exemplo, estas frases parciais: falta de; insuficiência de; ausência de; limitações na; dificuldades na; segmentação na; pouca de; inadequação na; lentidão no; não integração do; desconhecimento de; entre outras questões negativas. As fraquezas também podem ser entendidas como problemas ou desafios das organizações.

A análise das potencialidades, forças e fraquezas municipais pode envolver os temas: economia local; espaço urbano; desenvolvimento local; ações sociais; cidadania; lazer; cultural; social; industrial; comercial; agrícola; pecuária; de serviços; moradia; meio ambiente; inovação; ciência; tecnologia; gestão; emprego; mão de obra; inteligência municipal; entre outros. Tais temas estão intimamente relacionados com as funções ou temáticas municipais, que também são chamadas de *funções públicas* (ver Seção 2.3). Cada um dos temas citados requer o respectivo detalhamento formal, pois determinada variável pode ser uma força ou fraqueza, dependendo da forma de análise.

No projeto de PEM, potencialidades, forças e fraquezas do município, da prefeitura e das organizações públicas municipais envolvidas devem ser descritas e analisadas com avaliações em tabelas, textos, números, indicadores, valores, gráficos, diagramas, fluxos, entre outras avaliações e justificativas.

Por opção, pode-se também elaborar uma análise dos fatores críticos de sucesso ou êxito do município, da prefeitura e das organizações públicas municipais envolvidas. A análise dos fatores críticos de sucesso do município está relacionada com os detalhes ou elementos peculiares que fazem ou farão a diferença entre o sucesso ou o fracasso municipal. Nem sempre são fáceis de ser identificados com antecedência em um planejamento ou previsão. Também podem ser entendidos como elementos essenciais do empreendimento municipal, sem os quais o município não tem ou teria êxito ou sucesso. Outra opção para elaborar as análises externas ao município é a análise dos fatores críticos de sucesso do município que dependem de fatores não locais. Os fatores críticos de sucesso do município podem ser estudados de acordo com seus relacionamentos externos, principalmente os recursos não locais necessários para a realização do PEM. Como exemplo, podem ser citados os fatores localização do município, competência das pessoas, necessidade de determinadas variáveis externas, dependências de algo ou alguém, existência de diferenciais, entre outros.

Uma vez elaboradas as análises das potencialidades, forças e fraquezas municipais, os procedimentos efetuados e os resultados auferidos devem ser documentados e aprovados pela equipe multidisciplinar ou comitês de trabalho e, posteriormente, amplamente divulgados. Além de documentar, aprovar e divulgar, será necessário, antes de finalizar o PEM, estabelecer um sistema de monitoramento e de controle.

4.3.2 Análises externas ao município

As análises externas ao município procuram diagnosticar todas as variáveis relacionadas com o meio ambiente externo ao município, exceto da gestão municipal da prefeitura e das organizações públicas municipais.

Análise dos ambientes externos

Tal como nas análises dos ambientes internos, para diagnosticar o município, é necessário conhecer o contexto externo em que o município o município, a prefeitura e as organizações públicas municipais envolvidas estão inseridos. O meio ambiente externo ao município é o ambiente que está fora do município e tem implicações em sua gestão local. Os ambientes externos condicionam o desenvolvimento do município. O município deve adaptar-se ao meio ambiente externo e a cada nova situação imposta por suas variáveis.

Da mesma forma que os ambientes internos, os ambientes externos variam constantemente, oferecendo variáveis positivas e negativas que o município pode aproveitar, evitar ou neutralizar. Em alguns municípios, é no meio ambiente externo que ele obtém seus recursos materiais, financeiros, políticos, sociais, humanos, mercadológicos e até mesmo tecnológicos. Um mapeamento ambiental externo também pode ser referenciado para facilitar a seleção ambiental, a percepção ambiental e os limites ou fronteiras municipais. O mapeamento é necessário porque os ambientes externos estão em constante mutação e evolução.

Diversos fatores externos que envolvem o município podem ser citados: outros municípios competidores ou concorrentes; os municípios circunvizinhos; as conurbações; os *stakeholders* não locais; os cidadãos não residentes no município; os governos federal e estadual; o mercado nacional e internacional; as organizações fora dos limites municipais; as tecnologias importadas; as parcerias públicas ou privadas; a mão de obra externa; entre outras.

No projeto de PEM, os ambientes externos são analisados preferencialmente por meio das funções ou temáticas municipais (ou funções públicas) e respectivos módulos, subsistemas ou subfunções que devem ser descritos e analisados com avaliações em textos, números, indicadores, valores, tabelas, gráficos, diagramas, fluxos, entre outras avaliações, incluindo o nível de integração entre as referidas funções.

Uma vez identificados e analisados os ambientes externos ao município e às organizações públicas municipais envolvidas, todos os procedimentos efetuados, bem como seus resultados qualitativos e quantitativos auferidos, devem ser documentados e aprovados pela equipe multidisciplinar ou comitês de trabalho e, posteriormente, amplamente divulgados.

Análise das oportunidades e riscos ao município

A análise de oportunidades, riscos ou ameaças ao município, prefeitura e organizações públicas municipais envolvidas também está embasada na análise SWOT ou FOFA, que pode ser utilizada para elaborar o diagnóstico do município do ponto de vista externo. As oportunidades (*opportunities*) são as variáveis externas e não controladas pelo município, que podem criar condições favoráveis a ele, desde que tenha condições ou interesse de usufruí-las; são situações externas, atuais ou futuras, que podem influenciar positivamente seu desempenho. As ameaças ou riscos (*threats*) são as variáveis externas e não controladas pelo município, que podem criar condições desfavoráveis a ele; são situações externas, atuais ou futuras, que podem influenciar negativamente seu desempenho (Andrews, 1980). As ameaças devem ser inexoravelmente enfrentadas pelo município e pelas organizações públicas municipais envolvidas.

As análises municipais também podem fazer parte da análise de oportunidades e riscos ou ameaças externas ao município. A análise setorial da prefeitura e das organizações públicas municipais envolvidas pode se constituir em mais uma alternativa para as análises externas ao município. A análise das potencialidades municipais pode ser utilizada para estabelecer as análises externas ao município e determinar os temas não locais ou os eixos temáticos externos ao município de modo a contribuir na formalização da subfase vocações do município da fase das diretrizes municipais.

A análise das oportunidades e riscos ou ameaças pode considerar as seguintes variáveis: criação de um serviço especial; aproveitamento da economia regional; utilização de uma região metropolitana; construção de um espaço urbano; desenvolvimento local diferenciado; ações especiais; projetos de inovação; ciência e tecnologia; capacitação de mão de obra local; programa de inteligência municipal; entre diversas outras. Cada uma dessas variáveis requer o respectivo detalhamento formal, pois determinada variável pode ser uma oportunidade ou uma ameaça, dependendo da forma da análise. Tais variáveis estão intimamente relacionadas com as funções ou temáticas municipais que também são chamadas de *funções públicas* (ver Seção 2.3).

No projeto de PEM, as oportunidades e riscos ou ameaças ao município e às organizações públicas municipais envolvidas devem ser descritas e analisadas com avaliações em tabelas, textos, números, indicadores, valores, gráficos, diagramas, fluxos, entre outras avaliações e justificativas.

Uma vez elaborada a análise das oportunidades e riscos ou ameaças municipais, os procedimentos efetuados e os resultados auferidos devem ser documentados e aprovados pela equipe multidisciplinar ou comitês de trabalho e amplamente divulgados, bem como posteriormente monitorados por meio de controles do PEM. Além de documentar, aprovar e divulgar, será necessário, antes de finalizar o PEM, estabelecer um sistema de monitoramento e de controle.

O nível de aprofundamento e detalhamento de cada análise depende de cada prefeitura ou organização pública municipal envolvida e das respectivas equipes do projeto.

4.3.3 Análises da gestão municipal

As análises da gestão municipal procuram diagnosticar todas as variáveis relacionadas com a gestão municipal da prefeitura e das organizações públicas do município.

O ambiente de tarefa municipal pode ser constituído dos aspectos organizacionais e operacionais dos serviços municipais. Os componentes do meio ambiente interno devem ser geridos de modo que coexistam harmonicamente entre pessoas, máquinas e equipamentos, tecnologias, recursos disponíveis e conhecimento de gestores locais, servidores municipais e munícipes ou cidadãos.

Nas análises da gestão municipal, também se devem diagnosticar a cultura, a filosofia e as políticas organizacionais, pois toda prefeitura e organização pública municipal envolvida tem cultura, filosofia e políticas próprias, sejam formais, sejam informais. A cultura é entendida como o conjunto de valores pessoais, espirituais e materiais, como padrões de comportamento, de crenças de um grupo social, de uma nação, em um esforço coletivo de civilização e de saber intelectual. Esses valores são introduzidos na prefeitura e nas organizações públicas municipais, fazendo parte de seus serviços, de suas atividades e de suas ações quotidianas. A filosofia se caracteriza pela maneira de pensar, intenção de ampliar a compreensão de uma realidade e totalidade, reunião de conhecimentos, conjunto de doutrinas e sabedoria. Essas características também são introduzidas na prefeitura e nas organizações públicas municipais, participando das decisões dos gestores locais e das ações dos servidores municipais. As **políticas organizacionais podem ser definidas como regras e normas para a gestão da prefeitura como uma organização pública**, respeitando-se programas, princípios e doutrinas a serem seguidas. Essas três variáveis devem ser **observadas e respeitadas**, pois influenciam significativamente o planejamento e a atuação da prefeitura e das organizações públicas municipais envolvidas.

Outra variável fundamental nas análises da gestão municipal é o ser humano, ou seja, as pessoas na forma de servidores municipais (contratados direta e indiretamente). As prefeituras e as organizações públicas municipais estão procurando dar mais atenção ao ser humano, pois é ele quem faz com que suas engrenagens municipais funcionem perfeitas e harmonicamente, buscando um relacionamento cooperativo e satisfatório para todas as partes (prefeituras, organizações públicas municipais e pessoas) com objetivos comuns. Nas prefeituras e organizações públicas municipais, as pessoas formam grupos visando alcançar seus objetivos e atender a suas necessidades, estabelecendo, assim, uma **cultura e um clima organizacional internos**. É muito importante a conciliação dos interesses das pessoas com os da prefeitura e organizações públicas municipais, **para que ambos sejam bem-sucedidos**. É comum e importante o trabalho em grupo em prefeituras e organizações públicas municipais, formando comitês ou equipes multidisciplinares de trabalho, uníssonas nos mesmos fins. Dessa forma, é relevante que as pessoas tenham **responsabilidades e atividades predefinidas**. Os indivíduos nas prefeituras e nas organizações públicas municipais têm repertórios diferentes, levando-os a percepções também diferentes. O repertório individual pode ser entendido como a bagagem ou o conjunto de valores, conhecimentos, experiências, cultura, códigos de comunicação, habilidades, traços de personalidade etc. que cada sujeito tem como resultado de sua formação e de seu desenvolvimento no decorrer da vida. Nessa análise, além do cargo dos servidores municipais, o perfil das pessoas deve ser diagnosticado e, posteriormente, definido para vir ao encontro das atividades necessárias para o PEM.

Os indicadores locais também devem ser examinados nas análises da gestão municipal. Os dados ou indicadores podem ser compreendidos como uma das maneiras de se medir o desempenho de eventos, situações, atrasos, mudanças e avanços, mensurando eventuais variações de metas específicas. Essas variações podem influenciar a qualidade dos serviços municipais. Os indicadores podem se constituir em um sistema para avaliação do comportamento do município e da gestão municipal. Na seleção dos indicadores, é importante o entendimento do que se quer medir, das informações que se quer gerar e dos conhecimentos que se quer compartilhar.

As tecnologias empregadas na gestão municipal também devem ser analisadas. A tecnologia é algo que se desenvolve predominantemente nas prefeituras e nas organizações públicas municipais por meio de conhecimentos acumulados e desenvolvidos (*know-how*) e pelas manifestações físicas decorrentes de complexas técnicas usadas para gerar produtos ou resultados. Todas as prefeituras e organizações públicas municipais necessitam de tecnologia para seu funcionamento, seja rudimentar, seja sofisticada, de modo a poder funcionar e alcançar seus objetivos. A TI (ou informática), o governo eletrônico e seus emergentes recursos são exemplos práticos de tecnologias aplicadas nos serviços recurso.

A imagem institucional da prefeitura e das organizações públicas municipais também pode se constituir como mais uma variável a ser diagnosticada nas análises da gestão municipal. Essa imagem é uma representação genérica resultante de todas as experiências, impressões, posições e sentimentos que as pessoas apresentam em relação à prefeitura e às organizações públicas municipais. É configurada pela observação dos servidores municipais, dos munícipes e dos demais interessados no município.

A análise dos serviços municipais pode considerar os conceitos da abordagem sistêmica e da racionalização nas prefeituras e nas organizações públicas municipais. A abordagem sistêmica é a abordagem integrativa e corporativa de todos os sistemas da prefeitura e das organizações públicas municipais, combinando ciência administrativa e comportamental, ou seja, **integração sistêmica**. A integração sistêmica pode ser exemplificada como uma roldana e suas engrenagens maiores e menores, tal como um relógio mecânico e, também, como uma floresta, com suas árvores, seus galhos e suas folhas, entrelaçados e dependentes entre si, para um funcionamento harmônico, sistêmico e racional. A **racionalização nas prefeituras e nas organizações públicas municipais** diz respeito às reflexões para a eficiência dos processos municipais, pelo emprego de métodos eficazes e científicos, pela atuação efetiva dos servidores municipais, pela eliminação de repetições e pela diminuição da incompetência nos serviços da gestão local.

Os serviços municipais devem ser compreendidos como sistemas. Os sistemas são o conjunto de partes que interagem entre si, integrando-se para atingir um objetivo ou resultado. São partes integradas e interdependentes que conjuntamente formam um todo unitário com determinados objetivos e efetuam determinadas funções. Trata-se da prefeitura e das organizações públicas municipais com seus vários subsistemas. Respeitando-se uma visão sociotécnica dos sistemas municipais, a prefeitura, as organizações públicas municipais e as tecnologias empregadas nos serviços municipais devem ser ajustadas entre si até que se obtenha uma harmonização adequada entre as duas abordagens. A teoria geral de sistemas é um instrumento da administração para apoio à análise e à solução de problemas complexos, permitindo analisar problemas dividindo-os em partes, sem perder a visão do todo e do relacionamento entre as partes.

As prefeituras e as organizações públicas municipais podem se enquadrar como sistemas organizacionais abertos ou fechados. Como um sistema organizacional aberto, a prefeitura e as organizações públicas municipais realizam ações transparentes, límpidas e cristalinas em seus serviços, em suas ações cotidianas de entradas, processamentos, saídas e respectivos relacionamentos. A prefeitura e as organizações públicas municipais permutam com o meio ambiente externo. Essas permutas são dependentes e necessitam da influência ambiental externa, plenamente integrada e interagindo com o mundo. Pode-se fazer analogia dos sistemas abertos com a gestão moderna das prefeituras e das organizações públicas municipais, frequentemente vinculada com o modelo de gestão participativa. A prefeitura e as organizações públicas municipais como um sistema organizacional aberto também podem ser compreendidas como um subsistema do ecossistema que trata o sistema municipal como uma concepção maior, como um todo, mais abrangente filosófica e cientificamente. Nesse caso, a prefeitura e as organizações públicas municipais podem funcionar como uma natureza sistêmica, com funcionamento global, total e integrado, em que o todo é maior (ou diferente) do que a soma de suas partes. Pode apresentar os seguintes parâmetros: entradas ou insumos (*inputs*); operação ou processamento; saídas ou resultados (*outputs*); e retroação ou realimentação positiva ou negativa (*feedback*). Como um sistema organizacional fechado, a prefeitura e as organizações públicas municipais não aceitam permutas com o meio ambiente externo que as cerca, pois são insensíveis e indiferentes a qualquer influência ambiental, não se integrando ou interagindo com o mundo.

A prefeitura e as organizações públicas municipais como um sistema abrangem uma grande complexidade de atividades, e o funcionamento de seus serviços municipais envolve diversas e diferentes pessoas, entidades externas e informações. A prefeitura e as organizações públicas municipais dispõem de diversos serviços e buscam alcançar muitos objetivos, como: satisfazer às necessidades dos munícipes; propor adequada qualidade de vida no município; estar em permanente desenvolvimento; prestar serviços municipais adequados às necessidades locais; facilitar a geração de empregos; fazer parte de uma comunidade; ter equilíbrio financeiro para seu crescimento; buscar a modernidade; perceber a competitividade entre municípios; entender e aplicar os conceitos de inteligência organizacional.

Os ambientes da prefeitura e das organizações públicas municipais podem ser analisados por meio das funções públicas (ver Seção 2.3).

Para o pleno funcionamento das funções ou temáticas municipais, podem ser utilizados os sistemas de informação da prefeitura e das organizações públicas municipais. Todo sistema – usando ou não recursos de TI – que manipula dados e gera informação pode ser genericamente considerado um sistema de informação. A TI não é uma função municipal ou um módulo. Esse recurso tecnológico constitui-se em um instrumento opcional para harmonizar e integrar as funções ou temáticas municipais e suas relações. A TI não deve ser analisada de maneira isolada. Sempre é necessário envolver e discutir as questões conceituais dos serviços municipais, que não podem ser organizados e resolvidos simplesmente com os computadores e seus recursos de *software*, por mais tecnologia que detenham. Nessa visão de gestão da TI, as tecnologias e seus recursos devem ser compatíveis, modernos, econômicos, adequados, úteis e padronizados.

O modelo de gestão da prefeitura e das organizações públicas municipais está intimamente ligado ao sistema organizacional do município e à forma de conduzir os serviços do município. O modelo de gestão adotado **pode influenciar significativamente o desempenho da prefeitura, das organizações públicas municipais e de seus serviços municipais.**

Juntamente à análise do modelo de gestão da prefeitura e das organizações públicas municipais, a estrutura organizacional também deve ser analisada. Respeitando-se as questões legais e os direitos pessoais, é importante diagnosticar os cargos e o organograma da prefeitura e das organizações públicas municipais, observando-se os arranjos de suas secretarias e de suas unidades departamentais e examinando as respectivas inter-relações das atribuições de cada uma delas.

A inteligência pública e suas relações com os serviços e com as funções ou temáticas municipais também podem ser analisadas (ver Seção 2.10).

Por opção, no projeto de PEM, a gestão municipal da prefeitura e das organizações públicas municipais envolvidas deve ser descrita e analisada **com avaliações em tabelas, textos, números, indicadores, valores, gráficos, diagramas, fluxos, entre outras avaliações e justificativas.**

Como a prefeitura e as organizações públicas municipais têm características peculiares como qualquer outra organização pública, sugere-se para a gestão municipal as seguintes análises (Rezende, 2012):

- funções públicas (produção ou serviços públicos; divulgação, comercial ou *marketing*; materiais ou logística; financeira; RH; jurídico-legal);
- setorial da organização pública (munícipes ou cidadãos ou clientes, consumidores e potenciais; fornecedores; competidores ou concorrentes; e serviços ou produtos substitutos);
- estrutura organizacional;

- modelo de gestão da organização pública;
- sistemas de informação e da TI;
- influências na organização pública (demografia; ambiente legal ou de legislação; ambiente econômico; ambiente tecnológico e inovador; ambiente social; ambiente cultural; análise do ambiente político; análise do ambiente natural, ecológico ou meio ambiente);
- ambientes da organização pública (forças; fraquezas; oportunidades; e ameaças ou riscos);
- fatores críticos de sucesso da organização pública;
- complementares.

As análises da gestão municipal contemplando a prefeitura e as organizações públicas municipais devem ser coerentes e integradas com as análises do município e externas ao município.

4.4 Diretrizes municipais

As *Diretrizes municipais* correspondem à segunda fase do projeto de PEM. Nada impede que seja elaborada concomitantemente com a fase de *Análises municipais*. As diretrizes estão relacionadas com objetivos municipais, traçados de caminhos, programas de atividades, conjuntos de instruções, indicações de ações e propostas de normas ou procedimentos.

A elaboração das fases *Diretrizes municipais* e *Análises municipais* será pré-requisito para a elaboração da fase *Estratégias e ações municipais* do PEM.

As diretrizes municipais podem ser divididas em duas partes: (1) diretrizes do município e (2) diretrizes da gestão municipal. As duas partes propostas são desmembradas em subfases, gerando os respectivos produtos para serem aprovados pelos envolvidos no PEM. Tal como nas outras fases, nem todas as subfases sugeridas devem ser elaboradas necessariamente, elas também podem ser suprimidas ou complementadas em cada projeto, respeitando-se as respectivas particularidades locais.

4.4.1 Diretrizes do município

As diretrizes do município são mais direcionadas aos munícipes, ou seja, são atividades de responsabilidade dos atores locais, representados por gestores locais, servidores municipais, munícipes ou cidadãos e demais interessados no município (*stakeholders*) e pelas instituições locais ou sociedades civis organizadas.

Visão do município

A visão do município representa o cenário futuro do município, considerando inclusive os sonhos de seus munícipes. Normalmente descrita em uma frase, a visão do município deve identificar as linhas imaginárias que os munícipes e os demais interessados no município enxergam ou visualizam, explicitando seus desejos ou aspirações de modo racional. Deve oportunizar, acomodar e harmonizar os anseios estratégicos dos envolvidos no município e, muitas vezes, nos municípios circunvizinhos. Deve permitir a formulação de um cenário futuro, claro, objetivo e capaz de mobilizar esforços dos munícipes e dos demais interessados no município.

As políticas federais, estaduais e municipais devem ser consideradas na elaboração da visão do município para evitar incoerências com os aspectos políticos, sociais, financeiros e legais.

Alguns temas críticos municipais podem fazer parte da visão do município. Esses temas podem ser relacionados à qualidade de vida de seus munícipes, às questões sociais, aos preceitos de inovação e empreendedorismo, à sustentabilidade municipal (financeira, econômica, social, cultural e ambiental), à consolidação de referências, ao reconhecimento por parte de outros municípios e até mesmo a outros países.

A formalização da visão do município pode trazer alguns benefícios a seus gestores locais, servidores municipais, munícipes ou cidadãos, demais seus interessados e outros municípios ao entorno. Como exemplos, podem ser citados os seguintes benefícios: orienta todos na mesma direção; direciona os objetivos municipais; incentiva o empreendedorismo e a inovação; resgata a motivação e participação dos munícipes; diminui a subordinação dos gestores locais; evita a comodidade dos munícipes ou cidadãos e, principalmente, dos servidores municipais; envolve formalmente os munícipes ou cidadãos; e determina e indica os gastos municipais. A formalização também ajuda a divulgar, experimentar e vivenciar a visão do município, bem como comprometer todos no município.

Os conceitos de administração e de pensamento estratégico devem ser entendidos e aplicados na elaboração da visão do município.

Os cenários da visão do município levam em conta as variáveis quantitativas e qualitativas, com abordagens projetivas e prospectivas, sequências hipotéticas, múltiplas alternativas e situações complexas. Esses cenários têm como base os dados, as informações e os conhecimentos a respeito do município e de seus envolvidos, com princípios racionais, adequados e realísticos.

No projeto de PEM, a visão do município deve ser descrita por meio de uma frase concisa. Preferencialmente, essa frase deve ser de fácil memorização.

Como exemplo de visão do município, algumas palavras podem ser citadas em uma frase: ser um município com as características *xyz*, reconhecida pelos munícipes e respeitando-se os valores *xyz*, direcionada para a qualidade de vida de gestores locais, servidores municipais, munícipes ou cidadãos.

A palavra *visão* está relacionada com o futuro, e não com o presente. Apesar de a visão estar relacionada com o futuro, a definição de tempo para a visão do município é opcional em sua descrição (por exemplo, até o ano de X).

Eventualmente, o município pode já ter uma visão formalizada, mas não acreditada, vivenciada e efetivada por munícipes, gestores locais e demais interessados no município. Nesse caso, pode-se sugerir outra visão pretendida para os próximos anos.

A visão do município deve corresponder a um desafio estratégico, inovador, criativo, empreendedor e gerador de qualidade de vida aos munícipes. Tal desafio deve ser amplamente discutido em atividades participativas e, posteriormente, divulgado em todo o município. Depois de entendida e formalizada, deve ser vivenciada por todos os gestores locais, servidores municipais, munícipes ou cidadãos e demais interessados no município.

As abordagens da visão ou do cenário do município podem ser projetivas ou prospectivas. A *abordagem projetiva* contempla variáveis quantitativas, objetivas e conhecidas; explica o futuro pelo passado; considera o futuro único e certo; e utiliza modelos deterministas e quantitativos. A *abordagem prospectiva* se caracteriza pela visão global; por variações qualitativas, quantificáveis ou não, subjetivas ou não, conhecidas ou não; por ocorrência de futuro múltiplo e incerto; pelo futuro atuando como determinante da ação presente; e por uma análise intencional, com variáveis de opinião (julgamento, pareceres, probabilidades subjetivas) e outros métodos estruturais (Oliveira, 1999).

Vocações do município

As vocações do município definem, validam ou revisam os principais potenciais do município. Essas vocações estão relacionadas com escolhas, preferências ou tendências de todo o município.

Também podem ser entendidas como os talentos, as centralidades municipais ou os movimentos desenvolvidos pelos munícipes. Esses movimentos devem ser orientados pelas vantagens ou forças atuais e futuras do município, contemplando os anseios dos interessados no município.

Os movimentos municipais ou vocações do município podem reunir diferentes centralidades, como lazer, cultural, social, industrial, comercial, agrícola, pecuária, de serviços, de inovação, da ciência e tecnologia etc. (ver Seção 2.3). As vocações do município não devem estar focadas somente em um produto municipal e também não devem direcionar-se apenas aos fatores de vantagens competitivas locais, muito menos em interesses isolados de determinados gestores locais. Apesar de muitas vezes determinado produto ou evento local ser um fator de sucesso municipal e projetar o município externamente como um diferencial competitivo, os eixos temáticos municipais, as variáveis das estratégias municipais e as respectivas atividades potenciais é que norteiam a determinação das vocações locais.

Para contribuir com o desenvolvimento do sistema social, político e econômico local, o município deve buscar sua vocação (ou vocações), utilizando múltiplos fatores e diferentes atores por meio de redes de participação, desenvolvimento, integração e sustentabilidade. As vocações do município não devem ser de espaço temporal curto, elas podem influenciar o município durante muitos anos.

Dois princípios devem ser considerados na elaboração das vocações do município. O primeiro princípio diz respeito à valorização de sua história, de suas características e dos talentos humanos do município; o segundo é a integração das vocações, respeitando-se a vontade e a participação dos munícipes.

As vocações municipais podem ser divididas em essenciais e complementares. As primeiras são as mais relevantes, indispensáveis e absolutamente necessárias.

É possível que um município não tenha vocações naturais propriamente ditas, por ser recém-criado ou por desconhecer seus valores, nesse caso, as vocações devem ser criadas coletivamente. Em outros casos, um município não tem escala ou dimensão necessária para determinação de suas vocações isoladamente; dessa forma, pode compor vocações com outros municípios circunvizinhos. E, em último caso, o município é geograficamente muito grande e será necessário estabelecer múltiplas vocações distribuídas por microrregiões.

No projeto de PEM, as vocações do município devem ser descritas por meio de itens ou frases.

Como exemplo de vocações do município, algumas palavras podem ser citadas em termos de potenciais: industrial; comercial; agrícola; pecuária, serviços; ciência e tecnologia etc. (ver Seção 2.3). Cada uma dessas palavras requer um detalhamento explicativo.

Valores ou princípios do município e dos munícipes ou cidadãos

Os valores ou os princípios do município e dos munícipes ou cidadãos dizem respeito ao que o município e os munícipes acreditam. Estão relacionados com padrões sociais entendidos, aceitos e mantidos pelas pessoas do município e pela sua sociedade. Também podem ser chamados de *credos*, *códigos de conduta*, *preceitos* ou *doutrinas* que regem um município.

Os valores também correspondem aos princípios, bens ou propriedades de altos valores de estima, contemplando conceitos de serenidade, apreço, consideração, respeito, desafio, talento, coragem, ousadia. Os valores ou os princípios do município e dos munícipes ou cidadãos se constituem em bens sociais e recursos locais essenciais que podem reger as ações de gestores locais, servidores municipais e munícipes ou cidadãos.

Tais referenciais municipais devem facilitar a definição e o cumprimento da visão e das vocações do município. Estão intimamente ligados com as origens locais, sejam princípios morais e éticos, sejam sociais, culturais ou participativos. Servem como base para orientar, dirigir e nortear a gestão municipal e a participação dos munícipes e demais interessados no município.

Além de criar e formalizar os valores do município, esses princípios devem ser divulgados, respeitados e vivenciados para contribuir no envolvimento dos munícipes, na motivação dos gestores locais, na participação social de gestores locais, servidores municipais, munícipes ou cidadãos e na integração dos demais interessados no município.

Os conceitos de administração e pensamento estratégico podem colaborar nos processos de criação, formalização e explicitação dos valores municipais.

À medida que os valores municipais estiverem definidos e vivenciados, alguns benefícios poderão ser auferidos, como: informam os munícipes, os demais interessados no município e os gestores locais sobre como decidir, agir e se comportar no município; possibilitam criar diferenciais no município; facilitam as decisões referentes às ações municipais; direcionam as atividades e comportamento dos munícipes ou cidadãos; orientam os gestores locais e os servidores municipais sobre o senso comum e participativo; **definem referências a serem observadas, respeitadas e seguidas;** e apoiam a elaboração das estratégias municipais.

A visão, as vocações e os valores municipais devem estar integrados e adequados aos interesses coletivos, sociais e políticos de gestores locais, servidores municipais e munícipes ou cidadãos.

No projeto de PEM, os valores ou princípios do município e dos munícipes ou cidadãos devem ser descritos por meio de itens ou frases.

Como exemplos, algumas palavras podem ser citadas para contribuir na elaboração dos valores municipais: transparência; satisfação; ética; integridade; valorização; respeito; honestidade; seriedade; simplicidade;

excelência; capacitação; qualidade; desenvolvimento; trabalho; aprendizado; dedicação; participação; sustentabilidade; integração; entre outras.

Por opção, tais valores (bem como as demais subfases das Diretrizes municipais) podem ser descritos separadamente como atuais e futuros (principalmente quando o município pretende mudar ou adequar esses valores).

Na medida em que os valores são efetivamente entendidos e considerados por todos no município, muitos benefícios podem ser absorvidos, inclusive ampliando a qualidade de vida dos munícipes.

Para que os valores não caiam no descrédito, é fundamental que o município divulgue-os constantemente e propicie condições para sua execução cotidiana, consistente e participativa. Essas condições também estão relacionadas à formalização de políticas públicas coerentes e alinhadas com os objetivos municipais.

Como exercício prático, cada valor pode ter uma ou mais políticas públicas que o fortaleça e o sustente.

Objetivos municipais

Os objetivos municipais podem se apresentar sob duas abordagens: (1) macro-objetivos municipais ou objetivos estratégicos do município; e (2) objetivos municipais. A formalização dos objetivos municipais se constitui em uma relevante subfase do projeto de PEM.

As duas formas ou metodologias empregadas para definir os objetivos municipais se constituem em opções. Em ambos os casos, as estratégias e ações municipais deverão ser formalizadas para o alcance ou a manutenção desses objetivos.

Os macro-objetivos municipais não são qualificados e quantificados, podendo ser entendidos como *cenários estratégicos do município*. Nesse caso, exigem que posteriormente as ações correspondentes sejam qualificadas e quantificadas ou, então, requerem indicadores correspondentes para gerir seu resultado.

Os objetivos municipais são alvos devidamente qualificados e quantificados. Eles especificam desafios a serem conquistados pelo município, pela prefeitura e pelas organizações públicas municipais envolvidas. Devem considerar itens mensuráveis, variáveis coerentes, prazos definidos e resultados viáveis. Também podem ser entendidos como situações desejadas ou almejadas para que o município alcance.

Na descrição dos objetivos municipais, devem-se mencionar "o que", "quanto" e "quando" para sua realização, isto é, determinar temas, números, unidades ou volumes e um período de tempo, explicitando formalmente o que se quer estrategicamente conseguir, obter ou alcançar. Devem ser **coerentes entre si, desafiantes, porém viáveis**. O município, a prefeitura e as organizações públicas municipais devem direcionar sua atenção e seus esforços para os objetivos municipais.

Para alcançar tais objetivos, é necessária a participação dos munícipes, dos gestores locais e dos demais interessados no município. Assim, é fundamental oferecer condições e envolver todos em um clima favorável e em um ambiente motivador com padrões de comportamento estabelecidos coletivamente. Além de viáveis, os **objetivos especificados devem ser precisos, práticos e concisos**. Não se deve exagerar no número de objetivos municipais.

Alguns indicadores podem se constituir na base para projeção de objetivos ou podem se constituir em marcos a serem atingidos. Os indicadores podem servir como padrões ou unidades de medidas segundo os quais os munícipes e demais interessados no município podem comparar e avaliar os resultados almejados, bem como atribuir ações corretivas em eventuais desvios.

Inúmeros são os benefícios que os objetivos municipais podem trazer para o município, a prefeitura e as organizações públicas municipais e munícipes. Alguns benefícios podem ser destacados: despertam o comprometimento e a participação de todos em prol do município; facilitam o entendimento e a vivência da visão do município, das vocações do município e dos valores ou princípios do município e dos gestores locais, servidores municipais, munícipes ou cidadãos; orientam as decisões municipais; avaliam o desempenho do município em diversos aspectos; direcionam os investimentos municipais; divulgam e atraem interessados no município; estabelecem sentimentos positivos e coletivos no município; prendem a atenção dos gestores locais.

O tempo para quantificar os objetivos municipais pode ser definido em termos de curto, médio e longo prazos. É importante lembrar que não deve estar vinculado ao tempo de mandato de determinado governo local. Em alguns objetivos, o tempo pode ser de cunho permanente ou constante.

A relação dos objetivos municipais pode ser organizada por eixos temáticos municipais que interessam ao município. Os eixos temáticos municipais de interesse do município podem se constituir em critérios de escolha e de prioridade para o estabelecimento dos objetivos municipais. Tais eixos devem também considerar a visão do município, as vocações do município e os valores ou os princípios do município e de gestores locais, servidores municipais e munícipes ou cidadãos. Como exemplo, os eixos temáticos municipais podem ser social, cultural, ambiental, estrutural, de segurança, de integração, de gestão, de competitividade e outros (ver Seção 2.3). O eixo social pode contemplar questões como inclusão social, análises de rendas, projetos participativos, ações comunitárias, movimentos sociais, programa de acolhimento de cidadãos e atividades migratórias. O eixo cultural pode contemplar questões como eventos culturais, diversão, educação, entretenimento, turismo, vida coletiva, transmissão de conhecimentos, criação intelectual, atividades artísticas, recreação, obras espirituais, ações de aprimoramento de valores locais e de incentivo ao saber. O eixo ambiental pode contemplar questões como atividades ecológicas, de preservação da natureza, de reservas florestais e avaliação de impactos ambientais. O eixo estrutural pode contemplar questões como atividades de funcionamento do município, de infraestrutura física, ações econômicas, atividades urbanísticas e trabalhos paisagísticos. O eixo de segurança pode contemplar questões como atividades reguladoras, ações jurídicas, trabalhos de polícia, programas ordeiros, projetos de reclusão e reeducação carcerária. O eixo de integração pode contemplar questões como atividades conjuntas com os municípios circunvizinhos, ações com interessados no entorno do município, trabalhos com regiões metropolitanas, políticas associativas e parcerias externas. O eixo de gestão pode contemplar questões relacionadas com gestão local, atividades institucionais da prefeitura, das organizações públicas municipais, do prefeito, secretários municipais, servidores municipais e prestadores de serviços, orçamento participativo, ações executivas municipais, projetos com servidores municipais, programas de efetividade, planos de qualidade e coordenação de recursos públicos. E o eixo de competitividade pode contemplar questões que diferenciam o município dos demais, como atividades empreendedoras, ações inovadoras, formação de riqueza, fatores atrativos de investimentos locais, destaques geográficos e programas de reconhecimento nacional.

No projeto de PEM, os objetivos municipais devem ser descritos por meio de frases curtas.

Como exemplos para facilitar a elaboração dos objetivos, algumas frases podem ser apresentadas: edificar 15 creches até o ano de 2099; construir 1 aterro sanitário até 2099; limpar todos os rios do município até 2099; concluir 100% do saneamento básico até 2099; captar 1 milhão de turistas no ano de 2099; reduzir a zero a criminalidade local até 2099; pavimentar 100% das vias centrais até 2099; ampliar em 9% a receita municipal em 2099.

Por opção, macro-objetivos municipais ou objetivos estratégicos do município também podem ser formalizados. Alguns exemplos podem ser sugeridos: recuperar a qualidade de vida dos munícipes; melhorar a satisfação dos turistas; tornar o município acolhedor; implantar um projeto ecológico municipal; buscar participação do cidadão na gestão do município; ser referência nacional em educação municipal; garantir a sustentabilidade local. Para tanto, programas ou projetos específicos devem ser respectivamente definidos.

Alguns detalhes devem ser considerados na descrição dos objetivos municipais: necessariamente devem ser qualificados e quantificados e devem formalizar "o que", "quanto" e "quando" para sua realização; podem ser separados em curto, médio e longo prazos; os percentuais devem ser formalmente declarados, ou seja, ter um valor quantitativo ou um indicador formal correspondente; alguns objetivos podem ter tempo "permanente" (principalmente os relacionados à manutenção ou ao monitoramento de atividades), mas devem ser explicitados; podem ser estabelecidos de maneira determinística (identificando situação precisa) ou probabilística (identificando situação provável); sempre se deve iniciar a frase com verbo no infinitivo; posteriormente, deverão ser definidos os indicadores de desempenho na fase de controle e gestão do projeto de PEM.

Alguns municípios optam por formalizar os objetivos municipais em duas colunas: problemas ou desafios municipais; e objetivos municipais. Dessa forma, para cada problema pode ser estabelecido um ou mais objetivos. Como é um processo cíclico, pode-se ir refinando (reescrevendo, juntando ou excluindo) os objetivos estabelecidos. Na fase seguinte do projeto de PEM, para cada objetivo pode ser definida uma ou mais estratégias e, como consequência, os planos de ações das estratégias municipais.

Por opção e para facilitar a descrição, os objetivos ou os macro-objetivos municipais podem ser separados pelos eixos temáticos ou pelas funções ou temáticas municipais (ver Seção 2.3).

Apesar de a descrição ser separada, os objetivos ou os macro-objetivos municipais devem ser integrados e interdependentes. E o número de objetivos formalizados também não deve ser muito grande, pois, ao exagerar no número, perde-se o que é essencial ao município.

Outros municípios preferem separar os objetivos ou os macro-objetivos municipais por diferentes abordagens ou específicos indicadores, por exemplo, do *Balanced Scorecard* (BSC) (ver Subseção 4.6.2).

Também é relevante que a prefeitura e as organizações públicas municipais envolvidas propiciem condições e motivem os gestores locais, servidores municipais, munícipes ou cidadãos, bem como conciliem os diferentes interesses, facilitando seu alcance por meio de padrões de comportamento estabelecidos participativamente.

Depois de determinados coletiva e participativamente, os objetivos ou os macro-objetivos municipais devem ser amplamente divulgados para angariar um comprometimento e uma vivência ativa de todos no município. Além da dedicação e das competências das pessoas envolvidas e dos recursos materiais requeridos, posteriormente os recursos financeiros serão necessários para a determinação e o alcance dos objetivos e dos macro-objetivos municipais formalizados.

Para cada objetivo municipal determinado, será necessário posteriormente atribuir uma ou mais estratégias e ações municipais correspondentes para alcance do resultado almejado no município.

4.4.2 Diretrizes da gestão municipal

As diretrizes da gestão municipal são direcionadas para a prefeitura e as organizações públicas municipais, ou seja, são atividades de responsabilidade da gestão local, representada pelo prefeito, pelos secretários municipais e pelos servidores municipais.

Como a prefeitura e as organizações públicas municipais têm características peculiares como qualquer outra organização pública, sugere-se para a gestão municipal as seguintes análises (Rezende, 2012):

- atividade pública (atividade pública convencional; atividade pública ampliada; serviços ou produtos públicos; munícipes ou cidadãos; local de atuação);
- missão da organização pública;
- visão da organização pública;
- valores da organização pública;
- políticas da organização pública;
- macro-objetivos e objetivos da organização pública;
- modelagem dos processos ou procedimentos operacionais da organização pública.

As **atividades municipais definem, validam ou revisam as principais** atividades da prefeitura e das organizações públicas municipais envolvidas. Essas atividades estão relacionadas com as prestações de serviços da prefeitura e das organizações públicas municipais destinadas ao município e aos respectivos interessados. Também podem ser interpretadas como os benefícios esperados pelos munícipes e demais interessados no município, expressos nos respectivos serviços municipais. Além de formalizados, os serviços devem ser compreendidos e vivenciados por todos na prefeitura e nas organizações públicas municipais. Essas atividades estão relacionadas com os serviços municipais oferecidos pela gestão municipal aos seus munícipes. A formalização e a divulgação dos serviços municipais **podem beneficiar gestores locais, servidores municipais, munícipes ou** cidadãos e os interessados no município e também os próprios funcionários da prefeitura e das organizações públicas municipais. À medida que as atividades municipais e os serviços municipais forem conhecidos, algumas vantagens podem ser oportunizadas para o município, como elaboração do orçamento municipal, respeito aos ativos do município, determinação dos investimentos, orientação no diferencial competitivo, norteamento ao *marketing* do município, envolvimento dos interessados no município, oportunidade para os gestores locais, servidores municipais, munícipes ou cidadãos, capacitação direcionada aos funcionários etc.

A missão da prefeitura e das organizações públicas municipais relata o maior compromisso que deve cumprir junto a seus munícipes e interessados no município. Pode descrever as atividades municipais de maneira diferenciada. É normalmente descrita em uma única frase. Essa descrição está relacionada com a proposta para a qual a prefeitura e as organizações públicas municipais existem, considerando seus munícipes e demais interessados no município. Também pode ser compreendida como o principal papel da gestão local. A missão procura traduzir os sistemas de valores em termos de crenças, tradições, filosofias dos gestores locais e dos munícipes. Também pode considerar as principais vocações e as principais atividades do município. A missão da prefeitura e das organizações públicas municipais deve representar a finalidade, o dever ou a incumbência do município. Pode contemplar um modelo de município desejado que permite a replicação por outros municípios quando de sua realização.

A visão da prefeitura e das organizações públicas municipais descreve o cenário e relaciona-o com a projeção de oportunidades futuras, questionando-se aonde as referidas instituições querem chegar e como querem ser percebidas ou reconhecidas pelo meio ambiente interno e externo que as envolvem.

Os valores da prefeitura e das organizações públicas municipais relatam no que estas acreditam e o que praticam. Também são chamados de *princípios da organização*. Estão relacionados com "algo atribuído" de grande estima ou valia, apreço, consideração e respeito. Referem-se aos preceitos de talento, coragem, intrepidez, ousadia, valentia, ânimo, força, audácia, vigor e outras palavras correlatas.

As políticas municipais são as regras gerais de gestão local ou as orientações para a gestão do município. Essas regras são respeitantes a uma direção, a um conjunto de objetivos que formam determinados programas de ação e condicionam sua execução. As políticas municipais exigem os respectivos procedimentos operacionais. De ordem geral, as políticas podem ser entendidas como parâmetros ou orientações que facilitam a tomada de decisões dos gestores locais. Podem ser inferidas como a arte de bem governar os povos. Estão relacionadas com os fenômenos inerentes ao Estado como um sistema de regras tocantes à direção das atividades públicas. As políticas podem ser estabelecidas pela gestão local, podem ser solicitadas pela comunidade local e seus cidadãos e também podem ser impostas por fatores externos ou pelos governos estadual e federal. As políticas municipais ainda podem ser compreendidas como a arte de bem gerir o município e sua comunidade ou como o conjunto de objetivos que formam programas de ação governamental e condicionam suas execuções. As atividades políticas envolvem múltiplas adesões dos interessados e requerem modelos de gestão voltados para a sustentabilidade do município, a competência da gestão da prefeitura e das organizações públicas municipais e o bem-estar dos cidadãos. As políticas inscrevem-se em estruturas de poder que noticiam possibilidades e formas de interação entre os atores municipais.

O conceito de *accountability* deve ser considerado na definição das políticas municipais. Esse termo pode ser entendido como responsabilidade das atividades municipais, em seus amplos sentidos (fiscais, financeiros, sociais, jurídicos, legítimos, morais e outros). Nesse sentido, a participação de gestores locais, servidores municipais, munícipes ou cidadãos deve ser politicamente organizada. Para tanto, são necessárias regras e condições nas quais essas responsabilidades e participações serão exercidas. Além da responsabilidade coletiva e comprometida de gestores locais, servidores municipais, munícipes ou cidadãos e demais interessados no município, as questões sociais merecem destaque nas políticas municipais como parte da reestruturação do Estado e do município para possibilitar maior efetividade das despesas e dos investimentos públicos municipais na gestão dos municípios.

A formalização das políticas municipais pode trazer para os munícipes e a gestão inúmeros benefícios, como: redução do tempo para tomada de decisões; facilidade nos fluxos operacionais; clareza nos processos de comunicação; argumentação para pressões; coerência de ações; harmonia de comportamento; minimização de atritos; diminuição do desperdício; auxílio na qualidade, produtividade, efetividade das atividades municipais. Quando se praticam exceções às regras definidas nas políticas, normalmente são geradas insatisfações, transtornos, ineficiência, injustiças etc. Se houver, as exceções devem ser explicitamente justificadas, podendo, se necessário, gerar alterações da política.

Os macro-objetivos e os objetivos da prefeitura e das organizações públicas municipais estão relacionados com os seguintes temas: primazia ou excelência na prestação do serviço público; adequação da qualidade de vida dos gestores locais, servidores municipais, munícipes ou cidadãos; atendimento à sociedade; desenvolvimento das questões sociais, econômicas e sustentáveis; facilitação da transparência pública; entre outros. É preciso observar que tais objetivos podem estar relacionados com a regulamentação jurídica que a constituiu e com os atributos de valor para a sociedade.

A modelagem dos processos ou procedimentos operacionais da prefeitura e das organizações públicas municipais complementa a formalização das políticas municipais, como opção ao projeto de PEM. Essa subfase está mais direcionada para a criação de uma nova atividade e política municipal.

Por opção, no projeto de PEM, as diretrizes da gestão municipal, contemplando a prefeitura e as organizações públicas municipais envolvidas, devem ser descritas por meio de frases, textos, números, tabelas, indicadores, valores, gráficos, diagramas, fluxos etc.

As diretrizes da gestão municipal devem ser coerentes e integradas com as diretrizes do município.

4.5 Estratégias e ações municipais

A *Estratégias e ações municipais* se constituem em uma importante fase do projeto de PEM. Na maioria das metodologias, essa fase é elaborada após a realização das duas fases anteriores (Análises municipais e Diretrizes municipais). Mas não há nenhum impedimento de que sejam definidas algumas estratégias e ações municipais no início do PEM. Outra possibilidade plausível é que as estratégias e ações possam ser elaboradas de maneira simultânea com as demais fases, uma vez que o projeto é cíclico.

Como o planejamento estratégico é essencialmente o planejamento das **estratégias e ações municipais**, essa fase é a mais desafiadora ou intelectual do projeto.

É fundamental a participação de munícipes, gestores locais e demais interessados no município para o êxito ou sucesso do projeto de PEM, que é um processo dinâmico, coletivo, participativo e interativo para determinação das estratégias e das ações oriundas dos objetivos municipais. Também devem ser considerados a visão, as vocações e os valores ou princípios municipais.

As estratégias e as ações municipais podem ser elaboradas, por opção, **em duas formas**: (1) atual (situação existente) e (2) futuro (situação proposta e desejada ou condição potencial do município). Da mesma forma que nas fases anteriores, o futuro está mais direcionado para os cenários estratégicos que podem estar fundamentados na atitude, no pensamento estratégico e na inteligência do município.

O processo de estabelecer formalmente a fase *Estratégias e ações municipais* também pode obedecer a diversas metodologias e a diferentes técnicas. A referida fase pode ser desmembrada em subfases. Em algumas metodologias de PEM, as estratégias municipais podem ser chamadas de *projetos estratégicos locais*, e as ações municipais podem ser denominadas *programas estratégicos*. O nome dado a essas subfases não deve ser um fator impeditivo ou limitativo do projeto. O mais relevante é que tais estratégias e ações sejam elaboradas coletivamente por gestores locais, servidores municipais e munícipes ou cidadãos, independentemente da designação dessas atividades.

Para os municípios, as prefeituras e as organizações públicas municipais, tanto a Constituição da República Federativa do Brasil como as **legislações e as normas específicas devem ser observadas e respeitadas** na formalização das estratégias e respectivas ações.

4.5.1 Cenários de posicionamentos estratégicos ou macroestratégias municipais

Os cenários podem ser entendidos como as grandes estratégias do município. Estão relacionados com panoramas, tendências, observações, temas de maior amplitude e acontecimentos que podem ocorrer no futuro. Também podem ser relacionados com modelos para análises estratégicas do município, construídos a partir de dados, indicadores, informações, conhecimentos e métodos ou critérios. São exercícios de situações futuras ou projeções em determinados ambientes, utilizando ou não hipóteses. Podem articular diferentes caminhos a serem descobertos, adotados e seguidos.

As literaturas de administração e de pensamento estratégico fornecem diferentes métodos de criação de cenários, enfatizando possíveis caminhos para o futuro do município e meios para representar suas realidades futuras. Também sugerem passos ou situações para descrever situações futuras do município e eventuais meios para nortear ações desejáveis e possíveis para seu sucesso, procurando transformar incertezas em condições racionais, em prioridades focadas e em decisões efetivas em plataformas ou arenas viáveis. Tais literaturas apontam que os cenários podem ser prováveis ou convencionais, otimistas ou superiores, e pessimistas ou inferiores.

Na prática, é o ponto em que o município deve situar estrategicamente seus serviços municipais, considerando cenários de crescimento, manutenção ou declínio. O cenário de crescimento dos serviços municipais está relacionado com os seguintes sinônimos: desenvolvimento; criação; ampliação; aumento; investimento; melhoria; para cima; entre outros termos correlatos. O cenário de manutenção dos serviços municipais está relacionado com os sinônimos: sedimentação; permanência; continuidade; constância; perseverança; persistência; entre outros. O cenário de declínio dos serviços municipais está relacionado com os sinônimos: redução; decrescimento; queda; diminuição; desinvestimento; desconto; abatimento; extinção; eliminação; para baixo; entre outros termos correlatos.

Para elaborar essa subfase, é necessário rever conceitos, tipos ou classes de estratégias. A ciência e as literaturas de administração descrevem inúmeras e diferentes estratégias para serem pesquisadas, entendidas, planejadas e aplicadas nos municípios.

No projeto de planejamento do município, os cenários de posicionamentos estratégicos ou macroestratégias podem ser descritos por meio de itens ou frases curtas.

Os cenários podem ser formalizados por duas abordagens ou técnicas. A primeira abordagem está direcionada para os serviços municipais individualmente. Nesse caso, a formalização dos cenários está focada nos pormenores dos serviços municipais. A segunda abordagem está direcionada para as funções ou temáticas municipais (ver Seção 2.3).

Para facilitar a formalização de cenários de posicionamentos estratégicos ou macroestratégias, podem ser utilizados como exemplos os diversos tipos ou classificações de estratégias (ver Seção 4.5).

Independentemente da abordagem ou técnica escolhida pelo município, essencialmente são sugeridas três classes ou categorias de cenários: (1) crescimento; (2) manutenção; e (3) declínio.

Por opção, uma justificativa pode ser descrita para cada cenário de posicionamento estratégico ou macroestratégia municipal citada.

Para a prefeitura e as organizações públicas municipais envolvidas, os cenários de posicionamentos estratégicos estão relacionados com os seguintes temas: primazia ou excelência na prestação do serviço público; adequação da qualidade de vida dos gestores locais, servidores municipais, munícipes ou cidadãos; atendimento à sociedade; desenvolvimento das questões sociais, econômicas e sustentáveis; facilitação da transparência pública; disponibilização de informações e serviços miunicipais; e outros macro-objetivos correlatos. Vale observar que tais cenários podem estar relacionados com a regulamentação jurídica que os constituiu e com os atributos de valor para a sociedade.

4.5.2 Estratégias municipais

Com o direcionamento e a determinação dos cenários de posicionamentos estratégicos ou macroestratégias municipais, as estratégias municipais devem ser descritas para sua formalização. As estratégias municipais podem ser criadas a partir do meio ambiente interno ou do meio ambiente externo ao município, essencialmente com base nas fases *Análises municipais* e *Diretrizes municipais*.

Como conceito, a estratégia pode ser entendida como meios, formas, atividades ou caminhos para atender aos objetivos municipais. As estratégias municipais se constituem em uma das atividades mais relevantes, questionadoras e intelectuais na elaboração do PEM, preconizando o êxito do projeto e da gestão do município.

A literatura clássica da ciência da administração registrou outros inúmeros e diferentes conceitos de estratégia. A ideia mais resumida e simples de estratégia é "a arte de planejar". A estratégia compreende um dos vários conjuntos de regras de decisão para orientar o comportamento do município, vista como uma ferramenta para trabalhar com as turbulências e as condições de mudanças que cercam os municípios (Ansoff, 1988). É uma forma de pensar no futuro, integrada no processo decisório, com base em procedimentos formalizados e articulados em resultados. Pode-se relacionar a estratégia com a palavra *guerra* e a tática com a palavra *batalha*. Contudo, na prática organizacional, uma relação pode complementar a outra e, ainda, estratégia e tática podem ser vistas de formas diferentes pelos diversos gestores, conforme a escala ou a perspectiva de ação. A estratégia deve ser definida de acordo com o tipo do negócio ou atividade organizacional, pois são decisões que devem ser sempre muito bem pensadas antes de sua execução (Mintzberg; Quinn, 2001).

As decisões antecipadas de o que fazer, o que não fazer, quando fazer, quem deve fazer e que recursos são necessários para atingir alvos em um tempo predefinido podem ser chamadas de *estratégia* (Oliveira, 1999). Estratégia competitiva é o que o município decide fazer e não fazer, considerando o ambiente, para concretizar a visão e atingir os objetivos, respeitando os princípios e visando cumprir a missão em seu negócio (Vasconcelos Filho; Pagnoncelli, 2001).

A estratégia também pode ser entendida como um padrão ou um plano que integra de maneira coesa os objetivos, as políticas e as ações de um município. Ela tanto pode ser global (para todo o município) quanto setorial (envolver uma parte ou segmento do município). Para ser efetiva, a estratégia deve apresentar um conjunto de características, como: relatar objetivos claros e decisivos; promover a iniciativa, propiciando liberdade de ação e gerando maior comprometimento; concentrar força e poder no momento oportuno; propiciar flexibilidade; coordenar e comprometer as lideranças; propiciar competitividade; e prover segurança para a base de recursos do negócio ou atividade (Quinn, 1988).

As estratégias municipais devem considerar os conceitos de administração, pensamento estratégico, informação e conhecimento, alinhamento estratégico, empreendedorismo, inovação, liderança, gestão de projetos e inteligência organizacional.

A literatura nacional e internacional sugere inúmeros tipos ou classificações de estratégias, como: alianças; ampliação; analítica; aprendizagem; clientes, consumidores e potenciais; combinadas; competitivas; concentração; consolidação; contingência; continuidade; crescimento; custos; defensiva; desenvolvimento; desinvestimento; diferenciação; distribuição; diversificação; efetividade; empreendedora; enfoque; escala; estabilidade; exportação; extensão; financeiras; financiamento; foco em; garantia; horizontalização; imagem; inovação; internacionalização; liderança; localização; logística; lucro; manutenção; mudança; parcerias; participação no mercado; participativas; perenidade; posicionamento; pós-venda; preço; prestígio; processos; produtividade; prospectiva; qualidade; racionalização; reativa; reconcepção; reconhecimento; reconhecimento ou prestígio; recursos; redirecionamento; redução de custos ou despesas; respeito; resultado econômico-financeiro; segmentação; segurança; sobrevivência; social; tecnologia; terceirização; verticalização; virtualização; entre outras.

Para Ansoff (1988), um município frequentemente procura oportunidades no ambiente para sua diversificação com as estratégias nos tipos: horizontal (compra ou associação com similares); vertical (produção de novos serviços ou produtos); concêntrica (diversificação de linha de produtos com aproveitamento da mesma tecnologia ou força de vendas); conglomerativa (diversificação de negócios sem aproveitar mesma tecnologia ou força de vendas); interna (gerada por fatores internos com menos influência dos fatores externos); e mista (mais de um tipo de diversificação).

Três tipos genéricos de estratégias foram formalizados por Porter (1990) relacionados ao pensamento estratégico: (1) liderança total em custos; (2) diferenciação; e (3) foco. Na estratégia de liderança total em custos, o município direciona seus esforços na redução máxima de seus custos de produção e distribuição para oferecer preços menores que seus competidores ou concorrentes e obter maior participação de mercado. Na estratégia de diferenciação, o município direciona seus esforços no desempenho superior em um específico serviço ou produto ou, ainda, em determinada atividade ou área de benefício para o cidadão, cliente ou consumidor, procurando ser valorizado pela sociedade ou pelo mercado. A diferenciação pode estar relacionada com o atendimento ao cidadão, a qualidade na prestação de serviços, o resultado dos produtos ou, ainda, com estilo, tecnologia, modelo de gestão e outros fatores de inteligência organizacional. Na estratégia de foco, o município direciona seus esforços para um ou mais segmentos de serviços, produtos ou mercado, frequentemente menores. As três possibilidades exigem que o município conheça profundamente os segmentos em que atua, os serviços que presta e os produtos que produz.

De acordo com Oliveira (1999), as estratégias podem se apresentar nos mais diferentes tipos: sobrevivência (redução de custos; desinvestimento; liquidação de negócio); manutenção (estabilidade; nicho ou segmento; especialização ou concentração de atividades); crescimento (inovação; internacionalização; "*joint venture*"; expansão); desenvolvimento (de mercado; de serviços ou produtos; financeiro; capacidades ou potenciais; estabilidade de uma associação ou fusão). Também podem ser classificadas nas mais diferentes formas: amplitude (macroestratégias; estratégia funcional; e microestratégia ou subestratégia operacional); concentração (estratégia pura com desenvolvimento específico de uma ação em uma área de atividade; e estratégia conjunta, que corresponde a uma combinação); qualidade dos resultados (estratégias fortes com grandes mudanças; estratégias fracas com resultados amenos); fronteira (estratégias internas; externas; e ambas); recursos aplicados (estratégias de RH; recursos não humanos; e ambos); e enfoque (estratégias pessoais; empresariais ou organizacionais).

Já Mintzberg (1987) sugeriu cinco "Ps" para classificar e analisar as estratégias dos municípios: (1) perspectiva; (2) posição; (3) pauta ou pretexto; (4) plano; e (5) padrão. A estratégia é uma perspectiva, um panorama, uma visão e seu conteúdo implica não somente a escolha de uma posição, mas uma maneira particular de perceber o mundo. Essa definição sugere que a estratégia é concebida com a intenção de regular um comportamento determinado. A estratégia é uma posição ou postura, em particular, um meio para situar um município em seu "meio ambiente", isto é, a localização de determinados produtos em determinados mercados. A estratégia como pauta ou pretexto (estratagema) é um truque, isto é, uma "manobra" específica para enganar um oponente ou concorrente. A estratégia como plano, como uma direção conscientemente determinada, é um guia ou curso de ação para o futuro, um caminho para ir daqui até ali, um caminho pretendido. A estratégia como padrão é a consistência em um comportamento no decorrer do tempo, um fluxo de ações.

A classificação da estratégia segundo Mintzberg, Ahlstrand e Lampel (2000) está desmembrada em dez escolas nas quais as abordagens variantes das estratégias são identificadas com os respectivos processos: (1) *design* (concepção); (2) planejamento (formal); (3) posicionamento (analítico); (4) empreendedora (visionário); (5) cognitiva (mental); (6) aprendizagem (emergente); (7) poder (negociação); (8) cultural (coletivo); (9) ambiental (reativo); e (10) da configuração (processo de transformação). Essas escolas estão distribuídas em três agrupamentos: (1) prescritivas; (2) descritivas; e (3) configuracional. A escola do planejamento tem a formulação das estratégias como um processo de planejamento formal separado e sistemático, controlado por passos distintos e delineados por técnicas específicas.

Para Certo e Peter (1993), as estratégias e ações municipais podem se apresentar nas seguintes classificações ou alternativas: concentração; estabilidade; crescimento; redução de despesas; e combinadas. A estratégia de concentração (concentrada numa única linha de negócios) pode ser usada por municípios para obter vantagem competitiva pelo conhecimento especializado e eficiente, bem como para evitar problemas na administração de muitos negócios – há risco de ser eliminada por não ter alternativa de negócio. A estratégia de estabilidade (orientada em sua linha ou linhas de negócios existentes e tenta mantê-las) pode ser utilizada em três situações principais: (1) uma instituição que seja grande e domine seu mercado pode adotar essa alternativa para evitar controles governamentais ou penalidades por monopolizar a indústria; (2) outra instituição pode achar que, além de ser dispendioso, o crescimento pode ter efeitos prejudiciais sobre a lucratividade; e (3) outra, por exemplo, em um município de baixo crescimento ou sem crescimento e que não tenha outras opções viáveis, pode ser forçado a selecionar uma estratégia de estabilidade. A estratégia de crescimento (organizações procuram crescimento em vendas, lucros, participação de mercado ou mesmo outras medidas como um objetivo principal) pode ser perseguida por recursos como integração vertical, **horizontal, diversificação, fusões e** *joint ventures*. A integração vertical está relacionada com o crescimento pela aquisição de outras organizações em um canal de distribuição, para obter maior controle sobre uma linha de **negócios e aumentar os lucros pela eficiência e melhor esforço de vendas.** A integração horizontal está relacionada com o crescimento pela aquisição de concorrentes em uma mesma linha de negócios, visando aumentar porte, vendas, lucros e participação potencial no mercado. A diversificação está relacionada com o crescimento pela aquisição de empresa em outras indústrias ou linhas de negócios. A fusão ocorre quando uma instituição se une a outra para formar uma nova. A *joint venture* está relacionada com uma instituição de trabalho e com outra em um projeto muito grande para ser controlado somente por ela. A estratégia de redução de despesas (alternativa para quando a sobrevivência de uma instituição está ameaçada e ela não está competindo com eficiência) envolve os tipos rotatividade de produtos, desinvestimento e liquidação. A rotatividade de produtos acontece quando o município está funcionando de modo deficiente, mas ainda não alcançou um estágio crítico, podendo, por exemplo, livrar-se de produtos não lucrativos, reduzir força de trabalho e canais de distribuição. O desinvestimento envolve vender negócios ou defini-los como organização separada, principalmente quando o negócio principal não está sendo bem conduzido ou quando fracassa em atingir os objetivos especificados. A liquidação é quando o negócio é encerrado e seus ativos são vendidos (é a última alternativa, pois envolve perdas para os envolvidos), podendo ser minimizada quando o município possui mais de um negócio.

As estratégias corporativas e funcionais, segundo Hitt, Ireland e Hoskisson (2002), podem ser classificadas em outras estratégias. Uma estratégia de nível corporativo é uma ação posta em prática para ganhar uma vantagem competitiva pela escolha e gestão de um composto de negócios que competem em diversas indústrias ou mercados de produto. Estão fortemente relacionadas com estratégias de diversificação (diversificação relacionada, diversificação não relacionada e reestruturação – permitem que o município se expanda para novas áreas de produto ou mercado sem levar a efeito uma fusão ou uma aquisição), alianças sinérgicas (criam economias de escopo conjuntas entre duas ou mais instituições) e *franchising* (alternativa à diversificação que é considerada uma estratégia corporativa baseada numa relação contratual referente a uma franquia que é desenvolvida entre duas partes: franqueado e franqueador).

As estratégias funcionais estão fortemente relacionadas com as alianças estratégicas. As alianças estratégicas são parcerias entre instituições, em que recursos, capacidades e competências essenciais são combinados para perseguir interesses mútuos ao projetar, manufaturar e distribuir bens e serviços. Há três tipos básicos: (1) *joint venture*; (2) aliança estratégica acionária; e (3) alianças sem participação acionária. A *joint venture* envolve duas ou mais instituições que criam uma instituição independente combinando partes de seus ativos. A aliança estratégica acionária requer sócios que possuam diferentes porcentagens de capital social em um novo empreendimento. E as alianças sem participação acionária são formadas pelos acordos contratuais realizados para que uma companhia forneça, produza e distribua os bens e serviços de uma instituição, sem haver compartilhamento do capital social.

Em complemento, as alianças cooperativas de unidades de negócios sustentam a utilização de alianças estratégicas pelas instituições quando buscam competitividade estratégica, inclusive como desejo de as usarem como um substituto para a integração vertical. Podem ser: alianças complementares; alianças para redução da competição; alianças de resposta à competição; e aliança para redução da incerteza. A estratégia corporativa ainda pode ser: internacional (que envolve outros países, globalização e alianças através de fronteiras); e em rede (com grupos de instituições inter-relacionadas para servir aos interesses comuns dos sócios).

A teoria NPM pressupõe aplicar nos municípios, nas prefeituras e nas organizações públicas municipais os modelos de gestão da iniciativa privada e vivenciar os conceitos de administração estratégica e de empreendedorismo. Também define princípios para possibilitar a classificação das estratégias nas abordagens: reestruturação; reengenharia; reinvenção; realinhamento; e reconceituação (Jones; Thompson, 2000). Como resultado, várias mudanças podem ser planejadas para o município, para a prefeitura e para as organizações públicas municipais (Osborne; Gaebler, 1992).

Além desses tipos e classificações, as estratégias que se relacionam aos conceitos de município ou cidade digital, ou ainda de prefeitura virtual, também devem ser pensadas. Nesse caso, as estratégias requerem aplicações de ações com o governo eletrônico por meio dos recursos da TI ou informática.

A formulação das estratégias municipais está relacionada com a escolha de seu futuro e com o atendimento de seus objetivos municipais. Para tanto, é fundamental a mobilização de todos os recursos e o envolvimento de todas as pessoas do município (munícipes, gestores locais e demais interessados no município). Eventualmente, podem ser convocados voluntários e assessores externos para compor a equipe multidisciplinar para a formalização das estratégicas constantes no projeto de PEM.

Com as estratégias formuladas, que se constituem em inexoráveis quesitos para o êxito do município, muitos benefícios poderão ser colhidos para seu meio ambiente interno. Porém, alguns cuidados devem ser examinados de maneira serena, minuciosa e coletiva: fortalecer as estratégias com base nas informações sistematizadas e nos indicadores formalizados nas fases anteriores; descrever as estratégias de forma curta, clara e objetiva; verificar a consistência e a coerência das estratégias; integrar as estratégias para evitar ações isoladas e sem visão sistêmica; observar as estratégias de sucesso dos competidores ou concorrentes; levar em consideração os serviços ou produtos substitutos; incluir fatores de diferenciação e de vantagem competitiva dos competidores ou concorrentes; ponderar as tendências relevantes do meio ambiente externo; considerar critérios perenes ou duradouros; compatibilizar as estratégias com os recursos financeiros e humanos disponíveis; envolver e compromissar as pessoas do município; atentar para os riscos aceitáveis pelo município; levar em conta os fatores críticos de sucesso do município; respeitar a visão, os valores e as políticas do município; adequar o modelo de gestão do município às estratégias estabelecidas; determinar uma quantidade não exagerada de estratégias; e atender aos preceitos do conceito de inteligência organizacional.

Para a prefeitura e as organizações públicas municipais envolvidas, é relevante priorizar as estratégias focadas na atividade pública municipal e vinculá-las às necessidades de gestores locais, servidores municipais, munícipes ou cidadãos e com os anseios da sociedade.

Posteriormente, quando da implementação das estratégias municipais, possivelmente algumas mudanças poderão ser elaboradas em seu meio ambiente interno, envolvendo os respectivos serviços ou produtos municipais e, eventualmente, redirecionando atividades e estruturas organizacionais.

No projeto de planejamento do município, as estratégias municipais devem ser descritas por meio de frases curtas. Tais frases devem ser compostas de um verbo no infinitivo e um objeto ou tema em questão. As estratégias têm foco macro, abrangente ou amplo.

A elaboração das estratégias municipais de maneira arbitrária, imparcial e estática vem sofrendo crítica há muito tempo. Devem ser elaboradas por meio de um processo dinâmico, coletivo, criativo, participativo, integrado e de aprendizado constante com foco nos anseios do município, em que as atitudes dos munícipes, a cobrança dos *stakeholders* e a postura de gestores locais, servidores municipais, munícipes ou cidadãos são fundamentais no PEM.

Como exemplos, algumas frases determinando as estratégias municipais podem ser citadas: elaborar projeto *xyz* (desenvolvimento local, PDM, projeto participativo e outros); criar plano de *xyz* (emprego, segurança, saúde, saneamento e outros); preparar empreendimento *xyz* (turismo, lazer, ambiental e outros); formar programa de *marketing* do município; aprimorar os serviços prestados; definir novos serviços; elaborar projeto de comunicação para a sociedade; elaborar projeto de aproximação do cidadão; desenvolver projeto de informação ao cidadão; desenvolver convergências políticas; buscar novos representantes públicos; elaborar projeto específico o para segmento X; desenvolver plano de negociação para devedores; criar uma unidade de fiscalização; implementar programa de manutenção dos filiados; normatizar e interligar os processos internos; desenvolver serviço de *telemarketing*; elaborar projeto para redução de impostos; elaborar plano integrado de sistemas de informação; elaborar projeto de divulgação do município; implementar programa de RH; elaborar um plano de qualificação de pessoas; ampliar o controle das receitas dos fundos; aperfeiçoar sistemas de elaboração e execução do orçamento; instituir órgão de controle interno; implantar um plano de carreiras, cargos e salários; ampliar a política de benefícios; implantar reconhecimento da efetividade dos servidores municipais; criar programas para a melhoria da qualidade de vida; elaborar um plano de gestão das informações; integrar os sistemas de informação; desenvolver estudos de melhores práticas; buscar parcerias institucionais para a cooperação técnica e científica; implantar sistema de logística; aprimorar sistemas de comunicação interna; aprimorar processos internos de licitações; promover integração com demais poderes; desenvolver plano de regionalização do atendimento; fortalecer a estrutura interna; disseminar novas tecnologias; realizar campanhas de endomarketing; fomentar ações sociais; implantar programas de sustentabilidade do meio ambiente.

Para formular as estratégias municipais, alguns passos podem ser sugeridos: identificar as estratégias municipais sem exagerar na quantidade; descrever as estratégias claramente; expor as estratégias para os envolvidos no planejamento e, principalmente, para os que deveriam estar envolvidos; analisar as viabilidades financeiras e não financeiras das estratégias e respectivas ações necessárias; determinar as estratégias prioritárias e seus impactos (Vasconcelos Filho; Pagnoncelli, 2001).

A composição das estratégias municipais ainda pode considerar os seguintes pontos: ampla discussão dos serviços ou produtos municipais; análise de casos de sucesso de outros municípios ou prefeituras ou organizações públicas municipais; definição ou redefinição de objetivos, produtos ou serviços locais; estabelecimento de prioridades locais; conhecimento dos municípios competidores; definição de formas de prestação de serviços municipais e eventuais valores correspondentes; estabelecimento de indicadores de resultado ou qualidade das ações municipais; análises e construção de alianças estratégicas com os *stakeholders*, com fornecedores, com outros municípios e com parcerias; estabelecimento de atendimento diferenciado aos munícipes e aos parceiros; e definição das etapas e responsáveis pela implementação do PEM (Salim et al., 2001).

A formulação das estratégias municipais requer diversas e diferentes análises por parte dos envolvidos no PEM. Para formular as estratégias municipais, é necessário o envolvimento de todos no município e também é importante a mobilização de todos os recursos municipais, envolvendo políticas federais, estaduais e municipais, bem como respectivas adequações. Essa formulação será factível se as estratégias municipais forem emanadas dos munícipes contemplando o município em sua totalidade, ou seja, com visão sistêmica. Fazem parte dessa visão sistêmica as inúmeras variáveis diagnosticadas na fase da análise estratégica municipal, em que os indicadores e as informações são recursos inexoráveis. Além dessas questões, o município deve observar que as estratégias devem contemplar seu futuro, utilizar os conceitos de inovação, gerar benefícios constantes para os munícipes, criar vantagens duradouras para o município, enquadrar-se nas disponibilidades dos recursos disponíveis, estar embasadas nas diretrizes municipais e respeitar as legislações vigentes.

Inúmeros são os benefícios que as estratégias municipais formuladas podem trazer para o município, as organizações públicas municipais e os munícipes. Por exemplo, apoiam a escolha de caminhos a serem trilhados pelo município, criam diferenciais competitivos entre os municípios, orientam o *marketing* do município, divulgam o município externamente, definem um pensamento único no município, motivam os munícipes ou cidadãos, orientam os servidores municipais, agregam valores positivos o município e aos munícipes e também determinam os gastos e os investimentos municipais (Vasconcelos Filho; Pagnoncelli, 2001).

Para a implementação das estratégias municipais, algumas mudanças podem ocorrer no município, na prefeitura e nas organizações públicas municipais. Essas eventuais mudanças ou redirecionamentos podem envolver rotinas do município ou procedimentos dos serviços municipais. Para tanto, gestores locais, servidores municipais, munícipes ou cidadãos devem ser informados e envolvidos antes da própria implementação, de modo a evitar futuros transtornos e alterações significativas nos valores do município e na cultura organizacional da prefeitura e das organizações públicas municipais.

A implementação ou execução das estratégias municipais exige conhecimento das funções de administração (planejamento, organização, direção e controle). A função planejamento pode estabelecer alternativas para implementar as estratégias. A função organização pode determinar atividades necessárias ao alcance das estratégias municipais. A função direção pode orientar os envolvidos na execução das estratégias municipais. E a função controle pode avaliar se o planejamento das estratégias municipais está gerando os resultados desejados ou se será necessário elaborar reajustes e retroalimentar o ciclo funcional.

Para realizar a implementação das estratégias municipais, será necessário conhecer e estabelecer alguns instrumentos tecnológicos, como, modelagem de informações, sistemas de informação, sistemas de conhecimentos, TI ou informática, governo eletrônico e cidade digital. Essas ferramentas tecnológicas devem estar integradas ou alinhadas com o PEM.

A formulação das estratégias pode corresponder aos objetivos municipais ou ser desmembrada nos serviços ou nas funções ou temáticas municipais (ver Seção 2.3). Nesse sentido, cada objetivo municipal e cada serviço municipal pode ter uma ou várias estratégias. Da mesma forma, determinada estratégia municipal pode estar direta ou indiretamente relacionada com um objetivo ou serviço municipal. É importante observar que, muitas vezes, as estratégias municipais devem ser organizadas por um critério de prioridades, pois nem sempre todas serão possíveis de ser implementadas no primeiro PEM.

Não é necessário definir período ou tempo para as estratégias municipais, pois este deve ser formalizado nos objetivos municipais e posteriormente nos planos de ações das estratégias municipais.

Alguns municípios optam por formalizar as estratégias municipais em três colunas: (1) problemas ou desafios municipais; (2) objetivos municipais; e (3) estratégias municipais. Assim, para cada problema pode ser estabelecido um ou mais objetivos e uma ou mais estratégias. Como é um processo cíclico, pode-se ir refinando (reescrevendo, juntando ou excluindo) os problemas identificados, os objetivos formalizados e as estratégias estabelecidas.

Por opção, tal como nos objetivos municipais, as estratégias municipais podem ser separadas em curto, médio e longo prazos ou por eixos temáticos e funções ou temáticas municipais (ver Seção 2.3).

As estratégias municipais de contingências podem ser estabelecidas, ou seja, se determinada estratégia municipal proposta não for possível de ser elaborada ou se enfrentar eventuais dificuldades em sua implementação, uma ou mais estratégias municipais alternativas podem substituir a referida estratégia municipal proposta.

Na execução do PEM, cada estratégia municipal pode se constituir em um projeto do município. Cada projeto requer a elaboração de uma fase zero (ver Capítulo 3).

Na subfase seguinte, para cada estratégia municipal, será exigido pelo menos um plano de ações municipais para o detalhamento da respectiva estratégia do município. Quando da elaboração dos planos de ações das estratégias municipais, pode ser necessário revisar ou ajustar as estratégias municipais e as respectivas ações municipais, pois o que é ação para um município pode ser estratégia para outro, e vice-versa. Na prática, a distinção entre estratégia e ação pode ser pequena e deve ser definida pelos envolvidos.

Eventualmente, quando da formalização das estratégias municipais e dos respectivos planos de ações, pode ser necessário elaborar ajustes nos objetivos municipais ou na visão do município.

Para a prefeitura e as organizações públicas municipais envolvidas, tal como nos cenários de posicionamentos estratégicos, as estratégias municipais estão relacionadas com os seguintes temas: primazia ou excelência na prestação do serviço público; adequação da qualidade de vida dos gestores locais, servidores municipais, munícipes ou cidadãos; atendimento à sociedade; desenvolvimento das questões sociais, econômicas e sustentáveis; facilitação da transparência pública; disponibilização e informações e serviços municipais; e outras estratégias correlatas. É preciso observar que tais cenários podem estar relacionados com a regulamentação jurídica que a constituiu e com os atributos de valor para a sociedade.

4.5.3 Planos de ações das estratégias municipais

As ações são as atividades para atender ou detalhar as estratégias municipais, as pontes entre a intenção e a realização. A estratégia nada significa até que se transforme em ação, e esta em resultado. As ações devem ser formalizadas por meio de planos de ações. Os planos de ações também podem ser chamados de *execução do planejamento estratégico*, e já foram denominados *cronograma de atividades*; ainda, para alguns administradores, podem ser nomeados de *planos de trabalho*. Tais planos organizam as atividades ou tarefas em determinado tempo para que o PEM seja implementado e também controlado em sua execução.

A técnica 5W1H (*who, when, what, where, why* e *how* – em tradução livre, quem, quando, o que, onde, por que e como) também pode facilitar a formalização dos planos de trabalho (ver Subseção 3.10).

Os planos de ações municipais devem ser compatibilizados e integrados para sua formalização. As ações devem ser estruturadas e descritas de modo sequencial. Para sua realização, devem ser assegurados os recursos para as ações. Algumas ações podem ser permanentes, sem prazo de término, e outras podem ser temporárias, com início e fim definidos.

Os planos de ações devem ser elaborados de maneira coletiva e participativa e com o envolvimento das pessoas das diversas funções ou temáticas municipais (ver Seção 2.3). Devem ser amplamente divulgados em todo o município. Todo esforço de divulgação tem como objetivo a busca de compromisso de todos. Para tanto, é vital promover e incentivar a participação direta ou indireta das pessoas do município.

Para realizar os objetivos municipais, será necessária a elaboração das estratégias municipais. Para a efetivação das estratégias municipais, será necessária a formalização das ações municipais, detalhando como efetivamente as estratégicas municipais serão realizadas. O processo de elaboração das ações municipais exige planos de trabalho, pois a estratégia sem a ação nada significa. As estratégias municipais exigem sua transformação em ações municipais e, como consequência, em resultados municipais.

Para a execução do PEM, o processo de elaboração das ações municipais sugere algumas etapas: criar grupos de trabalho, também denominados de *forças-tarefa*, *comitês de trabalho* ou *equipes multidisciplinares*; descrever as ações municipais (uma a uma) formando os planos de ação; elaborar os planos de trabalho necessários (também chamados de *cronogramas de ações*); discutir e analisar detalhadamente as ações municipais; conciliar os diferentes interesses dos envolvidos (dos munícipes, dos gestores locais e dos demais interessados no município); buscar viabilidade e assegurar recursos para implementar as ações municipais (humanos, financeiros e não financeiros); divulgar os planos de ação; e aprovar formalmente os planos de ação.

Para criar as forças-tarefa ou comitês de trabalho (ver Seções 3.6 e 4.2), que poderão ser os responsáveis pela elaboração e execução dos planos de ação das estratégias municipais, algumas dicas podem ser sugeridas: cada objetivo municipal ou estratégia municipal pode ter uma força-tarefa específica; o número de participantes de cada força-tarefa pode ser definido em função da quantidade e complexidade das ações municipais de cada estratégia municipal; os interessados direta e indiretamente nas estratégias municipais devem estar representados na força-tarefa; o gestor de cada força-tarefa é o principal responsável pela implementação das estratégias municipais por meio das ações municipais; a força-tarefa deve ter a autonomia para agir matricialmente e dinamicamente no PEM, requisitando os talentos necessários tanto para a formulação quanto para a implementação dos planos de ação; divulgar sistematicamente e amplamente a atuação de cada força-tarefa para todo o município e seus interessados; apanhar aprovação coletiva de cada plano de ação das estratégias municipais, por meio da assinatura de determinados munícipes (ou seus representantes), gestores locais e demais interessados no município (Vasconcelos Filho; Pagnoncelli, 2001).

Uma vez elaboradas as estratégias municipais que contemplam todo o PEM, as ações municipais necessárias para executar o projeto devem ser criteriosamente planejadas. Para estruturar um plano de trabalho, todos os investimentos financeiros, os dispêndios de tempo e os demais recursos devem ser organizados na medida da necessidade de implementação do PEM. Os planos de ações municipais ou planos de trabalho ou cronogramas podem ser desmembrados em diferentes atividades internas e externas, como: atividades definidas; desenvolvimento de alternativas; aquisição de determinados recursos; terceirização de atividades; implementações, ajustes ou manutenções de serviços sistemas; implantação de soluções; e diversas outras. Contemplam atividades para diversas e diferentes pessoas, sejam físicas ou jurídicas. As ações municipais podem ser distribuídas em atividades a serem realizadas de maneira coletiva ou individual.

No projeto de PEM, os planos de ações das estratégias municipais devem ser formalizados por meio dos planos de trabalho com atividades para todas as pessoas da equipe multidisciplinar ou comitês envolvidos, **definindo**: ações ou atividades ou tarefas a serem elaboradas; responsáveis pelas ações; período ou tempo para realização das ações; e recursos necessários para realização das ações.

As ações, atividades ou tarefas descrevem "o que fazer" para atender à estratégia definida. Elas desmembram ou detalham as estratégias em processos ou procedimentos de execução. As ações devem ser compostas de verbo e "objeto", têm foco micro ou menos abrangente, não amplo (ver Seção 3.10).

Para facilitar sua formalização, alguns exemplos de ações podem ser citados: preparar documento; formalizar equipe; descrever cargo; selecionar pessoas; contatar com fornecedores; elaborar contrato; organizar local de evento; imprimir folder; realizar evento; visitar clientes; estruturar indicadores; examinar local; limpar equipamento; analisar resultado; emitir relatório; arquivar impressos; disponibilizar salas de aulas; buscar estagiários e voluntários para lecionar; oferecer transporte para chegar na escola; criar incentivos motivacionais para os alunos frequentarem e não desistirem das aulas; entre outras atividades menos abrangentes e não amplas. Algumas dessas ações municipais podem fazer parte de um programa municipal ou de uma estratégia, por exemplo: alfabetizar os adultos para garantir sua inclusão social e assegurar sua cidadania. Para cada uma **dessas ações, devem ser definidos responsáveis, períodos de tempo, recur**sos necessários e indicadores de avaliação dos resultados.

O período ou tempo total máximo das ações é determinado em função do que foi formalizado nos objetivos municipais.

Por opção, também podem ser requeridos os resultados esperados para cada ação municipal. Tais resultados podem estar relacionados com metas ou indicadores, sejam operacionais, sejam gerenciais ou estratégicos (ver Seção 4.6).

As ações de contingências podem ser estabelecidas, ou seja, se determinada ação proposta não puder ser elaborada ou se enfrentar eventuais dificuldades em sua implementação, uma ou mais ações alternativas podem substituí-la.

Alguns municípios optam por formalizar as ações das estratégias municipais em quatro colunas: (1) problemas ou desafios municipais; (2) objetivos municipais; (3) estratégias municipais; e (4) ações municipais. Assim, para cada problema, pode ser estabelecido um ou mais objetivos, uma ou mais estratégias e diversas ações para atender às referidas estratégias. Como é um processo cíclico, podem-se refinar (reescrevendo, juntando ou excluindo) os problemas identificados, os objetivos formalizados e as estratégias e ações estabelecidas.

Os planos de ações municipais ou planos de trabalho poderão ser revisados semanalmente, mensalmente ou em outro tempo predefinido. Eventualmente, uma ação municipal pode ser de tempo permanente, sem prazo de término, e outras podem ser temporárias, com início e fim definidos. As ações municipais em andamento devem ser incluídas nos planos de trabalho para que sua realização seja gerida de forma competente.

É muito importante identificar o perfil, as habilidades e a competência das pessoas que executarão as ações municipais. Essa identificação prévia pode eliminar transtornos futuros na implementação do PEM.

As ações municipais podem ser expressas em programas municipais. Os programas municipais se constituem em instrumentos de organização da atuação governamental. É composto de um conjunto de ações que visam a um objetivo comum. Como instrumento de governo, esses programas refletem as políticas municipais adotadas, sua formulação pode levar em consideração as políticas dos governos federal, estadual e municipal. Os programas municipais podem conter as seguintes variáveis: nome e justificativa do programa; objetivo do programa; público-alvo ou munícipes beneficiados como programa; e indicador ou indicadores de avaliação do programa municipal.

As ações municipais também podem ser expressas em ações orçamentárias, as quais podem conter as seguintes variáveis: nome e justificativa da ação; objetivo da ação; forma da implementação da ação; etapas da ação; público-alvo ou munícipes beneficiados com a ação; resultados esperados pela ação (índices, números etc.); responsáveis pela ação; local de realização ou do gasto da ação. Os valores necessários para cada ação podem ser informados para posteriormente compor o orçamento completo das estratégias e ações municipais.

Algumas ações orçamentárias podem ser classificadas em projeto e atividade. Será um projeto quando estiver limitada em determinado período de tempo, e normalmente exige investimentos. Por exemplo: construir uma escola; pagar determinados equipamentos (são gastos pontuais). Será uma atividade quando o tempo for indeterminado, e normalmente exige pagamentos após a realização do projeto para fins de manutenção. Por exemplo: pagar a manutenção dos serviços e os salários dos professores após a construção da escola. Eventualmente, podem aparecer "operações especiais" de ações municipais para atividades específicas e necessárias ao município.

A divulgação das ações municipais e de seus planos pode ser de maneira formal ou informal, seja pessoalmente (individualmente), seja coletivamente. As ações municipais e seus planos devem ser amplamente divulgados em todo o município e organização pública municipal. É fundamental informar a todos os munícipes, gestores locais e demais interessados no município como serão realizadas as estratégias municipais por meio dos respectivos planos de ação.

Todo esforço de divulgação tem como objetivo a busca do comprometimento dos munícipes, que estão direta e indiretamente envolvidos no PEM. Um conjunto de informações deve ser providenciado, adequado às diferentes classes de munícipes. A divulgação pode ser entendida como a venda ou a articulação do planejamento estratégico no município.

O conjunto de atividades de divulgação também permite comunicar o início da execução e o andamento do planejamento, bem como possibilita o recebimento de sugestões e críticas de munícipes, gestores locais e demais interessados no município. A divulgação das ações municipais e de seus planos se constitui em uma inexorável ferramenta de articulação, elaboração e implementação do PEM. Algumas técnicas e ferramentas formais ou informais do *marketing* positivo (ou *marketing* pessoal, de guerra etc.) podem ser utilizadas na divulgação.

Como exemplo, a divulgação das ações municipais pode ser elaborada por meio de reuniões com os munícipes, eventos, *outdoor*, cartas, memorandos, editoriais, jornais, rádio, televisão, relatórios e recursos da internet.

4.5.4 Viabilização das estratégias e ações municipais

Uma vez que os objetivos municipais estão definidos e as respectivas estratégias municipais estão descritas e detalhadas em seus planos de ações, as atividades constantes nos planos de trabalho precisam ser viabilizadas.

A viabilidade das estratégias municipais e das respectivas ações municipais pode ser de cunho financeiro e não financeiro. Ambas as viabilidades têm vantagens e desvantagens, bem como envolvem custos e gastos municipais. Além da análise de custos, benefícios e riscos, outras análises não financeiras devem ser elaboradas. Nesse sentido, destacam-se os benefícios não mensuráveis.

Uma vez que os objetivos municipais e as respectivas estratégias municipais foram formalizados e as ações foram detalhadas em seus planos de ações ou planos de trabalho, buscam-se a validade e as viabilidades para as referidas estratégias municipais também por meio da análise de custos, benefícios, riscos e viabilidades.

A análise de custos, benefícios (mensuráveis e não mensuráveis ou sociais), riscos e viabilidades é uma atividade que deve ser elaborada no PEM, deixando claros o investimento e respectivos retornos, sejam financeiros, sejam sociais. *Necessidade* e *adequação* são as palavras-chave nessas análises (e não o estado da arte disponível no mercado). Todo município tem ou terá uma realidade econômica e financeira que deve ser respeitada por seus planejadores, gestores locais, servidores municipais e munícipes ou cidadãos. Essa realidade deve ser confrontada com os recursos e as tecnologias disponíveis no mercado.

A referida análise garante a viabilidade de cada estratégia e de todo o PEM, seja na visão financeira, seja na visão não financeira (ou social).

Ela se constitui em um grande argumento para os planejadores e gestores justificarem a elaboração do projeto, pois deixa evidente os desembolsos, os benefícios mensuráveis e não mensuráveis e as respectivas viabilidades ou não do projeto para o município. Muitos projetos têm sido fortemente justificados pelos benefícios chamados *não mensuráveis* ou *sociais*.

As literaturas de administração financeira, de contabilidade e de custos se aprofundam em conceitos, formas e demais detalhamentos pertinentes aos temas custos, benefícios, riscos e viabilidades.

Os custos podem ser entendidos como medidas monetárias resultantes da aplicação de bens e serviços na produção de outros bens e serviços durante o processo de fabricação do produto ou de elaboração dos serviços. Também se referem aos diferentes gastos que o município faz ou fará. Como exemplos, podem ser citados os gastos com matérias-primas, mão de obra, encargos sociais, materiais, equipamentos, embalagens, aluguéis, seguros, fornecedores, prestadores de serviços, entre outros. Podem se apresentar em diversos tipos. Os custos diretos ou primários são ligados à produção ou aos serviços e podem ser diretamente apropriados aos produtos, como matéria-prima, mão de obra direta, embalagens etc. Os custos indiretos são todos os outros custos que dependem da adoção de algum critério de rateio para sua atribuição à produção e não oferecem condições de medida objetiva, como aluguel, depreciações, mão de obra indireta, gestão dos serviços e da produção, alguns materiais de consumo etc. Os custos fixos são os que permanecem constantes, independentemente do volume de produção, serviços ou vendas, como instalações, seguros contratados, imposto predial, aluguéis, salários e encargos sociais da administração – tarifas mínimas de água e outros serviços públicos –, prestadores de serviços fixos (contador, advogados, assessorias), manutenção contratada, propaganda corrente etc. Os custos variáveis são os consumidos ou aplicados que variam de modo proporcional ao volume produzido e ao serviço elaborado ou vendido, como matéria-prima, mão de obra (própria e terceirizada), encargos sociais, insumos diretos, embalagens, comissão de vendas, impostos, fretes etc. Existem ainda outras classificações de custos que podem ser pesquisados em literaturas pertinentes, por exemplo: custo de fabricação ou de produção; custo de depreciação; custo de mercadorias vendidas; custo de produtos vendidos; custo de aquisição; custo de transformação ou conversão; custo fabril; custo marginal; custo oportunidade; custo primário; custo-padrão; custos ambientais; custos comuns; custos estimados; custos funcionais; custos históricos; custos imputados; custos próprios; custos rateados.

Os investimentos representam os gastos ativados em função de sua vida útil ou benefícios atribuíveis a futuros períodos. É a aplicação de algum tipo de recurso (dinheiro ou títulos) com a expectativa de receber algum retorno futuro superior ao aplicado, compensando inclusive a perda de uso desse recurso durante o período de aplicação (juros ou lucros, em geral, a longo prazo). Também significa a aplicação de capital em meios que levam ao crescimento da capacidade produtiva (instalações, máquinas, meios de transporte), ou seja, em bens de capital.

Outros custos também devem ser considerados no projeto de PEM, como: contratação, capacitação e adequação dos RH; sistemas de informação, sistemas de conhecimentos e TI (implantações, adequações, melhorias e manutenções); infraestrutura (materiais, móveis, instalações elétricas, obras civis etc.); impactos financeiros, ambientais, culturais, comportamentais etc.; custos de tempo; custos situacionais; entre outros.

Os benefícios podem ser entendidos como os retornos que são auferidos pelos custos e investimentos feitos pelo município. Eles podem ser mensuráveis e não mensuráveis. Os benefícios mensuráveis estão essencialmente relacionados com três fatores: (1) valor; (2) percentual; e (3) período ou tempo do retorno dos custos ou investimentos. Tais benefícios mensuráveis são calculados com base nas diferentes técnicas de análises financeiras disponíveis em literaturas pertinentes. Nos benefícios mensuráveis, devem constar os valores em moeda, mesmo que sejam zerados.

Os benefícios não mensuráveis ou sociais são mais difíceis de determinar matemática ou financeiramente, em um primeiro momento. Algumas vezes são abstratos. Estão intimamente relacionados com as viabilidades não financeiras (ou sociais) e as questões sociais do município. Como exemplos, podem ser citados: qualidade de vida do cidadão; envolvimento e participação da sociedade; primazia ou excelência na prestação do serviço; satisfação do cliente interno e externo; imagem do município; agilidade de processos; desenvolvimento das questões sociais, econômicas e sustentáveis; facilitação da transparência pública; disponibilização de informações e serviços municipais; clima organizacional; confiabilidade de atividades; capital intelectual; apoio à inteligência organizacional; entre outros.

Os riscos podem ser entendidos como os possíveis ou prováveis resultados que podem acontecer pelas diversas atividades que envolvem as estratégias municipais e o projeto de PEM como um todo. É a verificação dos pontos críticos que possam vir a apresentar não conformidades durante a execução de objetivos, estratégias ou ações. A análise de riscos está relacionada com a identificação das ameaças mais prováveis de ocorrência, analisando as vulnerabilidades encontradas no município e possibilitando a tomada de decisão em relação aos riscos principais. Conhecendo-se os riscos, é possível tentar aceitação, compartilhamento, eliminação ou minimização. Para facilitar a elaboração e o entendimento dos riscos envolvidos, recomenda-se separá-los em positivos e negativos. Também se sugere rever a "Análise dos ambientes do município", na qual são formalizadas suas forças, fraquezas, oportunidades e ameaças. Como exemplos, podem ser citados: possibilidade de não cumprimento do prazo predefinido; não aceitação do serviço pelo cidadão; não envolvimento e participação da sociedade; rejeição do produto pelo cliente ou consumidor; incoerência na transparência pública; instabilidade nas das questões sociais, econômicas e sustentáveis; dificuldade com critérios de qualidade, produtividade e efetividade dos serviços ou produtos; complicações no atendimento aos gestores locais, servidores municipais, munícipes ou cidadãos ou clientes; alterações ou oscilações de oferta, de demanda ou de preços; queda ou encarecimento dos custos de produção ou serviços; mudanças da legislação; perda de recursos humanos; perda de contratos (de clientes, de fornecedores, de parcerias e outros); mudança da tecnologia; entre outros.

As viabilidades buscam condições para que as estratégias municipais sejam realizáveis, executáveis ou exequíveis e duradouras ou vivenciáveis. O PEM pode ser viabilizado tanto por meio de análises de viabilidades financeiras quanto por meio de análises não financeiras ou sociais.

As viabilidades financeiras envolvem valores e percentuais em que os resultados a serem auferidos devem ser expressos em determinado período de tempo. Estão relacionadas com os benefícios mensuráveis do planejamento estratégico. As literaturas de administração financeira, de contabilidade e de custos são as mais indicadas para a compreensão das viabilidades financeiras.

As análises financeiras podem ser elaboradas por diversas técnicas, por exemplo: período de *payback* (tempo necessário para recuperação do investimento, que deve ter correção dos valores envolvidos); valor e taxa de retorno de investimento (*return on investiment* – ROI); valor e taxa de retorno sobre patrimônio líquido (*return on equity* – ROE); taxa interna de retorno (TIR); valor presente líquido (VPL); ponto de equilíbrio (a receita iguala a soma dos custos, zerando os lucros); demonstração de resultados (receitas (–) despesas); valor econômico agregado (*economic value added* – EVA); balanço patrimonial (ativo *versus* passivo); demonstração do resultado do exercício (DRE); fluxo de caixa (considerando as vendas e a capacidade de produção); margem operacional, ganhos ou resultados da empresa antes das deduções financeiras e fiscais (Ebit – *earnings before interest and taxes*) e antes da depreciação e da amortização (Ebitda – *earnings before interest, taxes, depreciation, and amortization*); índices de liquidez, endividamento, rentabilidade e outros indicadores econômico-financeiros; entre outras.

Ainda, o método do valor anual uniforme equivalente (VAUE) consiste em achar uma série uniforme anual equivalente ao fluxo de caixa do investimento que determina o quanto o investimento lucraria, anualmente, a mais que a respectiva aplicação financeira. Se o VAUE for positivo, o investimento é recomendado economicamente. O VAUE, a TIR e o VPL combinados, juntamente à projeção do fluxo de caixa, são considerados os instrumentos básicos da engenharia econômica.

O prazo de retorno do investimento pode ser calculado de um modo simples, sem considerar os preceitos científicos da administração financeira, dividindo o valor do investimento total pelo valor do lucro líquido.

As viabilidades não financeiras ou sociais não envolvem valores e percentuais, e os resultados estão mais voltados para os benefícios não mensuráveis e para as questões sociais e políticas do município. Para os municípios e organizações públicas municipais, essa viabilidade é mais adequada.

Outras viabilidades ainda podem ser consideradas, como: viabilidade técnica (função, desempenho ou restrições relacionadas com o projeto); viabilidade legal (infração, violação ou responsabilidade legal que possa exigir ou resultar do projeto elaborado); viabilidade ambiental, cultural, motivacional, política; entre outras viabilidades.

No PEM, a análise de custos, benefícios (mensuráveis e não mensuráveis ou sociais), riscos e viabilidades deve ser formalizada. Pode ser elaborada utilizando a seguinte estrutura: custos (itens com valor em moeda, mesmo que seja zerado); benefícios mensuráveis (com pelo menos: valor; percentual; e período ou tempo do retorno dos custos ou investimentos); benefícios não mensuráveis (itens sem valores monetários e suas respectivas justificativas); riscos (itens sem valores e suas respectivas justificativas); viabilidades financeiras e não financeiras (apresentação do resultado que, diante do exposto e analisando os custos, os benefícios e os riscos, as estratégias, individualmente e coletivamente, serão viáveis ou não viáveis).

Os custos podem ser separados por tipos, por exemplo: diretos; indiretos; fixos; variáveis; entre outros. Os recursos necessários para a realização dos planos de ações das estratégias municipais também devem ser expressos em valores nos custos. Para a formalização dos benefícios mensuráveis, sugere-se recorrer às literaturas pertinentes que tratam das viabilidades financeiras. Para a formalização dos benefícios não mensuráveis, sugere-se recorrer às literaturas pertinentes que tratam das viabilidades não financeiras (ou sociais). Os riscos podem ser separados em positivos e negativos.

O tempo para determinar os custos necessários está relacionado com o tempo formalizado nos objetivos e nas ações das estratégias municipais.

Deve-se necessariamente elaborar a análise de custos, benefícios, riscos e viabilidades para cada uma das estratégias municipais e também as viabilidades do projeto de planejamento estratégico como um todo (elaborando um mapa-resumo, ou seja, considerando custos, benefícios, riscos e viabilidades de todas as estratégias municipais).

Para municípios, prefeituras e organizações públicas municipais, a ênfase está nas viabilidades não financeiras ou sociais. A viabilidade financeira é secundária, tendo em vista seu próprio objeto público e fim social.

Em muitos projetos, determinada estratégia pode ser a única estratégia financeiramente viável, e outras tendem a ser encaradas como investimentos. Por esse motivo, deve-se elaborar o mapa-resumo das estratégias municipais em que uma estratégia pode compensar a outra, viabilizando o projeto do município como um todo. Ainda, o resultado pode ser desfavorável do ponto de vista financeiro (quando destacados apenas os benefícios mensuráveis), mas pode ser viável quando são relatados os benefícios não mensuráveis.

4.5.5 Mapeamento orçamentário e financeiro do município

O mapeamento orçamentário e financeiro do município leva em conta o plano plurianual municipal (PPAM), que é regulado por três leis: (1) Lei do Plano Plurinanual (LPPA); (2) Lei de Diretrizes Orçamentárias (LDO); e (3) Lei Orçamentária Anual (LOA) (ver Seção 1.5).

As arrecadações ou receitas estão relacionadas com as entradas de dinheiro no município.

As despesas estão relacionadas com as saídas de dinheiro no município, na prefeitura e nas organizações públicas municipais. Podem ser classificadas em distintos tipos.

As literaturas de administração financeira, de contabilidade e de custos são as mais indicadas para leitura, aprofundamento e compreensão desses temas.

No projeto de PEM, por opção, o mapeamento orçamentário e financeiro do município pode ser formalizado utilizando-se a seguinte estrutura: despesas previstas; arrecadações ou receitas previstas. Deve ter relação direta com o PPAM.

O tempo para especificar as despesas e as arrecadações ou receitas pode ser mensal (com pelo menos um ano). É relevante formalizar esse mapeamento com pelo menos 12 meses para avaliar o comportamento mínimo anual do município.

Os referidos valores devem ser complementados com análises, indicadores, comentários, posicionamentos e pareceres.

4.6 Controles municipais e gestão do planejamento estratégico do município

Os *Controles municipais* se constituem na última fase do projeto de PEM. Quando da primeira elaboração do planejamento, essa fase só deve ser iniciada após a realização das três fases anteriores (análises municipais, diretrizes municipais e estratégias e ações municipais). Porém, um bom sistema de controle permitirá também verificar se as análises municipais realizadas estavam corretas. Se um planejamento foi corretamente executado, mas os objetivos pretendidos não foram alcançados, é sinal de que muito provavelmente os problemas a serem resolvidos não estavam diagnosticados de maneira precisa.

Os principais objetivos dos controles são a definição de padrões e a medição de desempenho, o acompanhamento, a correção de desvios e a garantia do cumprimento do PEM. Também visa analisar como está determinada atividade do PEM, avaliando seu resultado e proporcionando eventuais ações de mudanças.

Um sistema de controles municipais precisa atender duas necessidades simultaneamente: (1) exigências legais descritas na Constituição Federal e nas legislações aplicáveis à Administração Pública; e (2) necessidades de gestão da gestão municipal, ou seja, o fornecimento de informações oportunas, personalizadas, relevantes, tempestivas e confiáveis para que gestores locais, servidores municipais e munícipes ou cidadãos possam tomar decisões apropriadas.

Os dados, os indicadores e as informações do município e os conhecimentos das pessoas envolvidas ou interessadas são recursos imprescindíveis para a elaboração dos controles municipais. Nesse caso, os sistemas de informação, os sistemas de conhecimentos e a TI (incluindo a cidade digital e o governo eletrônico para os municípios) se constituem, em um primeiro momento, em instrumentos fundamentais para a elaboração, a organização e a documentação dessa fase do planejamento estratégico. Em um segundo momento, constituem-se em produtos ou recursos para a execução dos controles do município.

Podem estar relacionados com os controles do plano plurianual e de outros projetos públicos.

4.6.1 Níveis de controles municipais

A definição e a formalização dos controles municipais e de seus sistemas fazem parte do PEM.

Controlar é fazer algo que aconteça da forma como foi planejado. Em termos de administração estratégica, concentra-se no monitoramento e na avaliação do projeto de PEM para melhorá-lo e assegurar seu funcionamento adequado (Certo; Peter, 1993). É uma função do processo administrativo que, mediante comparação com padrões previamente estabelecidos, procura medir e avaliar o desempenho e o resultado das ações, com a finalidade de realimentar os tomadores de decisões, de modo que possam corrigir ou reforçar esse desempenho ou interferir no processo administrativo para assegurar que os resultados satisfaçam às metas, aos desafios e aos objetivos estabelecidos. O produto final do processo de controle é a informação e seus sistemas, que permitem constante e efetiva avaliação (Oliveira, 1999). O controle também é uma função da administração ou do processo administrativo que mede e avalia desempenhos e toma ações corretivas quando necessárias (Chiavenato, 2000).

Os controles podem ser divididos nos níveis estratégico, tático e operacional. Essa classificação pode ser utilizada igualmente para as instituições do setor público, além dos municípios (prefeituras, organizações públicas municipais, autarquias municipais, empresas públicas, empresas mistas, fundações, entre outras).

Controles municipais estratégicos

Os controles municipais estratégicos são do tipo que se concentram no monitoramento e na do processo da administração estratégica para garantir o funcionamento integral do PEM. São empreendidos para garantir que todos os resultados estratégicos planejados durante o projeto se materializem de fato.

Sua principal finalidade é contribuir com o município no alcance dos objetivos municipais do ponto de vista estratégico para o município por meio do monitoramento e da avaliação da implementação do PEM.

São tratados no nível estratégico do município, referindo-se a seus aspectos globais. Também podem ser tratados no nível estratégico da prefeitura e das organizações públicas municipais, referindo-se ao envolvimento da alta administração dessa organização pública na implementação do PEM. Normalmente, sua dimensão de tempo é o longo prazo. Seu conteúdo tem caráter mais genérico e sintético.

Quanto a informações, indicadores e conhecimentos, os controles estratégicos estão relacionados com os sistemas de informação estratégicos e com a alta administração do município e das organizações públicas municipais envolvidas.

Outras abordagens dos controles municipais estratégicos estão relacionadas com o desempenho global do município, da prefeitura e das organizações públicas municipais, com as informações estratégicas locais, as visões macros das questões financeiras e as preocupações globais das questões humanas e sociais dos munícipes.

Controles municipais táticos

Os controles municipais táticos são do tipo que se concentram no monitoramento e na avaliação do processo da administração estratégica para garantir o funcionamento tático ou gerencial do PEM. São empreendidos para assegurar que todos os resultados táticos planejados durante o projeto se materializem de fato.

Sua principal finalidade é contribuir com o município no alcance dos objetivos municipais do ponto de vista tático (ou gerencial ou intermediário) por meio do monitoramento e da avaliação da implementação do PEM.

São tratados no nível tático do município, referindo-se a seus aspectos intermediários. Também podem ser tratados no nível tático ou gerencial da prefeitura e das organizações públicas municipais, referindo-se ao envolvimento do corpo gestor (ou nível organizacional intermediário) dessa organização pública na implementação do PEM. Normalmente, sua dimensão de tempo é o médio prazo. Seu conteúdo tem caráter mais intermediário, ou seja, entre o genérico (e sintético) e específico (e analítico), referindo-se aos controles municipais operacionais.

Quanto a informações, indicadores e conhecimentos, os controles táticos estão relacionados com os sistemas de informação gerenciais e o corpo gestor do município, da prefeitura e das organizações públicas municipais envolvidas.

Outras abordagens dos controles municipais táticos estão relacionadas com o desempenho específico de um ambiente do município e de um serviço da prefeitura e das organizações públicas municipais, com as informações táticas (ou gerenciais) locais, as visões intermediárias das questões financeiras e as preocupações específicas das questões humanas e sociais dos munícipes. Nas prefeituras e nas organizações públicas municipais, podem estar relacionados com os controles do orçamento do município, os orçamentos-programa e a contabilidade municipal.

Controles municipais operacionais

Os controles municipais operacionais são do tipo que se concentram no monitoramento e na avaliação do processo da administração estratégica para garantir o funcionamento operacional e cotidiano do PEM. São empreendidos para assegurar que todos os resultados operacionais ou técnicos planejados durante o projeto materializem-se de fato.

Sua principal finalidade é contribuir com o município no alcance dos objetivos municipais do ponto de vista operacional (ou cotidiano ou técnico) por meio do monitoramento e da avaliação da implementação do PEM.

São tratados no nível operacional do município referindo-se a seus aspectos cotidianos ou técnicos. Também podem ser tratados no nível operacional da prefeitura e das organizações públicas municipais, referindo-se ao envolvimento do corpo técnico dessa organização pública na implementação do PEM. Normalmente, sua dimensão de tempo é o curto prazo. Seu conteúdo tem caráter mais específico e analítico.

Quanto a informações, indicadores e conhecimentos, os controles operacionais estão relacionados com os sistemas de informação operacionais e com o corpo técnico do município.

Outras abordagens dos controles municipais operacionais estão relacionadas com o desempenho específico e cotidiano de um ambiente do município e de uma atividade técnica ou operacional da prefeitura e das organizações públicas municipais, com as informações operacionais (ou detalhadas) locais, as visões operacionais e cotidianas ou corriqueiras das questões financeiras e as preocupações peculiares e direcionadas das questões humanas e sociais dos munícipes. Nas prefeituras e nas organizações públicas municipais, podem estar relacionados com os controles diários dos serviços municipais, dos valores financeiros e dos pormenores das atividades locais no nível da execução das operações requeridas em suas específicas tarefas. Em algumas situações, pode ser interessante fazer esses controles com quadros de atividades, de produtividade e de controle de qualidade cotidiana.

Os controles municipais táticos e operacionais, que são muito semelhantes, podem apresentar as seguintes fases: estabelecimento de padrões; avaliação de desempenhos ou resultados; comparação dos desempenhos ou resultados com os padrões predefinidos; e ação corretiva ou disciplinar quando ocorrem desvios ou variâncias (Chiavenato, 2000).

No PEM, os níveis de controles do município devem ser formalizados utilizando a seguinte estrutura: controles estratégicos; controles táticos ou gerenciais; e controles operacionais ou técnicos. Em cada nível de controle, deve ser enfatizado "o que" controlar e "quem" são os responsáveis pelos referidos controles.

Nos controles estratégicos, a ênfase está nos objetivos municipais e nos resultados das funções ou temáticas municipais primárias (ver Seção 2.3), tendo como responsável a alta administração do município. Nos controles táticos ou gerenciais, a ênfase está nas estratégias municipais e nos resultados das funções ou temáticas municipais complementares, tendo como responsável o corpo gestor do município. Nos controles operacionais, a ênfase está nos planos de ações das estratégias municipais e nos módulos ou sistemas das funções ou temáticas municipais ou nos processos ou atividades operacionais, tendo como responsável o corpo técnico do município. Para facilitar, pode-se utilizar um quadro, como o disposto a seguir.

Quadro 4.1 – Tipos de controles

Controles	O que controlar		Responsáveis
Estratégicos	Objetivos municipais	Funções ou temáticas municipais primárias	Alta administração
Táticos ou gerenciais	Estratégias e ações municipais	Funções ou temáticas municipais complementares	Corpo gestor
Operacionais	Planos de ações municipais	Módulos das funções ou temáticas municipais	Corpo técnico

Quanto aos responsáveis pelos controles, respectivamente nos níveis hierárquicos convencionais do município (alta administração, corpo gestor e corpo técnico), podem ser pessoas físicas, pessoas jurídicas, unidades departamentais e até mesmo munícipes ou cidadãos por meio da sociedade civil organizada, ou, ainda, papéis, cargos ou funções específicas no projeto (por exemplo, patrocinador, gestor, equipe das funções organizacionais, equipe da TI, assessoria externa, entre outros).

O controle global do planejamento estratégico deverá ser elaborado por meio de um comitê de trabalho (ver Seções 3.6 e 4.2).

4.6.2 Meios de controles municipais

Processos de controles municipais enfatizam o estabelecimento de critérios, bases, normas, medidas, indicadores ou padrões para posterior acompanhamento, avaliação, comparação e direcionamento dos resultados com os padrões predefinidos.

Depois da da formalização dos níveis de controles, descrevendo "o que" controlar e "quem" são os responsáveis, será necessário definir os meios para tais controles, sejam procedimentos manuais, sejam sistemas informatizados. Os controles informatizados também são chamados de *controles eletrônicos*, por exemplo, sistema eletrônico, auditoria eletrônica por meio de *software*. Os meios de controles estão direcionados para "como" e "quando" controlar. Para tanto, determinadas providências que podem impactar o desempenho organizacional devem ser formalizadas.

A avaliação dos controles do planejamento, do município, da prefeitura e das organizações públicas municipais envolvidas faz parte de um processo cíclico, interativo e participativo, com documentações do quê, como e quando exatamente se pretende controlar. Para tanto, exige-se o estabelecimento de critérios, bases, normas, medidas, indicadores ou padrões, incluindo quesitos quantitativos e qualitativos, bem como a participação dos munícipes ou cidadãos por meio da sociedade civil organizada.

Para Oliveira (1999), antes de iniciar o controle e a avaliação dos itens de um PEM, deve-se estar atento a determinados aspectos: motivação (entendimento, aceitação, adequação, desempenho etc.); capacidade (todos os envolvidos habilitados etc.); dados e informação (com dados comunicados, informações personalizadas e oportunas etc.); tempo (disponibilidade, dedicação etc.). Essa parte do processo tem algumas finalidades: identificar problemas, falhas e erros que se transformam em desvios do planejamento, com finalidade de corrigi-los e de evitar sua reincidência; fazer com que os resultados obtidos estejam próximos dos esperados; verificar se o planejamento está proporcionando os resultados esperados; proporcionar informações periódicas para eventuais intervenções.

Instrumentos legais de controles municipais

Os municípios sofrem controles por meio de instrumentos legais vigentes. O controle dos atos dos administradores municipais obedece a regras gerais estabelecidas em três documentos básicos: (1) Constituição Federal de 1988 (e a respectiva Constituição estadual da unidade da federação a que pertença o município); (2) LOM; e (3) Lei de Responsabilidade Fiscal (LRF) – Lei Complementar n. 101, de 4 de maio de 2000 (Brasil, 2000). Essas regras são complementadas por normativos da Secretaria do Tesouro Nacional do Ministério da Fazenda, do Tribunal de Contas da União e dos Tribunais de Contas estaduais.

A Constituição Federal determina, no art. 31, que a fiscalização dos municípios é exercida pela respectiva Câmara Municipal (controle externo) e pelos sistemas internos de controle financeiro e administrativo (controle interno) (Brasil, 1988). Por sua vez, as Câmaras Municipais são auxiliadas pelo Tribunal de Contas do Estado onde se localiza o município, o qual emite um parecer prévio. Esse parecer só pode ser desconsiderado por decisão de dois terços dos componentes da Câmara Municipal. Já o art. 29 da Constituição Federal determina que os municípios devem se reger por leis orgânicas votadas nas respectivas Câmaras Municipais, as quais devem conter provisões a respeito de diversos aspectos, como a composição e a remuneração do Poder Legislativo, a remuneração do prefeito e do vice-prefeito e os limites máximos de gastos com a manutenção das Câmaras Municipais (Brasil, 1988). Em outras palavras, as leis orgânicas dos municípios estabelecem determinados parâmetros institucionais e financeiros que devem ser obrigatoriamente respeitados.

A LRF estabelece normas de finanças públicas voltadas para a responsabilidade na gestão fiscal, mediante ações em que se previnam riscos e corrijam os desvios capazes de afetar o equilíbrio das contas públicas, destacando-se o planejamento, o controle, a transparência e a responsabilização como premissas básicas. O prefeito municipal é obrigado a adotar uma série de medidas prudenciais com relação à receita (proibição de renúncia fiscal sem indicação ou de fonte alternativa de receitas ou cancelamento de despesas), às limitações na contratação de pessoal, às restrições à celebração de contratos que onerem administrações futuras etc. A LRF estabelece, igualmente, os mecanismos de informação obrigatórios à população durante o ano fiscal.

Esses mecanismos são, em termos gerais, os meios legais de controle municipal. Além deles, as prefeituras e as organizações públicas municipais devem implementar seus mecanismos de controle interno, seja para auxiliar a tarefa dos órgãos fiscalizadores externos (Tribunais de Contas e Câmaras Municipais), seja para melhorar a qualidade de gestão município.

Auditorias municipais

As auditorias municipais podem se constituir em meios efetivos de controles municipais. A medição do desempenho municipal, a comparação do desempenho municipal com padrões predefinidos e as ações corretivas podem se constituir em etapas integradas de controles municipais (Certo; Peter, 1993).

A medição do desempenho municipal deve refletir o desempenho do município, da prefeitura e das organizações públicas municipais por meio de auditorias e de métodos de medição de desempenho. A auditoria é um exame e uma avaliação do município, da prefeitura e das organizações públicas municipais elaborada de maneira ampla ou concentrada. Pode ser desmembrada em três grandes partes: (1) diagnóstico (revisar planos, acordos e políticas; comparar desempenhos; compreender papéis, processos decisórios, recursos, inter-relacionamentos de equipes e de serviços municipais; identificar implicações no município, na prefeitura e nas organizações públicas municipais; determinar perspectivas internas e externas; formular alternativas etc.); (2) análise concentrada (testar alternativas ou hipóteses; formular conclusões etc.); e (3) recomendações (desenvolver soluções; recomendar planos de ação etc.).

Os métodos para medir a auditoria do município, da prefeitura e das organizações públicas municipais são diversos e divididos basicamente em qualitativo e quantitativo. No método qualitativo, são abordadas questões relacionadas com pareceres. Esses pareceres podem estar relacionados com objetivos municipais, estratégias municipais, políticas municipais, gastos e investimentos municipais, serviços municipais, oportunidades locais, ameaças locais, utilização de recursos municipais, operações municipais, atividades locais, bem como outros diversos índices e indicadores não numéricos. Nas medições quantitativas, as avaliações municipais resultam em dados resumidos numericamente e organizados antes que as conclusões sejam traçadas. Podem ser utilizadas diferentes medições, como análises de retorno de gastos e investimentos municipais, classificações numéricas, auditorias específicas, quadros numéricos sintéticos e analíticos, bem como outros diversos índices e indicadores numéricos.

A comparação do desempenho municipal com padrões predefinidos compara as medições de desempenho do município, da prefeitura e das organizações públicas municipais com duas marcas de desempenho estabelecidas: (1) objetivos municipais e (2) padrões municipais. Os objetivos municipais são simplesmente a saída de uma etapa anterior do projeto de PEM, ou seja, as relações entre os componentes das diretrizes municipais. Os padrões municipais são desenvolvidos para refletir os objetivos do município, da prefeitura e das organizações públicas municipais, constituindo marcos que indicam níveis aceitáveis de desempenho do município, da prefeitura e das organizações públicas municipais. Esses padrões podem estar relacionados com as leis que o município deve observar, a qualidade dos serviços municipais prestados pela prefeitura e pelas organizações públicas municipais, a qualidade de vida dos munícipes, o desenvolvimento dos servidores municipais, a responsabilidade pública e o equilíbrio da gestão municipal.

As ações corretivas dos controles municipais são definidas como mudanças que a prefeitura e as organizações públicas municipais fazem em suas atividades para garantir o alcance dos objetivos e das estratégias municipais de maneira mais efetiva. Isso implica que o município e as organizações públicas municipais atuem de acordo com os padrões estabelecidos.

Sistemas de indicadores e de controles municipais

Diversos são os sistemas de controles municipais que a prefeitura e as organizações públicas municipais podem estabelecer para o acompanhamento e a avaliação da implementação do PEM. A avaliação dos controles municipais faz parte de um processo cíclico e interativo. Esse processo pode ser denominado *sistema de controle municipal*.

Os indicadores são elementos formalizados por meio de números ou letras que, com valor agregado, representam informações para facilitar decisões ou contribuir nas resoluções de problemas. Podem ser medidas de eficiência de ações ou de eficácia de resultados de pessoas, processos, atividades, valores. Permitem distintas classificações, por exemplo, viável, social, essencial, importante, desejável, entre outras. Condensam dados e informações profícuas de fenômenos medíveis ou perceptíveis, porém significantes. Essencialmente, representam informações qualitativas e quantitativas. Em projetos de sistemas de informação, os indicadores podem ser sinônimos de informações operacionais, gerenciais e estratégicas.

Os produtos das ações municipais definidas podem ser medidos por meio de indicadores. Os indicadores podem ser compreendidos como uma das maneiras de se medir o desempenho de eventos, situações, atrasos, mudanças e avanços, mensurando eventuais variações de metas específicas. Os indicadores devem contribuir com a medição, o acompanhamento e a avaliação das ações municipais. Na seleção dos indicadores, é importante o entendimento do que se quer medir, das informações que se quer gerar e dos conhecimentos que se quer compartilhar. Os indicadores podem se constituir em sistemas de controles municipais, denominados *sistemas de indicadores*. Esses sistemas podem ser manuais ou informatizados. Em ambos os casos, armazenarão dados e disponibilizarão informações para que os controles municipais sejam elaborados. Essas informações devem ser válidas, confiáveis, personalizadas e oportunas.

Algumas abordagens devem ser observadas para a realização dos controles municipais quando da implementação do PEM: motivação para as atividades dos controles; competência dos envolvidos; desmobilização de dados, informação e conhecimento; e dedicação e disponibilidade tempo dos munícipes, dos gestores locais e dos demais interessados no município (Oliveira, 1999).

Sistemas de informação e sistemas de conhecimentos

Os sistemas de informação e os sistemas de conhecimentos são relevantes meios de controles do PEM.

Os sistemas de informação são conjuntos de partes (quaisquer) que geram informações para os controles municipais (ver Seção 5.4).

Juntamente aos sistemas de informação, surgem os sistemas de conhecimentos, que manipulam os conhecimentos das pessoas do município e das organizações públicas municipais (ver Seção 5.1). O conhecimento complementa a informação quando externa percepções humanas (tácitas), cenários de informações ou inferências computacionais. A gestão do conhecimento permite compartilhar as melhores práticas mediante troca de informações, compartilhamento dos saberes e distribuição do conhecimento nos municípios, nas prefeituras e nas organizações públicas municipais. Os sistemas de conhecimentos manipulam ou geram conhecimentos organizados para contribuir com os seres humanos, as organizações (públicas e privadas) e toda a sociedade. Como o conhecimento é entendido como algo pessoal e pertencente aos munícipes que compõem o município e as organizações públicas municipais, é necessário capturar, mapear, sistematizar e distribuir tal conhecimento para todos os interessados.

Paralelamente aos sistemas de informação, os sistemas de conhecimentos, além de relevantes meios de controles do PEM, podem constituir-se em ferramentas para contribuir com o sucesso dos municípios e das organizações públicas municipais, bem como para melhorar a qualidade de vida dos munícipes.

Em verdade, quem detém conhecimentos não são as prefeituras e as organizações públicas municipais, nem os municípios, são as pessoas, ou melhor, gestores locais, servidores municipais e munícipes ou cidadãos.

As bases de conhecimentos dos sistemas de conhecimentos constituem-se no local em que são depositados conhecimentos expressos em dados não triviais, textos, imagens, vídeos, sons, raciocínios elaborados etc. A integração e as trocas de dados com a base de dados única são possibilitadas pelo uso dos recursos da TI, que também propiciam as trocas de informações e conhecimentos entre os distintos tipos de sistemas. Os sistemas de conhecimentos podem ser compostos de recursos emergentes da TI ou simples *softwares* específicos, por meio dos quais são geradas informações e disponibilizados os conhecimentos pessoais e institucionais. As pessoas e suas competências e habilidades fazem com que os sistemas de conhecimentos funcionem de fato, por intermédio de seu aporte de capital intelectual auxiliado pelos recursos da TI.

TI e governo eletrônico

A TI, o governo eletrônico e seus recursos computacionais são relevantes meios de controles do PEM.

Os sistemas de informação e os sistemas de conhecimentos podem ser manuais ou utilizar os recursos da informática ou TI (ver Seção 6.1). Os serviços municipais também podem ser controlados por projetos de cidade digital ou de governo eletrônico (ver Seções 6.2 e 6.3).

Os sistemas de informação, os sistemas de conhecimentos e a TI podem contribuir com os controles e a gestão pública em suas três esferas (federal, estadual ou municipal) como ferramentas que auxiliam os respectivos gestores na elaboração de objetivos, estratégias, decisões e ações federais, estaduais e municipais.

A Constituição Federal, em seu art. 218, descreve que o Estado promoverá e incentivará o desenvolvimento científico, a pesquisa e a capacitação tecnológicas (Brasil, 1988). Nesse sentido, os projetos de governo eletrônico podem ser incluídos como uma das tecnologias no município.

Para implementação do governo eletrônico, são necessários planejamento participativo e envolvimento dos interessados. Também são necessários os recursos de informática, como sistemas de telecomunicações, redes de computadores, *softwares* específicos relacionados com internet, bancos de dados e outros recursos tecnológicos. Os sistemas de informação podem ser expressos por meio de portais pelos quais gestores locais, servidores municipais e munícipes ou cidadãos recebem e enviam informações que podem ser compartilhadas de maneiras oportunas e personalizadas. Essas tecnologias que envolvem mudanças culturais não podem ser consideradas produtos acabados, pois estão sempre em franco desenvolvimento participativo.

Controles por meio do BSC

A filosofia ou conceito BSC também pode se constituir em um meio muito efetivo de controle do planejamento, do município, da prefeitura e das organizações públicas municipais envolvidas. O BSC pode ser entendido como um modelo de gestão e de controle organizacional para manter a vantagem competitiva do município. Ele utiliza quatro perspectivas ou abordagens: (1) munícipes, cidadãos, sociedade ou clientes; (2) processos internos; (3) financeira; e (4) aprendizado e inovação ou crescimento funcional (Kaplan; Norton, 1996). Essas perspectivas podem ser direcionadas, por opção, para o foco estratégico e o operacional do município.

Nos municípios e nas organizações públicas municipais, essas perspectivas ou abordagens podem ser adaptadas com outros nomes e fins correlatos no objeto público: cidadão ou sociedade; processos internos; orçamento ou sustentabilidade financeira; aprendizado e inovação ou crescimento funcional. Determinados municípios ou organizações públicas incluem as dimensões de responsabilidade social, sustentabilidade ambiental e tecnológica como perspectivas do BSC. Porém, essas abordagens podem ser ainda contempladas com outras perspectivas, por exemplo, outros módulos das funções ou temáticas municipais (ver Seção 2.3).

Esse recurso tem como premissa que os gestores dos municípios, diante do ambiente em constante mudança, decidam baseados em um universo maior de instrumentos, que possibilitem o equilíbrio entre as forças existentes no município, entendendo que suas ações têm uma relação de causa e efeito. Por exemplo, uma decisão relacionada com determinada função ou temática municipal pode envolver os munícipes ou cidadãos e, ainda, **pode ter reflexo imediato nos processos internos.**

A perspectiva munícipes, cidadãos, sociedade ou clientes pode corresponder aos temas que dizem respeito à divulgação ou à comunicação pública municipal, bem como aos indicadores relacionados à satisfação de gestores locais, servidores municipais, munícipes ou cidadãos ou da sociedade e à intensidade de cada unidade de serviços públicos em termos de relações com as referidas pessoas.

A **perspectiva processos internos** pode corresponder à avaliação do grau de inovação em seus processos e ao nível de qualidade de suas atividades ou operações públicas municipais. O município deve desenvolver indicadores que avaliem o percentual de produção dos serviços ou produtos, o tempo de desenvolvimento e a capacidade do município em inovar seus processos de controles e de gestão municipal. Ainda, avaliar o grau de qualidade, produtividade e efetividade na elaboração de seus serviços ou produtos municipais; de projetos públicos; de entrega aos gestores locais, servidores municipais, munícipes, cidadãos ou clientes; de serviços pós-atendimento; e de valores agregados. Essa perspectiva está relacionada com todas as funções ou temáticas municipais do município, da prefeitura e das organizações públicas municipais envolvidas.

A **perspectiva financeira** pode corresponder aos aspectos que dizem respeito aos impactos de suas decisões estratégicas nos indicadores e nas **metas estabelecidos nas questões financeiras e no PPAM** (ver Seção 2.5). Os principais indicadores dizem respeito ao crescimento e à composição da arrecadação ou receita do município, da prefeitura e das organizações públicas municipais envolvidas, à relação custo e melhoria de produtividade e à sua gestão de riscos. Nesse caso, é importante a avaliação do crescimento da arrecadação em função de seus serviços ou de seus gestores locais, servidores municipais, munícipes, cidadãos, produtos ou clientes e mercados conquistados. Os indicadores que tratam dos aspectos relacionados aos custos e à melhoria de produtividade financeira devem sair do lugar comum em termos de controle financeiro, bem como de gestão dos riscos.

A perspectiva de aprendizado e inovação ou crescimento funcional corresponde à capacidade do município de manter seus talentos humanos em um alto grau de motivação, satisfação, qualidade, produtividade e efetividade. Procura também medir o nível de criatividade de seus servidores municipais ou funcionários em busca de racionalização de processos, agregação de valor aos serviços ou produtos municipais, bem como o nível de alinhamento destes em relação aos objetivos e à visão do município. Essa perspectiva está mais relacionada com as funções de RH (destacando recrutamento, seleção, admissão, demissão, cargos, salários e treinamento) e de produção e serviços (destacando o módulo de pesquisa, desenvolvimento e engenharia do serviço ou produtos ou projetos).

O BSC pode ser estendido dos níveis estratégicos do município para os diversos níveis do corpo gestor, inclusive para equipes do nível do corpo técnico e, até mesmo, para níveis individuais. É relevante que o município também controle o nível de alinhamento dos objetivos individuais com seus objetivos, desenvolvendo sistemas de indicadores pertinentes.

Controles por outros meios

As ciências da administração, da contabilidade e da engenharia fornecem uma série de outros instrumentos de controles do planejamento, do município, da prefeitura e das organizações públicas municipais envolvidas, sejam eles manuais, sejam informatizados.

Os controles manuais podem ser exemplificados por relatórios, registros convencionais, fichas de controle, papéis de monitoramento, documentos de acompanhamento de atividades, entre outros.

Os controles informatizados, além dos já descritos, ainda podem ser exemplificados pelas planilhas eletrônicas e *softwares* específicos para controles do planejamento e do município, da prefeitura e das organizações públicas municipais envolvidas. Evidentemente, todos os controles manuais podem ser posteriormente informatizados.

No PEM, os meios de controles do planejamento, do município, da prefeitura e das organizações públicas municipais envolvidas devem ser formalizados utilizando a seguinte estrutura: meios de controles estratégicos, táticos ou gerenciais operacionais ou técnicos; e tempo para cada controle.

Em cada meio do controle, deve ser formalizado "como" e "quando" controlar. Para facilitar, pode-se utilizar um quadro como o disposto a seguir.

Quadro 4.2 – Meios de controles

Controles	Como controlar	Quando controlar
Estratégicos	Meios de controles estratégicos	Tempo maior
Táticos ou gerenciais	Meios de controles táticos ou gerenciais	Tempo médio
Operacionais	Meios de controles operacionais	Tempo menor

Para complementar esse quadro de meios de controle, também podem ser adicionadas as colunas correspondentes aos níveis de controle (o que controlar e quem são os responsáveis pelos controles).

Nos meios do controle estratégico, gerencial e operacional, são descritos "como" controlar o planejamento e o município utilizando, por exemplo: instrumentos legais; auditoria; sistemas de indicadores; sistemas de informação e sistemas de conhecimentos; TI; BSC; entre outros.

Quanto ao período de controle, podem ser utilizados os critérios horas, dias, semanas, meses, anos. Embora a literatura indique os períodos de curto, médio e longo prazos, respectivamente, para os níveis estratégico, **tático ou gerencial e operacional ou técnico, o município terá de definir o que considera como curto, médio e longo prazos.** O período para determinar os prazos pode estar relacionado com o tempo formalizado nos objetivos e nas ações das estratégias municipais.

Por opção, também podem ser formalizadas as alternativas ou os planos de recuperação dos objetivos ou indicadores não alcançados ou parcialmente atingidos.

4.6.3 Periodicidades do PEM

Como o PEM é um processo cíclico, ele deve formalizar o período de validação ou abrangência e o período de revisão. Dessa forma, o município, a prefeitura e as organizações públicas municipais envolvidas passam a ter esse projeto como um constante instrumento de gestão e de inteligência organizacional.

Período de validação ou abrangência do PEM

O projeto de PEM deve ser elaborado para um período ou tempo coerente com os objetivos e as ações das estratégias municipais.

A visão do município também pode ser considerada na determinação do período de validação ou abrangência do PEM.

Ainda, outros dois requisitos devem ser atendidos pelo PEM: (1) normas legais a respeito da periodicidade com que os planos municipais (como o orçamento) são elaborados e aprovados legislativamente; e (2) normas técnicas que recomendam essa ou aquela periodicidade. Em outras palavras, há determinados projetos de longa implementação, cujos prazos podem exceder os que a lei estabelece para a preparação dos orçamentos do município.

No projeto de PEM, o período de validação ou abrangência deve ser formalizado com a definição do período ou tempo e com uma justificativa.

Tanto o período quanto sua justificativa estão diretamente relacionados com o tempo formalizado nos objetivos e nas ações das estratégias municipais. Normalmente, esse tempo é descrito em anos.

Como sugestão, esse período deve ser superior a 10 anos, pois contemplaria mais de dois mandatos do prefeito e mais de dois PPAM.

Período de revisão do PEM

O projeto de PEM deve ser revisado em determinado período para verificar se o andamento está ou estará de acordo com o alcance dos objetivos municipais e com a coerência das estratégias e ações municipais. Dessa forma, nesse referido período, será possível tomar decisões em tempo hábil para evitar problemas ou transtornos para o município e as organizações públicas municipais envolvidas.

O período de revisão do PEM também está relacionado com o tempo formalizado nos objetivos e nas ações das estratégias municipais, ou seja, eles devem ser proporcionalmente coerentes. A revisão pode ser, por exemplo, bimestral, trimestral, quadrimestral, semestral ou anual.

As legislações vigentes também podem requer revisões do PEM. Por exemplo, as revisões podem ser iniciadas com as exigências dos planos plurianual municipal, estadual ou federal, com a necessidade de ajustes nos orçamentos municipais, ou, ainda, com os resultados de análises pontuais, as pressões dos munícipes, do governo local e dos demais interessados no município e outras variáveis que influenciam diretamente ou indiretamente o PEM.

Evidentemente, mesmo com esse período ou tempo definido para as revisões, qualquer mudança no meio ambiente externo ou qualquer impacto no meio ambiente interno possibilitará uma imediata revisão no PEM. Essas revisões são chamadas de *ocasionais* ou *situacionais* e ocorrem principalmente quando os resultados ou os cenários forem diferentes do planejado.

Com as revisões, o PEM torna-se mais dinâmico e contínuo, facilitando suas versões subsequentes ou respectivas atualizações da versão anterior. É importante lembrar que, ao terminar o relatório final do PEM, imediatamente se inicia a segunda versão.

No PEM, o período de revisão deve ser formalizado com a definição do tempo e com uma justificativa.

O período de revisão e sua justificativa devem ser proporcionalmente coerentes com o período de validação ou abrangência.

4.6.4 Encerramento, acompanhamento e gestão do PEM

O PEM se constitui de atividades complexas, desafiadoras, inovadoras e inteligentes no município, principalmente porque procura estruturar os diferentes e divergentes anseios envolvidos interna e externamente. Para tanto, instrumentos de gestão de projetos se fazem necessários para lidar com RH, materiais, financeiros e tecnológicos que são requeridos pelo PEM.

Seja quando foi iniciado, seja no desenvolvimento, seja, ainda, após a conclusão do PEM, a gestão desse projeto é fundamental para seu sucesso e para gerar os resultados profícuos para o município.

Encerramento do PEM

O PEM é um projeto e como tal deve ser iniciado e encerrado. Apesar de ser um projeto constante na prefeitura e nas organizações públicas municipais, seu encerramento é uma atividade muito importante. Esse encerramento diz respeito a um "corte do projeto", pois o PEM é um processo permanente e contínuo e pode contemplar outros planos (como os orçamentos municipais, que são compostos de outros diversos programas e atividades). Em muitos municípios, prefeituras e organizações públicas municipais, o encerramento do PEM é considerado um corte situacional do projeto para iniciar sua implementação e, ao mesmo tempo, sua nova versão complementar.

As atividades de encerramento ou finalização do PEM estão relacionadas com a conclusão de sua documentação, sua ampla divulgação e a aceitação do projeto por munícipes, gestores locais e demais interessados no município. Uma cartilha do PEM pode ser elaborada para facilitar sua divulgação, aceitação e implementação. Também é recomendado fazer um evento para lançar oficialmente e publicamente o PEM, valorizando a participação dos munícipes.

Em um primeiro momento, a gestão PEM começou quando foi elaborada a primeira atividade do projeto. Em um segundo momento, a gestão acompanhou o desenvolvimento de todo o projeto. No terceiro e último momento, ela foi reiniciada imediatamente após seu encerramento, como um processo cíclico e dinâmico.

Acompanhamento do PEM

O acompanhamento do PEM procura avaliar a implementação das estratégias e das ações municipais, verificando o alcance dos objetivos municipais anteriormente planejados.

Um instrumento de gestão será necessário para um efetivo acompanhamento do PEM. As ciências da administração e da engenharia fornecem uma série de instrumentos de gestão que o município, a prefeitura e as organizações públicas municipais podem aditar para o acompanhamento do PEM.

Alguns aspectos podem ser sugeridos para efetuar a análise da consistência do PEM: relações com o governo federal e estadual; consistência dos objetivos, estratégias e ações municipais; viabilidades e riscos envolvidos; períodos e tempos planejados; exequibilidade do planejamento; resultados práticos do planejamento em relação ao desenvolvimento do município e à qualidade de vida dos munícipes.

O acompanhamento do PEM deve ser formal, mas também acontece de maneira informal. O acompanhamento formal é baseado em procedimentos documentados com planos de trabalho de cada responsável pelas atividades de acompanhamento. São atividades planejadas e comunicadas a todos no município. O acompanhamento informal emerge espontânea e naturalmente entre todos no município. São atividades que acontecem nos relacionamentos entre as pessoas e nos grupos informais presentes em todos os municípios.

O acompanhamento permite organizar, estruturar, integrar e gerir as pessoas e os recursos descritos no PEM. Pode acontecer no nível estratégico, global ou institucional do PEM, que abrange o município, a prefeitura e as organizações públicas municipais em sua totalidade. Pode acontecer no nível gerencial, tático ou departamental, que abrange parte do município e determinados serviços ou departamentos da prefeitura e das organizações públicas municipais. Pode acontecer no nível operacional ou técnico, que abrange determinadas atividades ou tarefas municipais.

O conceito e as práticas da direção administrativa também fazem parte do acompanhamento do PEM. A direção está relacionada com o acompanhamento das ações municipais e está diretamente relacionada com a atuação sobre os RH e os recursos materiais necessários para a implementação do PEM. A função de direção se relaciona diretamente com as maneiras pelas quais os objetivos e as estratégias municipais devem ser alcançados com as atividades das pessoas que compõem a implementação do PEM.

Para que os controles do PEM possam ser efetivos, eles precisam ser dinamizados e complementados pela orientação a ser dada às pessoas por meio de uma adequada comunicação e habilidade de liderança e de motivação. Como não existem municípios, prefeituras e organizações públicas municipais sem pessoas, o acompanhamento se constitui em uma das mais complexas atividades na implementação do PEM.

O constante acompanhamento do PEM pode suscitar revisões pontuais ou uma nova versão do planejamento.

Gestão do PEM

O PEM se constitui em atividades complexas, desafiadoras e inovadoras nos municípios, principalmente porque procura organizar os diferentes e divergentes anseios dos munícipes, dos gestores locais e dos demais interessados no município. Assim, um instrumento de gestão se faz necessário para lidar com RH, materiais, financeiros e tecnológicos que são requeridos pelo PEM.

Seja quando foi iniciado, seja no desenvolvimento, seja após a conclusão do PEM, a gestão desse projeto é fundamental para seu sucesso e para gerar os resultados profícuos para o município, a prefeitura, as organizações públicas municipais e os munícipes.

Pode-se conceituar *gestão* como ato de gerir, gerenciar, administrar atividades e todos os seus respectivos recursos do PEM. O conceito de gestão, sob a ótica da administração, está relacionado com o conjunto de recursos decisórios e a aplicação das atividades destinadas aos atos de gerir. Como a administração é uma ciência que estuda as organizações, a gestão pode ser resumida como a aplicação da administração na condução de atividades, de projetos, inclusive do PEM. O ato de gestão sempre envolve pessoas (RH), atividades, processos ou funções e recursos diversos, como materiais, logísticos, financeiros, de tempo etc. Para a gestão do PEM, recomenda-se a gestão participativa.

Os modelos de gestão do projeto estão relacionados com os modelos de gestão dos municípios. Dessa forma, o projeto de PEM pode utilizar como opções os diferentes modelos convencionais (autoritário, democrático, participativo, situacional) ou inteligência organizacional (ver Seção 2.10).

Com relação aos métodos, as teorias de gestão de projetos convencionais podem facilitar a gestão do PEM. O processo administrativo ou das funções da administração (planejar, organizar, dirigir e controlar – PODC) é uma dessas teorias. Os sistemas da qualidade também podem contribuir, entre eles as normas ISO (Organization for Standardization), que estabelecem padrões de elaboração e de qualidade dos serviços ou produtos do município, o método PDCA (*plan, do, check, action*), que se baseia no controle de processos, e o 5S (*seiri* – organização e descarte; *seiton* – arrumação; *seiso* – limpeza; *seiketsu* – padronização e asseio; e *shitsuke* – disciplina), que é uma prática desenvolvida no Japão e ocidentalizada como *housekeeping*. O método PERT/CPM (*Program Evaluation Review Technique / Critical Path Method*) também pode ser utilizado para a gestão do projeto de PEM e para o desenvolvimento de tarefas em série e, em paralelo, por meio de redes. Refere-se a um conjunto de técnicas utilizadas para o planejamento e o controle de projetos. A rede de projeto amplia as possibilidades do quadro em barras, ilustrando explicitamente como as atividades dependem umas das outras, representando seus tempos de início e fim (terminal).

A gestão de projetos é um fator de êxito ou sucesso para os municípios, as prefeituras e as organizações públicas municipais que elaboram o PEM, principalmente porque o número de projetos que não chegam ao seu final com sucesso é muito alto. Isso ocorre principalmente pela falta de acompanhamento do PEM e de comprometimento das pessoas, pela resistência ao planejamento, pela deficiência dos requisitos do projeto e, muitas vezes, pela incompetência dos envolvidos (ou pelo amadorismo no desenvolvimento de atividades de planejamento).

A elaboração integral do PEM pode ser vista como um projeto e um empreendimento. É dessa forma que o PMI (Project Management Institute) enxerga todos os projetos. Essa instituição foi fundada em 1969 para estabelecer padrões de gerenciamento de projetos e divulgar esses padrões no PMBOK (Project Management Body of Knowledge). Um projeto é um esforço que tem o objetivo de criar um produto ou um serviço único. O gerenciamento de projetos é a aplicação de conhecimentos, habilidades, perfis, técnicas e ferramentas às atividades do projeto para atingir ou exceder as necessidades e as expectativas dos envolvidos e interessados no projeto (PMBOK, 2000).

O PMI classifica os processos em cinco grupos ou fases: (1) iniciação; (2) planejamento; (3) execução; (4) controle; e (3) encerramento (PMBOK, 2000).

O processo de iniciação ou definição objetiva reconhecer que um serviço, produto ou fase deve começar e se comprometer para sua execução.

No PEM, esse grupo de atividades está relacionado com o reconhecimento do local do projeto, a formalização de conceito, objetivo, metodologia, equipe multidisciplinar, divulgação, instrumento de gestão, a capacitação e o comprometimento dos envolvidos no projeto.

O processo de iniciação com o processo de planejamento pode ser chamado de fase zero do projeto, pois ainda não é efetivamente executado ou realizado o PEM (apesar da existência do plano de trabalho para os envolvidos).

O processo de planejamento visa planejar e manter um esquema de trabalho viável para se atingir os objetivos municipais que determinaram a existência do projeto. No PEM, esse grupo de atividades está relacionado com a definição das fases e subfases da metodologia adotada, bem como com o plano de trabalho definido para os envolvidos no projeto, formalizando ações ou atividades, responsáveis, período ou tempo e recursos necessários para realização das ações.

O processo de execução tem como ponto central a coordenação de pessoas e outros recursos para realizar o projeto com um todo. No PEM, esse grupo de atividades está relacionado com a execução das atividades dos envolvidos nas fases e subfases constantes no plano de trabalho individual e coletivo para dar conta da elaboração do projeto.

O processo de controle pretende assegurar que os objetivos do projeto estão sendo atingidos por meio da monitoração e da avaliação de seu progresso, tomando ações corretivas quando necessárias. No PEM, esse grupo de atividades também está relacionado com a definição e o controle de andamento dos envolvidos nas fases e subfases constantes no plano de trabalho individual e coletivo para monitorar e avaliar o projeto. As avaliações e aprovações são coletivamente elaboradas na conclusão das fases (principalmente na fase *Estratégias e ações municipais*) e na apresentação do projeto de planejamento estratégico para a equipe multidisciplinar e demais envolvidos e interessados.

O processo de encerramento ou finalização direciona a formalização e a aceitação da fase e de todo o projeto e faz seu encerramento de uma forma organizada. No PEM, esse grupo de atividades está relacionado com o relatório final de encerramento para apresentação, discussão e aprovação formal das fases e de todo o projeto por todos os envolvidos. Pode incluir as assinaturas das pessoas do meio ambiente interno e, eventualmente, externo ao município, às prefeituras e às organizações públicas municipais, considerando os munícipes, os gestores locais e os demais interessados no município.

Dessa forma, nessa técnica, uma fase ou um processo não precisa necessariamente iniciar somente com o término do anterior, o que caracteriza o dinamismo do desenvolvimento metodológico do processo cíclico do PEM.

A gestão de projetos é organizada em áreas de conhecimento, cada uma descrita por meio de processos. Essencialmente, cada área de conhecimento se refere a um aspecto a ser considerado dentro da gestão de projetos. São recomendadas as seguintes áreas de conhecimento: integração; escopo; tempo; custos; qualidade; RH; comunicações; riscos; suprimentos e contratos (PMBOK, 2000).

A gestão da integração é o subconjunto que contempla os processos requeridos para assegurar que todos os elementos do PEM sejam adequadamente coordenados. Também está direcionada para a integração e o alinhamento desse planejamento com os demais planejamentos do município e, eventualmente, com planejamentos externos. Dessa forma, ficam evidenciados o plano global do projeto (desenvolvimento e execução), seus controles ou pontos de aprovação e as eventuais mudanças, incluindo ou excluindo fases para adequar o projeto ao município.

A gestão do escopo é o subconjunto que contempla os processos necessários para assegurar que, no PEM, esteja incluído todo o contexto requerido para sua elaboração bem-sucedida. Também está direcionada para a abrangência desse projeto no tocante a suas fases e subfases, ou seja, incluindo, **eliminando ou adequando-as à metodologia definida e capacitada**. Deixa claro onde inicia e termina o projeto. Também pode contemplar o controle dessas mudanças na metodologia.

A gestão do tempo é o subconjunto que contempla os processos necessários para assegurar a conclusão do PEM no prazo previsto. Também está direcionada para o plano de trabalho no qual são distribuídas, de maneira coletiva e individual, as atividades ou tarefas, os responsáveis, a prioridade, os períodos ou tempo, os recursos necessários e o *status* ou controle de andamento do projeto. Para alocação de tempo, pode-se trabalhar com horas de trabalho estimadas por dia, semana e mês.

A gestão de custos é o subconjunto que contempla os processos requeridos para assegurar que o PEM seja concluído de acordo com seu orçamento previsto. Também está direcionada para as análises de viabilidades das fases do projeto como um todo e de eventuais outros planejamentos. Essa análise deve contemplar os custos, os benefícios (mensuráveis e não mensuráveis), os riscos e o resultado das viabilidades. Os custos deverão ser formalizados tanto para a elaboração do projeto quanto para sua implementação. Posteriormente, quando da execução do planejamento, um instrumento de controle, monitoramento e avaliação de custos deve ser utilizado.

A gestão da qualidade é o subconjunto que contempla os processos requeridos para assegurar que as atividades das subfases e os produtos gerados do PEM estão em conformidade com o solicitado pelas pessoas envolvidas do meio ambiente interno e, eventualmente, externo. Os requisitos de produtividade e efetividade também devem ser considerados. Inicia com a definição da equipe multidisciplinar e capacitação dos envolvidos. Em seguida, está direcionada para a avaliação ou a aprovação da qualidade das fases em elaboração e também das finalizadas, em que são discutidos os indicadores de qualidade e as satisfações dos envolvidos direta e indiretamente. Outras técnicas de qualidade total podem ser utilizadas nas passagens das fases, pensando em controles e melhoria contínua do planejamento, incluindo as próximas versões.

A gestão de RH é o subconjunto que contempla os processos requeridos para envolver adequadamente as pessoas do PEM. Também está direcionada para a definição e o desenvolvimento ou a capacitação das equipes multidisciplinares que atuam interdisciplinarmente nas fases da metodologia do projeto. É importante lembrar que uma equipe multidisciplinar principal deve atuar em todo o projeto e outras equipes específicas podem atuar em determinadas subfases. Eventualmente, quando da capacitação dos componentes dessas equipes, pode ser necessário recrutar novos talentos para compor um grupo de trabalho e facilitar a gestão do projeto. O perfil das pessoas pode ser avaliado considerando fatores de motivação, envolvimento, conhecimento do negócio ou atividade, entre outros.

A gestão das comunicações é o subconjunto que contempla os processos requeridos para assegurar que as informações do PEM sejam adequadamente obtidas, comunicadas e disseminadas. Também está direcionada para a divulgação do projeto quando da elaboração da fase inicial. Contempla a articulação formal e informal de pessoas, a distribuição das informações, a divulgação de documentos de desempenho e do andamento do projeto e, ainda, os relatórios de encerramento de fases e do projeto todo.

A gestão de riscos é o subconjunto que contempla os processos envolvidos com a identificação, a análise e as respostas aos riscos do PEM. Também está direcionada para os orçamentos e a análise de custos, benefícios, riscos e viabilidades, em que são descritos os riscos do projeto. Pode ser complementada com detalhado planejamento e identificação de riscos, suas análises qualitativa e quantitativa, alternativas ou respostas para os referidos riscos e, posteriormente, um controle monitorado de riscos do planejamento.

A gestão de suprimentos e contratos é o subconjunto que contempla os processos requeridos para adquirir bens e serviços de fora do município que são provedores do PEM. Também está direcionada para o tratamento dispensado aos contratos dos prestadores de serviços para as soluções planejadas que requerem esse tipo de alternativa, principalmente as que envolvem os RH ou tecnologias específicas e necessárias. Essa atividade considera o planejamento de suprimentos, o processo de requisição, a seleção de eventuais fornecedores (internos e externos), a gestão, a avaliação e o encerramento de contratos. Podem ser incluídos nessa atividade os chamados *contratos psicológicos* ou *pactos de interesse e relações internas*, visando motivar as pessoas para atingir o objetivo e os resultados do PEM.

Assim, a gestão e o plano de projeto devem ser constituídos de uma variedade de componentes para definir a forma como deverá ser desenvolvido e acompanhado o PEM da prefeitura e das organizações públicas municipais envolvidas.

No projeto de planejamento do município, os instrumentos de gestão do projeto de planejamento estratégico devem ser formalizados com a escolha de um ou mais: modelos; métodos; instrumentos ou técnicas; e suas respectivas justificativas.

Como exemplos de modelos de gestão de projetos podem ser citados: autoritário; democrático; participativo; situacional; inteligência pública; mistos; ou próprios do município, prefeitura e organizações públicas municipais envolvidas.

Como exemplos de métodos de gestão de projetos, podem ser citados: PODC; ISO; PDCA; 5S; PERT/CPM; PMBOK-PMI; entre outros, sejam mistos, sejam de terceiros, sejam próprios.

Como exemplos de instrumentos ou técnicas de gestão de projetos podem ser citados: *softwares* específicos; planilhas eletrônicas; relatórios de acompanhamentos; documentos informatizados ou manuais; entre outros, sejam de terceiros, sejam próprios do município, da prefeitura e das organizações públicas municipais envolvidas.

As justificativas estão relacionadas com a livre escolha pelo município, preferencialmente de acordo com o conhecimento, o domínio ou o interesse pelo instrumento ou técnica de gestão do projeto de PEM.

Capítulo 5

Planejamento de informações municipais

O planejamento de informações municipais (PIM) é instrumento de gestão competente de municípios, prefeituras e organizações públicas municipais. O planejamento estratégico do município (PEM) deve ser complementado pelo PIM e pelo projeto de planejamento da tecnologia da informação e da cidade digital (PTI-CD), considerando suas integrações.

5.1 Conceitos, sistemas e modelos

Para elaboração do PIM, é relevante discutir coletivamente seu significado, adotar um conceito e vivenciá-lo.

5.1.1 Sistema, dado, informação e conhecimento

São diversos os conceitos de **sistema**, destacando-se os seguintes: conjunto de partes que interagem entre si, integrando-se para atingir um objetivo ou resultado; partes interagentes e interdependentes que formam um todo unitário com determinados objetivos e efetuam determinadas funções ou temáticas municipais; em informática, é o conjunto de *software*, *hardware* e recursos humanos (RH); componentes da tecnologia da informação (TI) e seus recursos integrados; e município, prefeitura e seus vários subsistemas.

O **dado** é um conjunto de letras, números ou dígitos que, tomado isoladamente, não transmite nenhum conhecimento, ou seja, não contém um significado claro. Assim, pode ser entendido como um elemento da informação e definido como algo depositado ou armazenado. Como exemplos, podem ser citados: 5; maio; valor; xyz.

A **informação** é todo o dado trabalhado ou tratado, um dado com valor significativo atribuído ou agregado a ele e com um sentido natural e lógico para quem o utiliza, sendo algo útil. Como exemplos, podem ser citados: nome do cidadão; data de nascimento do cidadão; cor do hospital; número de equipamentos; valor total da arrecadação mensal. Observa-se que sempre uma informação requer mais de uma palavra.

Quando a informação é trabalhada por pessoas e recursos computacionais, possibilitando a geração de cenários, simulações e oportunidades, passa a ser **conhecimento**. O conceito de conhecimento complementa o de informação com valor relevante e propósito claro, podendo ser definido como percepções humanas (tácitas) ou inferências computacionais. Como exemplos, podem ser citados: percepção da dificuldade de reversão de prejuízo futuro de uma atividade da prefeitura; práticas que podem ser utilizadas em virtude do cenário atual, com base em experiências semelhantes anteriores; concepção de quais equipamentos, materiais e pessoas são vitais para um serviço; entendimento de quais contratos ativos podem ser negociados, visando à adequação à realidade de uma atividade.

Os dados, as informações e os conhecimentos não podem ser confundidos com decisões (atos mentais, pensamentos), com ações (atos físicos, execuções) ou com processos ou procedimentos. Como exemplos, podem ser citados as seguintes ações: ir ao banco; somar os valores; calcular os juros; pagar a conta. Observa-se que sempre um verbo no infinitivo é necessário para caracterizar uma decisão, ação ou processo.

5.1.2 Características da informação

As informações, para serem úteis para as decisões, devem conter as seguintes características ou premissas: conteúdo único; mais de duas palavras; sem generalizações; não abstratas; sem verbos; e diferentes de documentos, programas, arquivos ou correlatos.

A informação de conteúdo único significa que a cada momento a ela tem um conteúdo, expresso por meio de números, letras ou ambos. Por exemplo: o nome do cidadão só contém um nome; o número do CPF só pode ter um número; o valor do preço do produto só tem um valor por produto; a data do pagamento só pode ser um dia. Quando a informação tiver mais de um conteúdo, eles devem ser explicitados, por exemplo: estado civil (solteiro, casado, divorciado); cor do produto (verde, azul, vermelho); gênero do filme (ação, policial, romântico); forma de pagamento (a vista, a prazo); tipo de pagamento (dinheiro, cartão, cheque). Em cada momento da informação, o conteúdo será único.

A informação exige mais de duas palavras para deixar claro a que se refere, do que se trata, qual seu objeto, a quem se destina etc., do contrário, não seria correto. Por exemplo: saldo (saldo de que?); data (data de?); nome (nome de quem?); veículo (nome, tipo ou cor do veículo?); cidadão (nome, número do CPF, peso?).

A informação não pode ser generalizada, ou seja, cada informação é expressa em seu detalhe, é específica, exclusiva, determinada; não pode ser múltipla, estendida, abrangente ou confusa. Erros comuns podem ser exemplificados: endereço; cadastro; perfil; balanço; características – cada uma dessas palavras tem muitas informações concentradas.

A informação não pode ser abstrata, de difícil compreensão, obscura, vaga, irreal ou imaginária. Deve ser real, verdadeira, concreta. Confusões comuns podem ser exemplificadas: qualidade; virtude; espécie; frequência; belo; grande; inferior – cada uma dessas palavras possibilita múltiplas interpretações.

A informação não pode ser formalizada por meio de um verbo em seu início, principalmente no tempo infinitivo, por exemplo: calcular, controlar; pagar; cobrar. Da mesma forma, cálculo, controle, pagamento, cobrança não são informações, mas podem ser decisões, ações ou processos.

A informação não é um documento, programa, arquivo ou correlato, estes referem-se ao local em que os dados ou as informações podem ser armazenados, ou seja, eles podem conter dados e informações. Por exemplo: um extrato bancário contém dados (números ou letras) e pode conter informações, tal como um livro, um balanço contábil, um laudo médico, uma planilha eletrônica, um *software* qualquer, uma pasta de arquivo, entre outros repositórios de dados.

Para facilitar o entendimento das características ou premissas da informação, pode-se responder à seguinte pergunta: Quais são as informações necessárias para gerir uma conta bancária por meio de um talão de cheques? Entre as diversas informações, essas podem ser sugeridas como exemplo: número do banco; número da agência; número da conta; número do cheque; valor do cheque; nome do favorecido; data da emissão; número de folhas disponíveis; valor total dos créditos; valor total dos débitos; valor do saldo disponível; valor do saldo disponível futuro; tipo de cheque (simples, especial); data de compensação do cheque; tipo de despesa (alimentação, diversão, escola, vestuário).

As informações também podem ser separadas por conjuntos, coisas, assuntos, objetos, grupos, módulos ou sistemas de informação. Por exemplo, quando uma prefeitura ou organização pública vende algo, as informações necessárias podem ser separadas por: cidadão (nome, CPF, telefone celular do cidadão etc.); produto (nome, preço, cor do produto etc.); venda (quantidade vendida, valor total da venda etc.); estoque (quantidade disponível, preço de aquisição etc.); contas a receber (data do recebimento, valor total a receber etc.); e contabilidade (natureza do lançamento, valor do lançamento etc.) e outras separações.

Posteriormente, essas informações ainda podem ser separadas por diversos tipos, como: operacional; gerencial; estratégica; trivial; personalizada; oportuna.

5.1.3 Informação oportuna e personalizada

A informação e os respectivos sistemas desempenham funções fundamentais nos municípios, nas prefeituras e nas organizações públicas municipais, apresentando-se como recurso operacional e estratégico para projetar e gerir atividades municipais de modo competente e inteligente.

Toda e qualquer informação peculiar ou específica pode ser chamada de *informação personalizada*, seja da persona física ou jurídica, seja de uma atividade municipal ou negócio, seja de um produto ou serviço diferenciado. Também pode estar relacionada com uma característica ímpar de um cidadão, por exemplo, competidor, consumidor ou concorrente, e até mesmo de um produto ou serviço municipal.

Como exemplos de informações personalizadas, citam-se: cor preferida de um cidadão; marca de um produto predileto de um consumidor; peso de um hóspede de hotel; nome de uma doença peculiar de um paciente; data escolhida para visita de um fornecedor; nome do banco eleito pelo pagador; nome de um serviço escolhido por um cidadão.

Toda e qualquer informação de qualidade inquestionável, porém antecipada, pode ser chamada de *informação oportuna*. A informação oportuna é a antítese da informação do passado e a que não gera um cenário futuro e indiscutível. Como exemplos de informações oportunas, citam-se: número de leitos disponíveis no hospital no dia seguinte; quantidade de matéria-prima faltante na semana seguinte; valor do saldo negativo bancário amanhã; número de peças produzidas na próxima hora; data do feriado do mês vindouro. Dias, horas e demais números devem sempre ser definidos.

As previsões, apesar de relevantes, não são informações oportunas, e as informações triviais também podem ser relevantes.

5.1.4 Sistemas de informação

Todo sistema, usando ou não recursos de TI, que manipula dados e gera informação pode ser genericamente considerado sistema de informação. Esses sistemas podem assumir diversas formas convencionais, como: relatórios de controles (de sistemas ou de determinadas secretarias municipais ou unidades departamentais) fornecidos e circulados dentro da prefeitura; relato de processos diversos para facilitar a gestão do município; coleção de informações expressa em um meio de veiculação; conjunto de procedimentos e normas da prefeitura, estabelecendo uma estrutura formal; e, por fim, conjunto de partes (quaisquer) que geram informações.

Quando utilizam os recursos da TI, podem ser entendidos como um grupo de telas e de relatórios, habitualmente gerados por essa tecnologia e seus recursos. Também podem ser entendidos como o conjunto de *software*, *hardware*, RH e respectivos procedimentos que antecedem e sucedem um *software*.

O sistema de informação ainda pode ser conceituado como o município, a prefeitura, as organizações públicas municipais e seus vários subsistemas internos, incluindo o meio ambiente externo; também como um subsistema do sistema município, prefeitura e organização pública municipal, por exemplo, suas funções ou temáticas municipais.

Os sistemas de informação, independentemente de seu nível ou classificação, objetivam auxiliar as decisões, sejam dos gestores locais e servidores municipais, sejam dos munícipes ou cidadãos. Se os sistemas de informação não se propuserem a atender a esse objetivo, sua existência não será significativa.

Nos municípios e nas organizações públicas municipais, o foco dos sistemas está nas atividades municipais e nos serviços prestados a gestores locais, servidores municipais e munícipes. O caso contrário seria se os esforços dos sistemas de informação estivessem direcionados aos temas secundários ou de atividades de apoio.

Classificações dos sistemas de informação

Os sistemas de informação podem ser classificados de diversas formas, por exemplo: suporte a decisões; abrangência; ciclo evolutivo; e entrada no município, na prefeitura e nas organizações públicas municipais envolvidas. Essas classificações visam contribuir para as atividades de planejamento, desenvolvimento ou aquisição de soluções para municípios, prefeituras e organizações públicas municipais.

Segundo o critério de suporte a decisões, a classificação dos sistemas de informação pode ser: operacional, gerencial e estratégico.

Os sistemas de informação operacionais também são chamados de *sistemas de apoio às operações municipais, sistemas de controle* ou *sistemas de processamento de transações* e contemplam o processamento de operações e transações rotineiras em seu detalhe, incluindo respectivos procedimentos.

Controlam os dados detalhados das operações das funções ou temáticas municipais imprescindíveis ao funcionamento harmônico da prefeitura e das organizações públicas municipais, auxiliando a tomada de decisão do corpo técnico ou operacional das secretarias municipais ou unidades departamentais. As informações são apresentadas no menor nível, ou seja, analíticas, detalhadas e com termos no singular.

Os sistemas de informação gerenciais são também chamados de *sistemas de apoio à gestão muncipal* ou *sistemas gerenciais* (também são conhecidos por sua sigla em inglês MIS – *Management Information Systems*) e contemplam o processamento de grupos de dados das operações e transações operacionais, transformando-os em informações agrupadas para gestão municipal. Trabalham com os dados agrupados (ou sintetizados) das operações das funções ou temáticas municipais auxiliando a tomada de decisão do corpo gestor (nível médio ou gerencial) das secretarias municipais ou unidades departamentais, em sinergia com as demais unidades. Resumindo, é todo e qualquer sistema que manipula informações agrupadas para contribuir com o corpo gestor da prefeitura e das organizações públicas municipais. As informações são apresentadas em grupos ou sintetizadas, como totais, percentuais, acumuladores, e normalmente apresentadas no plural.

Os sistemas de informação estratégicos são também chamados de *sistemas de informação executivos* ou *sistemas de suporte à decisão estratégica municipal* (também são conhecidos por sua sigla em inglês EIS – *Executive Information Systems*) e contemplam o processamento de grupos de dados das atividades operacionais e das transações gerenciais, transformando-os em informações estratégicas. Trabalham com os dados no nível macro, filtrados das operações das funções ou temáticas municipais, considerando, ainda, os meios internos ou externos e visando auxiliar o processo de tomada de decisão da alta administração da prefeitura e das organizações públicas municipais. As informações são apresentadas de modo macro, sempre relacionadas com o meio interno (funções ou temáticas municipais) ou externo do município e das organizações públicas municipais.

Segundo a abrangência do município e das organizações públicas municipais, os sistemas de informação estão nos níveis: pessoal; de um grupo ou departamental; organizacional; e interorganizacional (Kroenke,

1992). Os sistemas de informação pessoais dizem respeito aos sistemas utilizados por determinada pessoa; os sistemas de informação de um grupo ou departamental dizem respeito aos sistemas utilizados por um grupo de pessoas ou por um único departamento; os sistemas de informação organizacional dizem respeito aos sistemas utilizados por todo o município e organização pública municipal envolvida; e os sistemas de informação interorganizacional dizem respeito aos sistemas utilizados por todos e por um grupo de outras organizações ou de parceiros, como governos, fornecedores ou clientes.

Do ponto de vista do ciclo evolutivo, os sistemas de informação podem ser classificados em: manuais; mecanizados; informatizados; automatizados; e gerenciais e estratégicos. Os sistemas de informação manuais dizem respeito aos sistemas que não utilizam os recursos da TI; os sistemas de informação mecanizados dizem respeito aos sistemas que utilizam os recursos da TI de forma mecânica, ou seja, sem valor agregado; os sistemas de informação informatizados dizem respeito aos sistemas que utilizam os recursos da TI de modo inteligente e com valor agregado; os sistemas de informação automatizados dizem respeito aos sistemas que utilizam recursos de automação municipal, comercial, bancária e industrial; e os sistemas de informação gerenciais e estratégicos dizem respeito aos sistemas direcionados ao corpo gestor e à alta administração, respectivamente. Eles estão descritos na classificação dos sistemas de informação segundo suporte a decisões.

Segundo a entrada na prefeitura e nas organizações públicas municipais e com base no planejamento das necessidades de informação, os sistemas de informação podem ser classificados em: desenvolvimento interno; desenvolvimento externo; aquisição ou licitação; e manutenção ou adaptação. O desenvolvimento dos sistemas de informação diz respeito às atividades de projeto, elaboração e implantação de novos sistemas para a organização. Esses sistemas requerem uma metodologia de desenvolvimento de projetos de sistemas de informação. O desenvolvimento pode ser elaborado por meio de equipe interna ou por uma organização terceirizada que preste esse serviço. A aquisição ou licitação dos sistemas de informação diz respeito às atividades de gestão de compras, como: pesquisa de mercado;

exame de fornecedores; análise das informações necessárias modeladas; e contratação de uma organização que presta esse serviço (*software house*).

A manutenção ou adaptação dos sistemas de informação diz respeito às atividades de melhorias ou ajustes nos sistemas existentes no município, na prefeitura e nas organizações públicas municipais. Esses sistemas não devem exigir grandes esforços das pessoas que farão as atividades nem grandes alterações na infraestrutura de TI necessária.

Em todas essas classificações, as informações municipais requeridas por gestores locais, servidores municipais e munícipes devem ser modeladas com base nas necessidades do município, da prefeitura e das organizações públicas municipais envolvidas.

Modelo dinâmico dos sistemas de informação

O modelo dinâmico dos sistemas de informação é derivado do modelo convencional de sistemas de informação. No modelo convencional, a ênfase está nos tipos de informação (operacional, gerencial e estratégica), em que atribui suas relações de interdependências entre os níveis dos sistemas, os níveis ou tipos das informações e os níveis hierárquicos (corpo técnico, corpo gestor e alta administração da prefeitura e das organizações públicas municipais). Esses níveis estabelecem uma relação de sinergia e coerência em todos os sentidos, vertical e horizontalmente. Em sua base de dados, estão armazenados todos os dados detalhados das funções empresarias, contemplando inclusive o meio ambiente externo. É chamado de *convencional* por ser conhecido há muito tempo e ter forma simples de entendimento.

À medida que aumenta a complexidade interna, as atividades municipais e os objetivos municipais, os processos de tomada de decisões tendem a se tornarem mais complexos, requerendo agilidade, dinamismo, utilidade, inteligência e precisão das ações, das informações e dos conhecimentos municipais. Para atender a essas necessidades, um modelo dinâmico de sistemas de informação se faz necessário.

No modelo dinâmico, aparecem três novas características: (1) inexistência da separação formal dos sistemas de informação operacional, gerencial e estratégico; (2) criação de uma base de dados única das funções ou temáticas municipais, ou seja, sem redundância de dados; e (3) geração de informações oportunas, ou seja, informações de qualidade inquestionável, porém antecipadas em forma de cenários, alertas, dicas etc.

Dessa maneira, o município torna-se um *infomunicípio*, ou seja, com base em informações personalizadas e oportunas, atuando de maneira dinâmica, flexível e ágil, o que permite a interação e o envolvimento de todos (gestores locais, servidores municipais e munícipes) e a definição dos níveis de acesso e de detalhamento da informação. No modelo dinâmico, a ênfase está no uso da informação municipal, independentemente de seu tipo (operacional, gerencial e estratégica).

O modelo dinâmico de sistemas de informação pode ser graficamente representado pela Figura 5.1, a seguir.

Figura 5.1 – Modelo dinâmico de sistemas de informação

A seleção dos dados municipais para serem incluídos na base de dados única das funções ou temáticas municipais deve ser criteriosamente realizada. Para geração das informações oportunas municipais, são de fundamental importância o levantamento, a triagem, a análise e a avaliação da necessidade dos dados, pois, caso contrário, as informações municipais geradas podem ser inoportunas. Nesse modelo, as informações oportunas municipais e, posteriormente, as informações personalizadas municipais devem contribuir significativamente com a inteligência pública.

Modelo decisório dinâmico

Com o objetivo de auxiliar as decisões municipais, principalmente de ordem tática e estratégica, são elaborados os modelos decisórios, adequados à situação e às peculiaridades de cada município, prefeitura e organização pública municipal, buscando sempre fornecer as informações municipais relevantes, personalizadas e oportunas.

O modelo decisório dinâmico é derivado do modelo decisório convencional. No modelo convencional, os dados municipais são transformados em informações, e estas, em conhecimentos. Os dados, as informações e os conhecimentos municipais possibilitam que gestores locais, servidores municipais e munícipes tomem decisões (atos mentais, pensamentos) e, consequentemente, ajam (atos físicos, execuções). As ações trabalhadas geram resultados, sejam positivos, sejam negativos, retroalimentando este ciclo decisório.

O modelo decisório dinâmico pode ser representado graficamente pela Figura 5.2, a seguir.

Figura 5.2 – Modelo decisório dinâmico

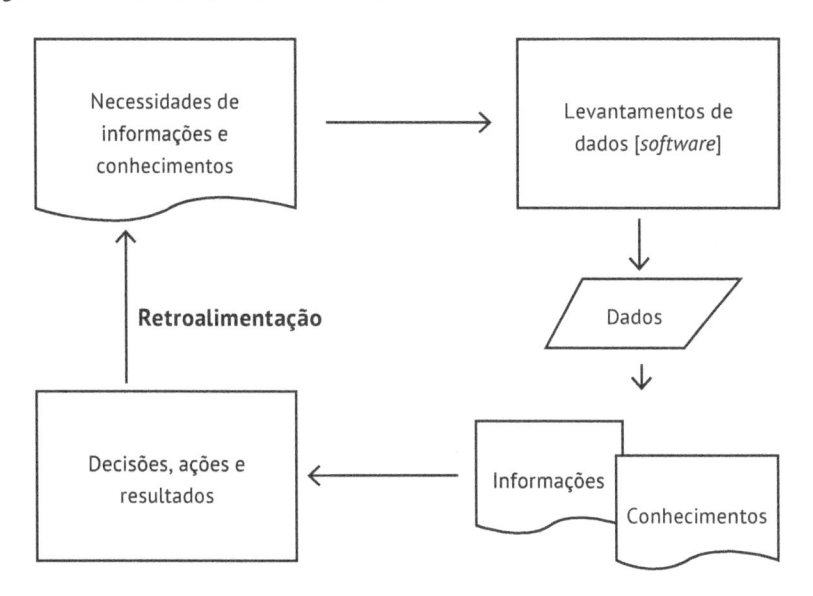

No modelo decisório dinâmico, as necessidades de informações municipais são modeladas por gestores locais, servidores municipais e munícipes por meio de atividades de levantamento de dados ou por programação de *software*, que gere dados a serem transformados em novas informações e novos conhecimentos municipais com mais qualidade e utilidade. O destaque desse modelo é a necessidade de informação, e não o tratamento de dados.

5.1.5 Sistemas de conhecimentos

O conhecimento nos municípios, nas prefeituras e nas organizações públicas municipais também pode ser chamado de *capital intelectual, competências, habilidades, inteligências* e *ativos intangíveis*.

A gestão do conhecimento pode ser entendida como o compartilhamento do conhecimento ou a disseminação das melhores práticas das pessoas da prefeitura e das organizações públicas municipais, sejam gestores locais e servidores municipais, sejam cidadãos.

Todo e qualquer sistema que manipula ou gera conhecimentos estruturados para contribuir com os seres humanos, o município, a prefeitura, as organizações públicas municipais e a sociedade como um todo pode ser chamado de *sistema de conhecimentos*. Os sistemas de conhecimentos podem ser compostos de recursos emergentes da TI ou de *softwares* específicos, nos quais são geradas informações com conhecimentos municipais agregados.

O modelo dos sistemas de conhecimentos com os sistemas de informação pode ser graficamente representado pela Figura 5.3, a seguir. Para que municípios, prefeituras e organizações públicas municipais obtenham as vantagens e utilidades efetivas desses sistemas, são exigidos o emprego e a integração dos recursos da TI.

Figura 5.3 – Modelo de integração dos sistemas de conhecimentos com sistemas de informação e TI

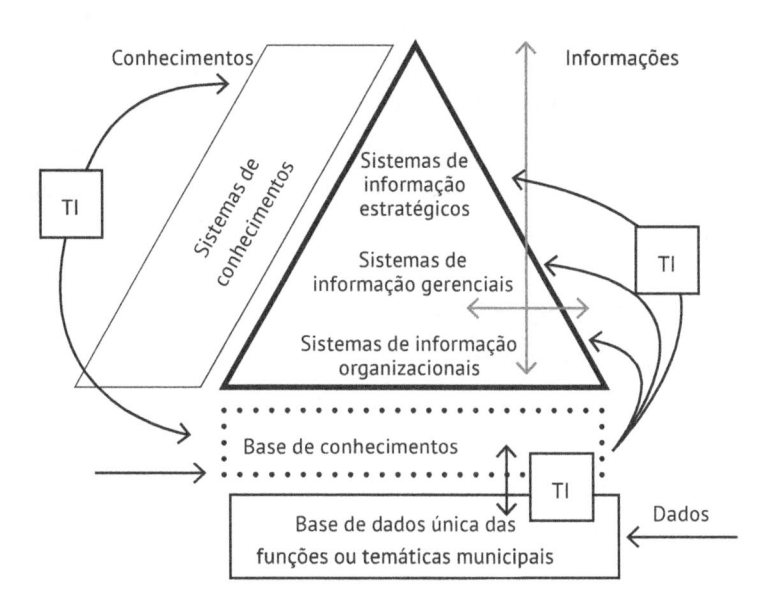

```
        Conhecimentos                    Informações
                    ↗        ↑
                   ╱│╲
                  ╱ │ ╲
                 ╱Sistemas de╲
        ╱     ╱   informação  ╲   ←
       ╱  ╱ ╱    estratégicos  ╲
   ┌────┐╱ ╱                    ╲       ┌────┐
   │ TI │ ╱   Sistemas de        ╲  ←   │ TI │
   └────┘╱   informação gerenciais╲     └────┘
        ╱                    ←──→ ╲
       ╱  Sistemas de informação   ╲  ←
      ╱      organizacionais    ↓   ╲
     ╱───────────────────────────────╲
     ┊· · · · · · · · · · · · · · · ·┊
   → ┊  Base de conhecimentos        ┊↑
     ┊· · · · · · · · · · · · · · · ·┊│    ┌────┐
                                     ↓    │ TI │      Dados
                       ┌─────────────────┐└────┘
                       │ Base de dados única das │  ←
                       │ funções ou temáticas municipais │
                       └─────────────────┘
```

Os sistemas de informação operacionais, gerenciais e estratégicos manipulam e geram as respectivas informações oportunas municipais mediante a base de dados única. Essas informações são, respectivamente, no detalhe, agrupada e macro, as quais estão relacionadas com o meio ambiente interno ou externo do município, da prefeitura e das organizações públicas municipais.

Os sistemas de conhecimentos manipulam e geram conhecimentos por meio das bases de conhecimentos. Essas bases se constituem no local em que são depositados conhecimentos expressos em dados não triviais, imagens, sons, raciocínios elaborados etc. Os conhecimentos são oriundos da base de dados e do meio ambiente interno e externo. Ambas as bases (de dados e de conhecimentos) são criadas pelas pessoas e acionadas por pessoas e por meio dos recursos da TI.

Os recursos e os componentes da TI são os responsáveis pelas atividades de geração, troca e integração (sinergia) de dados, informações e conhecimentos municipais. Esses recursos podem ser qualquer *software* desenvolvido em linguagem de programação convencional ou um *software* específico para esse fim, como recursos de inteligência artificial ou sistemas especialistas, sistemas gerenciadores de banco de dados, ferramentas baseadas na internet e em portais, gerenciamento eletrônico de documentos, automação de processos, e outras ferramentas ou aplicativos, incluindo cidade digital, governo eletrônico, redes sociais e comunidades virtuais.

Toda a sinergia desses sistemas é trabalhada por gestores locais, servidores municipais ou cidadãos e respectivos capitais intelectuais, competências, habilidades e conhecimentos tácitos e explícitos.

5.1.6 Modelo de informações e mapas de conhecimentos municipais

O modelo de informações municipais descreve todas as informações necessárias para gestão das funções ou temáticas municipais do município, da prefeitura e das organizações públicas municipais.

O mapa de conhecimentos municipais descreve os conhecimentos das pessoas do município, da prefeitura e das organizações públicas municipais envolvidas que podem ser compartilhados. Nesses mapas, são descritos os conhecimentos das pessoas com base em seus respectivos capital intelectual, competências, habilidades e percepções para disseminar as melhores práticas municipais por meio de cenários, alertas, combinações, resultados de análises com reflexão, síntese e contextos orientados para ações.

As informações municipais necessárias podem ser estruturadas em níveis ou tipos de informações, ou seja, estratégica, gerencial e operacional. Podem estar distribuídas nas respectivas funções ou temáticas municipais, que também são chamadas de *funções públicas* (ver Seção 2.3), e, consequentemente, desmembradas ou decompostas nos respectivos módulos (ou subsistemas).

No documento do modelo de informações municipais, são descritas apenas as informações. Em outro documento, devem ser elaboradas as ações e descritos os procedimentos de como construir as respectivas informações necessárias. Nesse caso, a ênfase não está na ação, nos processos ou nos requisitos funcionais. Nesse documento, serão relatadas as informações estratégicas (de maneira macrorrelacionadas com o meio ambiente interno ou externo), as informações gerenciais ou táticas (agrupadas ou sintetizadas) e as informações operacionais (no detalhe ou analítica). Como exemplos, os modelos de informações municipais podem ser documentados conforme os quadros a seguir.

Quadro 5.1 – Modelo I de documentação das informações municipais

Função ou temática municipal: Serviços municipais	
Níveis de informações	Módulo ou subsistema: projetos municipais
Estratégica	Quantidade de projetos municipais elaborados *versus* valor total do projeto municipal; Número de dias trabalhados no projeto *versus* número de dias parados.
Gerencial	Quantidade de projetos municipais elaborados; Valor total do projeto municipal; Número de dias trabalhados no projeto municipal.
Operacional	Nome do projeto municipal; Nome do município do projeto municipal; Tipo de projeto municipal (A, B, X, Y ...); Data de início do projeto municipal; Data de término do projeto municipal.

Quadro 5.2 – Modelo II de documentação das informações municipais

Função ou temática municipal: Financeira	
Níveis de informações	Módulo ou subsistema: arrecadação de impostos municipais
Estratégica	Valor total de arrecadação *versus* valor total de contas a pagar; Valor total de arrecadação *versus* valor líquido da folha de pagamento; Percentual do valor de arrecadação *versus* valor do fluxo de caixa.
Gerencial	Valor total de arrecadação; Quantidade de títulos pagos; Número de munícipes inadimplentes.
Operacional	Nome do cidadão; Valor nominal do IPTU; Data de vencimento do IPTU; Data de pagamento do IPTU; Forma de pagamento do IPTU (a vista, a prazo ...); Nome do banco recebedor.

Quadro 5.3 – Modelo III de documentação das informações municipais

Função organizacional (FO): Serviços acadêmicos	
Níveis de informações	Módulo ou subsistema: sistema de alunos
Estratégica	Quantidade total de alunos matriculados *versus* quantidade de alunos desistentes; Quantidade total de alunos por sexo *versus* quantidade de alunos carentes.
Gerencial	Quantidade total de alunos matriculados; Quantidade total de alunos carentes; Quantidade de alunos matriculados por disciplina.
Operacional	Nome da escola municipal; Nome do aluno; Série do aluno; Nome do gênero sexo do aluno (masculino, feminino); Data de nascimento do aluno; Telefone do aluno; Classificação do aluno (AL123, BB123, XYZ999...).

Quadro 5.4 – Modelo IV de documentação das informações municipais

Função organizacional (FO): Serviços médicos	
Níveis de informações	Módulo ou subsistema: recepção do hospital (*check-in* e *check-out*)
Estratégica	Valor total das despesas *versus* quantidade de acompanhantes; Número de dias do paciente no hospital *versus* número médio de dias de hospedagem.
Gerencial	Quantidade de acompanhantes; Número de dias no hospital; Valor total das despesas.
Operacional	Nome do paciente; Tipo de unidade habitacional (apartamento individual, coletivo, luxo...); Preço da unidade habitacional; Data de entrada; Data de saída; Nome da refeição predileta do paciente; Nome da religião do paciente; Peso do paciente; Altura do paciente; Altura do travesseiro do paciente.

É possível observar que as informações municipais contêm as seguintes características: conteúdo único; mais de duas palavras; sem generalizações; não abstratas; sem verbos; e diferentes de documentos, programas, arquivos ou correlatos (ver Seção 5.1).

É importante ressaltar o princípio da sinergia (coerência ou integração) entre as informações municipais. As informações devem ser integradas em seus níveis (operacional, gerencial e estratégico), ou seja, para se obter as informações gerenciais e estratégicas, as informações operacionais no detalhe devem existir.

As informações operacionais são transformadas em dados que deverão estar armazenados nas respectivas bases de dados quando do uso de *software* nos sistemas de informação.

O modelo de informações pode conter informações municipais integradas dos seguintes tipos: convencional (trivial); personalizada; e oportuna. Esses dois últimos tipos de informação, também chamadas de *informações executivas ou inteligentes*, facilitam o mapeamento dos conhecimentos municipais.

Na fase inicial dos projetos, basta relatar as informações municipais necessárias, o que significa responder à seguinte pergunta: Quais são as informações municipais necessárias para gerir determinado serviço municipal (ou módulos de uma função ou temática municipal) ou para gerir uma atividade pública? Nas fases seguintes do projeto, será necessário responder a mais estas duas perguntas: Como são construídas (elaboradas) as informações? Como são apresentadas (mostradas) as informações municipais? A primeira diz respeito às fórmulas ou aos cálculos (algoritmos no caso de *software*) e à descrição detalhada (passo a passo) de como chegar à informação a ser disponibilizada para seu usuário. A última pergunta diz respeito a como serão apresentadas as informações municipais nos documentos (relatórios) ou nas telas dos sistemas de informação com suas respectivas máscaras ou leiaute.

5.1.7 Conceito de PIM

Informação, sistemas de informação e conhecimentos têm conceitos amplamente citados nas literaturas nacionais e internacionais pertinentes, não na mesma frequência que conhecimentos, sistemas de conhecimentos e planejamento de informações.

Como conceito, o PIM é um projeto, posterior processo dinâmico, sistêmico, coletivo, participativo e contínuo para formalização estruturada das informações e dos sistemas de informação necessários para gestão do município, da prefeitura e das organizações públicas municipais, bem como para auxiliar nas decisões municipais nos níveis operacionais, táticos e estratégicos, e, como consequência, para a adequação dos conhecimentos das pessoas envolvidas, dos recursos da TI e dos serviços municipais disponíveis.

5.2 Metodologia e projeto de planejamento de informações municipais

Adequação, dinamismo e inteligência são requisitos inexoráveis para elaborar com êxito projetos de planejamento em municípios, prefeituras e organizações públicas municipais. Para tanto uma metodologia é requerida para a elaboração do PIM e respectivos sistemas de informação e sistemas de conhecimentos.

5.2.1 Metodologia de PIM

Tal como a metodologia para o PEM, a metodologia de PIM pode se constituir em uma abordagem organizada para alcançar o êxito ou sucesso do projeto por meio de passos preestabelecidos, roteiro ou passos sugeridos (ver Seção 3.5).

A metodologia deve ser de e para todo o município e organizações públicas municipais envolvidas, de maneira que seja entendida e utilizada por todos. Ela deve ser amplamente discutida e detalhadamente avaliada por todos, ou seja, por uma equipe multidisciplinar ou comitê gestor. Também deve ser revisada, atualizada e complementada na medida do desenvolvimento do projeto de PIM.

5.2.2 Projeto de PIM

O projeto de PIM deve ser elaborado e implantado por meio de uma metodologia dinâmica, flexível, coletiva e participativa. Da mesma forma que o PEM, depois de realizadas todas as subfases e tarefas exigidas pela fase zero (ver Capitulo 3), uma efetiva metodologia de PIM deve ser determinada.

A documentação do projeto de PIM se constitui em sua efetiva realização e em relatórios, diagramas, papéis de trabalho e descrições formais de cada produto elaborado nas respectivas subfases.

Um projeto municipal deve conter uma estrutura flexível, mas alguns componentes mínimos podem ser sugeridos. Nesse caso, cada item deve ser descrito, deixando claros seus objetivos para facilitar a compreensão dos produtos que devem ser gerados. O projeto pode ser dividido em três grandes partes: (1) capa do projeto; (2) apresentação do projeto e do município, da prefeitura e das organizações públicas municipais envolvidas; e (3) desenvolvimento do projeto. A capa do projeto pode apresentar nome do município, nome do projeto, local e data da realização. Para trabalhos acadêmicos, a capa do projeto deve apresentar o nome da instituição, do curso, da disciplina, do professor, dos alunos e respectivos números. Também pode constar o nome do projeto, o nome do município e dos responsáveis pelas informações (se for um trabalho real ou estudo de caso) ou, então, a anotação "trabalho intuitivo–exercício". E, finalmente, o local e a data da realização.

Nas primeiras páginas do projeto de PIM, recomenda-se elaborar uma apresentação do município, da prefeitura e das organizações públicas municipais envolvidas, como seus dados cadastrais, tipo de atuação pública etc., e, como opção, um histórico do município, o nome dos gestores etc.

Também é oportuno descrever um contexto atual das informações municipais e da TI e um cenário desejado, explicitando o que se espera do projeto. Se houver versões anteriores do projeto, elas devem ser citadas e comentadas, destacando seus pontos positivos e negativos.

Nesse tipo de projeto, não é necessário obedecer fielmente às regras da Associação Brasileira de Normas Técnicas (ABNT), porém um sumário deve ser elaborado, incluindo o número das respectivas páginas (de–até).

Também se recomenda a elaboração de um resumo do projeto.

O desenvolvimento do projeto apresenta e descreve todas as suas partes, fases e subfases, nas quais são gerados e aprovados os respectivos produtos.

É opcional, ao final do projeto, estabelecer uma conclusão ou descrever reflexões finais com pareceres dos componentes da equipe multidisciplinar.

As fases do projeto de PIM podem ser apresentadas de maneira sequencial e didática nas chamadas *partes* (Figura 5.4). As subfases de cada parte podem ser elaboradas concomitantemente e de modo integrado e complementar uma a outra.

A metodologia do projeto de PIM é composta de oito partes, com suas respectivas fases e subfases.

A parte *Elaborar fase zero do projeto de PIM* contempla a fase Organizar, divulgar e capacitar.

A parte *Revisar o PEM* contempla a fase Identificar objetivos, estratégias e ações municipais.

A parte *Planejar informações e conhecimentos municipais* contempla as fases Modelar informações municipais e Mapear conhecimentos municipais (na maioria dos municípios, é elaborada na segunda versão do projeto de PIM). A elaboração da fase Listar atividades municipais também é opcional para facilitar o mapeamento das informações municipais.

A parte *Avaliar e planejar sistemas de informação e de conhecimentos municipais* contempla as fases Avaliar sistemas de informação e de conhecimentos municipais e Planejar sistemas de informação e de conhecimentos municipais.

A parte *Avaliar e planejar RH* contempla as fases Avaliar RH e Planejar RH.

A parte *Priorizar e custear o projeto* contempla as fases Estabelecer prioridades e necessidades, Avaliar impactos e Elaborar plano econômico-financeiro.

A parte *Executar o projeto* contempla a fase Elaborar planos de ação.

A parte *Gerir o projeto* contempla a fase Gerir, divulgar, documentar e aprovar.

Cada uma dessas fases é composta de uma ou mais subfases.

Figura 5.4 – Visão geral da metodologia do projeto de PIM

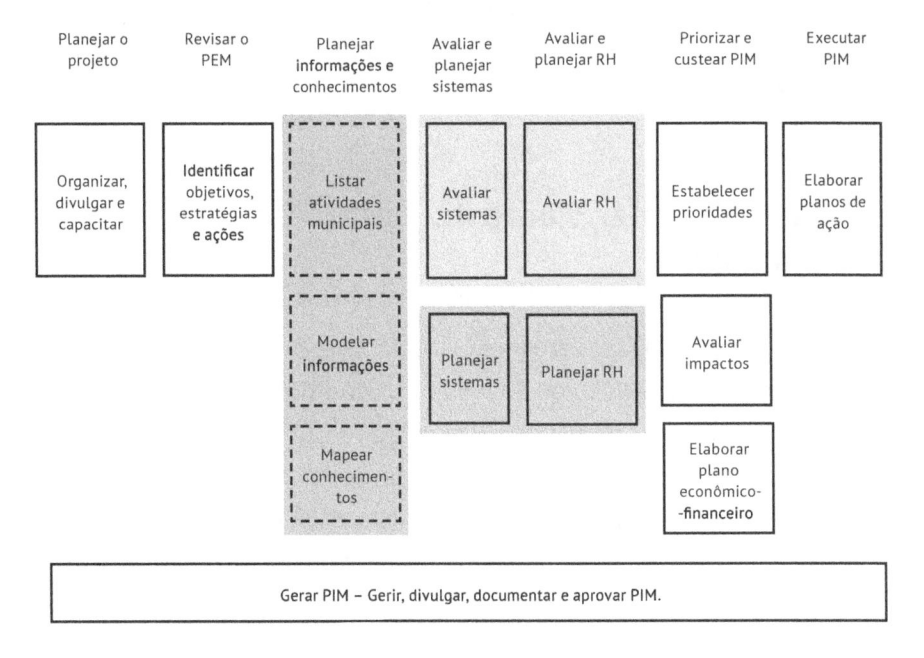

Planejar o projeto	Revisar o PEM	Planejar informações e conhecimentos	Avaliar e planejar sistemas	Avaliar e planejar RH	Priorizar e custear PIM	Executar PIM
Organizar, divulgar e capacitar	Identificar objetivos, estratégias e ações	Listar atividades municipais	Avaliar sistemas	Avaliar RH	Estabelecer prioridades	Elaborar planos de ação
		Modelar informações	Planejar sistemas	Planejar RH	Avaliar impactos	
		Mapear conhecimentos			Elaborar plano econômico-financeiro	

Gerar PIM – Gerir, divulgar, documentar e aprovar PIM.

Alguns municípios, prefeituras e organizações públicas municipais preferem elaborar o projeto de PIM estruturado pelas partes sugeridas, outros o elaboram com as subfases agrupadas por finalidade, como: organizar o projeto; identificar e avaliar determinados itens; propor ou planejar determinados itens; executar o planejamento; entre outras. É possível também elaborar os produtos como versões e lapidá-los nas discussões e aprovações das equipes.

As fases ou etapas, as subfases e as tarefas podem ser adequadas, complementadas ou suprimidas de acordo com o município ou o projeto.

O nível de detalhamento de cada subfase deve ser determinado pela equipe multidisciplinar ou comitê gestor do projeto, de acordo com o grau de necessidade do município e do momento em que ele se encontra.

Para a elaboração de algumas fases, recomenda-se a criação de formulários para documentar as respectivas atividades. Esses formulários podem conter: nome do município; nome do documento; responsável(eis) pelo preenchimento; data da elaboração ou referência; e respectivos campos a serem preenchidos.

Ao final de cada subfase, recomenda-se a elaboração de quadros-resumos (sintéticos ou gerais), que têm como objetivo principal a apresentação para gestores locais, servidores municipais e munícipes ou cidadãos envolvidos.

5.3 Revisar o planejamento estratégico do município

Após a elaboração da fase zero (ver Capítulo 3), essa parte do projeto está relacionada com a revisão ou a elaboração do PEM, da prefeitura e das organizações públicas municipais envolvidas.

Se o PEM estiver elaborado e atualizado, as subfases dessa parte estão praticamente prontas, bastando copiar e ajustar. Se estiver desatualizado ou não existir, o PEM deverá ser elaborado antes do projeto de informações municipais, para que possa haver integração e alinhamento entre ambos.

5.3.1 Identificar objetivos, estratégias e ações municipais

Para facilitar a elaboração dessa fase, confira o Capítulo 4.

Pode-se enfatizar a revisão ou a formalização dos quatro componentes essenciais do PEM: (1) problemas ou dificuldades municipais; (2) objetivos municipais qualificados e quantificados; (3) estratégias municipais; e (4) ações municipais controladas.

No projeto de PIM, os problemas ou dificuldades municipais podem ser descritos em tabelas juntamente a potencialidades, forças, fraquezas, oportunidades e riscos ou ameaças relacionadas ao município, à prefeitura e às organizações públicas municipais envolvidas. Os objetivos municipais podem ser descritos por meio de frases curtas. As estratégias e os planos de ações das estratégias municipais podem ser formalizados por meio dos planos de trabalho com atividades para todas as pessoas envolvidas.

5.4 Planejar informações e conhecimentos municipais

Essa parte do projeto está relacionada com a complementação do planejamento estratégico elaborado na prefeitura e nas organizações públicas municipais envolvidas e com a identificação e a modelagem das informações e dos conhecimentos municipais.

5.4.1 Identificar informações municipais

Modelar informações municipais

O modelo de informações municipais descreve todas as informações necessárias para a gestão da atividade municipal e das funções ou temáticas municipais. As informações podem ser relatadas nos níveis operacional, gerencial e estratégico. Esse modelo deve contemplar informações convencionais, oportunas e personalizadas. As informações municipais modeladas permitem tanto o desenvolvimento quanto a aquisição de sistemas de informação necessários para o município, a prefeitura e as organizações públicas municipais envolvidas.

Essa atividade deve ser elaborada com base nas funções ou temáticas municipais de todo o município e organização pública municipal envolvida e seus respectivos módulos ou sistemas (ver Seção 2.3).

Para tanto, é sugerido o seguinte esquema:

Função ou temática municipal:
Módulo ou subsistema municipal:
Informações municipais estratégicas
Informações municipais gerenciais
Informações municipais operacionais

Quando a prefeitura ou as organizações públicas municipais envolvidas contam com um banco de dados com os campos (ou elementos de dados) adequadamente estruturados e refletindo as informações operacionais, uma opção para tornar essa atividade mais dinâmica é elaborar o modelo de informações municipais com apenas as informações inexistentes ou desejadas. Nesse caso, o dicionário de dados do respectivo banco de dados deve ser listado e anexado no projeto.

É importante lembrar que não se deve focar nos sistemas existentes, pois há uma tendência de copiar suas informações. Deve-se focar na necessidade de informações, independentemente de sua existência e sua dificuldade de obtê-las.

No projeto de PIM, os modelos de informações municipais devem descrever todas as informações necessárias. Deve-se dar atenção especial às informações estratégicas e gerenciais e às informações oportunas e personalizadas.

É fundamental a participação de gestores locais, servidores municipais e munícipes ou cidadãos na modelagem das informações municipais para que, posteriormente, elas sejam disponibilizadas para todos.

Ver conceitos e exemplos na Subseção 5.1.6.

Por opção, antes de modelar as informações municipais, pode-se elaborar uma lista de atividades ou processos municipais para facilitar o entendimento e a estruturação dos módulos das funções ou temáticas municipais ou subsistemas do município, da prefeitura e das organizações públicas municipais envolvidas.

Para tanto, é sugerido o seguinte esquema:

Unidade departamental ou função municipal:
Lista de atividades ou processos municipais:
1. Nome da atividade municipal 1
2. Nome da atividade municipal 2
n. Nome da atividade municipal n

As atividades ou os processos municipais podem ser formalizados por meio de frases curtas, iniciando com verbo no infinitivo, expressando exatamente o que é elaborado. Por opção, as atividades ou os processos municipais podem ser elaboradas em determinada unidade departamental, secretaria ou, ainda, em uma função ou temática municipal.

Estes exemplos de frases curtas podem facilitar o entendimento dessa lista: atender pessoa física ou jurídica; receber documentos; avaliar documentos; registrar dados cadastrais; distribuir materiais; imprimir documentos etc.

Dessa forma, cada uma ou cada conjunto de atividades ou processos municipais pode se converter em um módulo ou subsistema de uma função ou temática municipal.

5.4.2 Identificar conhecimentos municipais

Mapear conhecimentos municipais

Ao passo que o modelo de informações municipais descreve todas as informações municipais necessárias, o mapa de conhecimentos municipais relata os conhecimentos das pessoas nos níveis operacional, gerencial e estratégico, seja de gestores locais e servidores municipais, seja munícipes ou cidadãos.

Frequentemente elaborado a partir da segunda versão do projeto, esse modelo deve contemplar todos os conhecimentos das pessoas para uso de todo o município e organização pública municipal envolvida.

Os conhecimentos municipais modelados permitem tanto o desenvolvimento quanto a aquisição de sistemas de conhecimentos necessários.

Essa atividade também deve ser elaborada com base nas funções ou temáticas municipais de todo o município e organização pública municipal envolvidas e seus respectivos módulos ou sistemas (ver Seção 2.3).

Para tanto, é sugerido o seguinte esquema:

Função ou temática municipal:
Módulo ou subsistema municipal:
Conhecimentos municipais estratégicos
Conhecimentos municipais gerenciais
Conhecimentos municipais operacionais

No projeto de PIM, os mapas de conhecimentos municipais podem considerar os modelos de informações municipais e descrever todos os conhecimentos necessários.

Também é fundamental a participação de gestores locais, servidores municipais e munícipes ou cidadãos no mapeamento de seus conhecimentos para que, posteriormente, sejam compartilhados esses conhecimentos no município.

Para mapear os conhecimentos municipais, podem ser sugeridas algumas atividades: plano de trabalho; capacitação dos envolvidos; coleta de ideias ou levantamento de sugestões; organização das sugestões dos conhecimentos; descrição dos conhecimentos; modelagem ou agrupamento dos conhecimentos; entendimento, análise ou interpretação dos conhecimentos; discussões das percepções humanas; e documentação dos conhecimentos (mapa).

Nesses mapas, são descritos os conhecimentos das pessoas do município a partir dos respectivos capital intelectual, competências, habilidades e percepções, visando disseminar as melhores práticas municipais por meio de cenários, alertas, combinações, resultados de análises com reflexão, síntese e contextos orientados para ações.

5.5 Avaliar e planejar sistemas de informação e de conhecimentos municipais

Essa parte do projeto está direcionada para a identificação e a análise de todos os atuais sistemas de informação e de conhecimentos do município, da prefeitura e das organizações públicas municipais envolvidas.

Para atender às necessidades de informações municipais, com base na avaliação dos sistemas municipais atuais, poderão ser ajustados os sistemas inadequados, propostos ou planejados novos sistemas de todos os tipos e níveis.

5.5.1 Avaliar sistemas de informação e de conhecimentos municipais

Elaborar plano de trabalho

O plano de trabalho para levantamento dos sistemas implica o planejamento da identificação de todos os sistemas existentes.

Esse plano pode ser desmembrado nas etapas: preparação e controle; realização do levantamento de dados e identificação dos sistemas; análise e interpretação de dados, informações e conhecimentos; e conclusão e documentação. A primeira etapa requer um plano de trabalho para a equipe multidisciplinar ou comitê gestor do projeto. As técnicas de levantamento de dados, como observação pessoal, questionário, entrevista, seminário e pesquisa, podem ser empregadas para essa atividade.

Elaborar o plano de trabalho para levantamento dos sistemas que contemplem atividades de maneira coletiva e individual, definindo tarefas, responsáveis, prioridade, tempo (datas de início e fim), recursos necessários e *status*.

Identificar sistemas municipais atuais

Todos os sistemas municipais existentes devem ser identificados e conhecidos. Essa atividade contempla os diversos tipos ou classificações de sistemas de informação e de conhecimentos (acabados ou em desenvolvimento).

Os sistemas podem se apresentar nas mais distintas classificações (ver Subseção 5.1.4). Alguns municípios preferem classificar os sistemas por fornecedor.

Paralelamente aos sistemas de informação, os sistemas de conhecimentos também devem ser identificados (ver Subseção 5.1.5).

Deve-se elaborar uma lista ou um quadro dos sistemas municipais atuais, distribuindo-os nos diversos tipos ou classificações.

Descrever sistemas municipais atuais

Os sistemas municipais existentes identificados devem ser descritos e detalhados para que seus requisitos funcionais sejam conhecidos e assimilados. A descrição dos sistemas pode apresentar os seguintes itens: nome do sistema (ou de um processo); conceito; objetivo; abrangência; justificativa de sua existência; características; tipo ou classificação; especificação das funções ou requisitos funcionais; entradas (origem dos dados); produtos ou saídas; volumes; depósitos de dados (arquivos); integrações sistêmicas; cidadãos; clientes ou usuários; fornecedor (ou proprietário); linguagem e plataforma (ou tipo de *software* utilitário); problemas que apresentam, sugestões de melhorias; custos; benefícios; riscos e viabilidade; tempo de vida; documentações; responsável pelo preenchimento; entre outros detalhes. Os itens escolhidos e a referida descrição devem atender aos níveis de detalhamento exigidos pela equipe multidisciplinar ou comitê gestor do projeto com o grau de necessidade do município, da prefeitura e das organizações públicas municipais envolvidas.

Os formulários padronizados ou os manuais municipais podem contribuir na elaboração dessa atividade. O desenvolvimento de um diagnóstico completo e detalhado (pertinente a um projeto de sistema de informação ou *software*) não é o objetivo dessa subfase. A ênfase está na contribuição ao planejamento de novos sistemas municipais ou de alterações nos atuais e, como consequência, na definição das estratégias de TI.

Também é possível relatar as eventuais necessidades de melhorias sistêmicas e de outras informações ou conhecimentos municipais. Essas necessidades devem estar direcionadas ao pleno atendimento das atividades públicas municipais e descritas sob a ótica das estratégicas municipais, das políticas gerais, dos modelos de gestão, das atividades operacionais e dos aspectos legais pertinentes.

Deve-se elaborar a descrição formal de todos os sistemas municipais atuais.

Avaliar e sumariar a situação dos sistemas municipais atuais

Uma vez que todos os sistemas municipais atuais foram identificados e descritos, eles devem ser criteriosamente avaliados.

A avaliação deve dar ênfase nos pontos fortes e fracos dos sistemas municipais atuais, bem como no grau de satisfação ou atendimento às necessidades do cidadão ou usuário, nos objetivos e na atuação pública municipal e nos indicadores de qualidade adotados pelo município. Também podem ser avaliados os impactos positivos e negativos dos sistemas no município, na prefeitura e nas organizações públicas municipais envolvidas e, eventualmente, as respectivas forças e fraquezas.

Um formulário (ou tabela) pode ser utilizado para facilitar essa avaliação, o qual pode conter os critérios de avaliação e de satisfação de gestores locais, servidores municipais, munícipes ou cidadãos.

Deve-se elaborar a avaliação e um sumário dos sistemas de informação e de conhecimentos municipais atuais com um quadro sintético dos sistemas classificados nos diversos tipos adotados pela equipe multidisciplinar ou comitê gestor do projeto.

No projeto de PIM, a avaliação dos sistemas de informação e de conhecimentos municipais atuais deve contemplar a identificação, a descrição e a avaliação de todos os sistemas existentes no município, na prefeitura e nas organizações públicas municipais envolvidas.

5.5.2 Planejar sistemas de informação e de conhecimentos municipais

Rever informações e conhecimentos municipais

O modelo de informações municipais e o mapa de conhecimentos municipais podem ser revistos e complementados com todas as informações e conhecimentos necessários para o pleno funcionamento operacional, gerencial e estratégico do município como um todo, contemplando o meio ambiente externo da prefeitura e das organizações públicas municipais envolvidas.

Eventualmente, o modelo de informações municipais e o mapa de conhecimentos municipais anteriormente elaborados podem ter dado mais ênfase nas informações e nos conhecimentos estratégicos e gerenciais. Nessa subfase, eles devem ser revistos e detalhados respondendo de modo mais abrangente à pergunta: Quais são as informações e os conhecimentos necessários para a gestão de todo o município e dos respectivos módulos das funções ou temáticas municipais? Tais necessidades devem contemplar a situação atual e as perspectivas futuras do município.

A ênfase agora deve ser nas informações oportunas e personalizadas e nos conhecimentos pertinentes ao município, à prefeitura e às organizações públicas municipais envolvidas.

Esses modelos e mapas devem considerar as informações e os conhecimentos municipais nos níveis operacionais, gerenciais e estratégicos e nos tipos convencionais, oportunos e personalizados. Por opção, pode-se relatar como de fato as informações e os conhecimentos municipais são construídos (elaborados) e apresentados (mostrados) em telas ou relatórios.

Deve-se atualizar o modelo de informações municipais e o mapa de conhecimentos municipais descrevendo todas as informações oportunas e personalizadas e os conhecimentos pertinentes e necessários para as decisões de gestores locais, servidores municipais e cidadãos do município, da prefeitura e das organizações públicas municipais envolvidas.

Nomear sistemas municipais propostos

Os sistemas de informação e de conhecimentos municipais propostos devem ser nomeados e conhecidos por todos no município e nas organizações públicas municipais envolvidas.

Essa nomeação compreende pelo menos o título (nome) do sistema, o tipo ou a classificação, o objetivo principal, os munícipes ou unidades usuárias e sua integração sistêmica. Tais sistemas também podem ser organizados pelas mais distintas classificações (ver Subseções 5.1.4 e 5.1.5).

Deve-se nomear ou listar todos os sistemas de informação e de conhecimentos municipais propostos, em suas diversas formas de classificação.

Diagramar sistemas municipais propostos

Os sistemas de informação e de conhecimentos municipais propostos podem ser diagramados (desenhados) para que possam ser compreendidos e conhecidos por todos no município e nas organizações públicas municipais envolvidas.

Os desenhos podem ser diagramados com qualquer técnica ou ferramenta e respectivas notações. O nível de detalhamento deve ser definido pela equipe multidisciplinar ou comitê gestor do projeto.

Deve-se diagramar todos os sistemas de informação e de conhecimentos municipais propostos.

Descrever sistemas municipais propostos

Os sistemas de informação e de conhecimentos municipais propostos devem ser descritos detalhadamente para que possam ser compreendidos e conhecidos por todos no município e nas organizações públicas municipais envolvidas.

A descrição dos sistemas municipais está relacionada ao tipo de técnica de diagramação escolhida. Pode apresentar os seguintes itens: nome do sistema (ou de um processo); conceito; objetivo; abrangência; justificativa de sua existência; características; tipo ou classificação; especificação das funções ou requisitos funcionais; entradas (origem dos dados); produtos ou saídas; volumes; depósitos de dados (arquivos); integrações sistêmicas; cidadãos; clientes ou usuários; fornecedor (ou proprietário); linguagem e plataforma (ou tipo de *software* utilitário); custos; benefícios; riscos e viabilidade; tempo de vida; documentações; responsável pelo preenchimento; entre outros detalhes. Também podem ser descritos os eventuais problemas que apresentam e as sugestões de melhorias.

Os itens escolhidos e a referida descrição devem atender aos níveis de detalhamento exigidos pela equipe multidisciplinar ou comitê gestor do projeto com o grau de necessidade do município, da prefeitura e das organizações públicas municipais envolvidas.

É importante não deixar de lado a descrição dos sistemas internos da unidade da TI (por exemplo: cidade digital, governo eletrônico, *intranet*, portais, *web 2.0*, redes sociais e comunidades virtuais, *help desk*, inventário, prestadores de serviços ou fornecedores etc.).

Nesse momento, também se podem contemplar as tecnologias aplicadas à geração de informações executivas ou inteligentes que estão disponíveis no mercado. Por exemplo, *Executive Information Systems* (EIS), *Enterprise Resource Planning* (ERP), sistemas de apoio a decisões (SAD), banco de dados, *data warehouse* (armazém de dados), inteligência artificial (IA), sistemas especialistas (*expert systems*), *data mining* (mineração de dados), sistemas de telecomunicações, automação de escritórios, entre outras. As tecnologias aplicadas normalmente são resultados de filosofias ou conceitos entendidos ou aceitos pelas organizações e seus respectivos gestores, oriundos ou não de modelos de administração e gestão moderna. Nesses casos, surgem primeiro os conceitos e depois as aplicações com os recursos da TI aplicada. Como exemplos, podem ser citados os seguintes conceitos ou filosofias de gestão: *Customer Relationship Management*

(CRM – em tradução livre, gestão das relações com o consumidor); *Supply Chain Management* (SCM – em tradução livre, gestão da cadeia de suprimentos); *Balanced Scorecard* (BSC – perspectivas do cidadão, financeira, de processos internos e de aprendizado ou conhecimento organizacional); *Enterprise Core Competence* (ECC – em tradução livre, competências essenciais da organização); *Business Intelligence* (BI – em tradução livre, inteligência de negócios), entre outros.

Essa descrição deve atender aos níveis de detalhamento exigidos pela equipe multidisciplinar ou comitê gestor do projeto com o grau de necessidade do município.

Deve-se descrever todos os sistemas de informação e de conhecimentos municipais propostos.

Validar sistemas municipais propostos

Os sistemas de informação e de conhecimentos municipais propostos devem ser validados pela equipe multidisciplinar ou comitê gestor do projeto e por outros indicados pelo município.

A validação dos sistemas municipais propostos está relacionada com a atividade pública municipal, os objetivos, as estratégias, as políticas e as necessidades das funções ou temáticas municipais.

Muitas vezes, quem nomeia, diagrama e descreve não observa falhas na elaboração dessas atividades. Dessa forma, como sugestão, recomenda-se que a validação seja elaborada por equipe distinta ou por pessoas que não participaram das subfases anteriores.

Nesse momento, é relevante observar se, na modelagem das informações, no mapeamento de conhecimentos e na descrição dos sistemas, foram consideradas as necessidades de informações oportunas e de conhecimentos personalizados do município.

Os critérios e padrões de qualidade, produtividade e efetividade do município podem contribuir com a validação. Nessa atividade de avaliação, apresentação e discussão dos sistemas municipais propostos, o deferimento formal e as assinaturas dos avaliadores e dos envolvidos devem ser requeridos.

É preciso validar todos os sistemas de informação e de conhecimentos municipais propostos.

Avaliar aquisição ou desenvolvimento dos sistemas municipais propostos

As opções de aquisição ou desenvolvimento dos sistemas de informação e de conhecimentos municipais propostos devem ser avaliadas. A avaliação dos sistemas municipais está relacionada com a atividade pública municipal, os objetivos, as estratégias, as políticas (principalmente de sistemas e da TI), as necessidades das funções ou temáticas municipais e as informações municipais descritas nos modelos de informações.

As duas opções facultadas, adquirir sistemas municipais com os fornecedores de soluções (pacotes ou protótipos) ou desenvolver sistemas municipais com recursos próprios (*in-house*) ou com a ajuda de terceiros, devem ser criteriosamente avaliadas. Tais critérios requerem uma análise de custos, benefícios (mensuráveis e não mensuráveis), riscos e viabilidade, pois ambas oferecem vantagens e desvantagens.

A manutenção de eventuais sistemas municipais existentes pode ser considerada um desenvolvimento, principalmente quando são necessários ajustes significativos ou um número elevado de interferências de programação de *software*.

Para ambas as opções, pode ser utilizada uma metodologia de desenvolvimento de sistemas de informação, contemplando inclusive os modelos de informações e as normas e padrões técnicos operacionais pertinentes. Outra variável importante nessa avaliação é a definição de uma metodologia de tempos e custos para a aquisição ou o desenvolvimento dos sistemas municipais propostos.

É preciso avaliar todos os sistemas de informação e de conhecimentos municipais propostos com base nas alternativas de aquisição ou desenvolvimento (interno ou externo).

Elaborar quadro demonstrativo dos sistemas municipais propostos

Uma vez que todos os sistemas de informação e de conhecimentos municipais propostos foram nomeados, diagramados, descritos, validados e avaliados, eles devem ser sumariados em um quadro demonstrativo para o município, a prefeitura e as organizações públicas municipais envolvidas. Esse resumo é elaborado para fins de apresentação e aprovação final da equipe multidisciplinar ou comitê gestor do projeto (incluindo gestores locais, servidores municipais e munícipes ou cidadãos), seja para aquisição, seja para desenvolvimento dos sistemas municipais propostos.

Deve-se elaborar um quadro dos sistemas municipais propostos, distribuindo-os nas funções ou temáticas municipais ou nos diversos tipos ou classificações optadas pela equipe multidisciplinar ou comitê gestor do projeto (ver Subseções 5.1.4 e 5.1.5).

No projeto de PIM, o planejamento dos sistemas de informação e de conhecimentos municipais propostos deve contemplar a revisão das informações e dos conhecimentos municipais necessários. Além disso, deve conter nomeação, diagramação, descrição, validação e avaliação de aquisição ou desenvolvimento de todos os sistemas municipais propostos para o município, a prefeitura e as organizações públicas municipais envolvidas.

5.6 Avaliar e planejar recursos humanos

Essa parte do projeto está direcionada para a análise dos atuais perfis de RH do município, da prefeitura e das organizações públicas municipais envolvidas, preferencialmente incluindo os munícipes ou cidadãos.

Como consequência, serão capacitadas as pessoas ou serão propostos e planejados novos perfis de RH necessários para atender a todos os sistemas municipais propostos e a TI proposta.

5.6.1 Avaliar RH

Elaborar plano de trabalho

O plano de trabalho para a avaliação dos RH e respectivos perfis implica o planejamento da identificação de todas as funções ou cargos e perfis das pessoas do município e das organizações públicas municipais envolvidas.

Esse plano pode ser desmembrado nas etapas: preparação e controle; realização do levantamento de dados e identificação de todas as funções ou cargos e perfis; análise e interpretação dessas funções ou cargos e perfis; e conclusão e documentação. A primeira etapa requer um plano de trabalho para a equipe multidisciplinar ou comitê gestor do projeto. As descrições formais das funções ou cargos e perfis e as técnicas de levantamento de dados, como observação pessoal, questionário, entrevista, seminário e pesquisa, podem ser empregadas para essa atividade.

É preciso elaborar o plano de trabalho para a identificação de todas as funções ou cargos e perfis que contemple atividades de maneira coletiva e individual, definindo tarefas, responsáveis, prioridade, tempo (datas de início e fim), recursos necessários e *status*.

Identificar e descrever funções ou cargos

Todas as funções ou cargos existentes na prefeitura e nas organizações públicas municipais envolvidas devem ser identificados, conhecidos e descritos. A ênfase dessa descrição está nas funções ou cargos que têm relações diretas com os sistemas de informação municipais e respectivos recursos da TI do município.

Na descrição, sugere-se destacar as relações das funções (ou cargos) com as atividades em sistemas de informação e de conhecimentos municipais e com os recursos da TI propostos no projeto. Os demais itens devem obedecer ao plano de cargos e salários existente ou proposto, o qual frequentemente apresenta os seguintes itens: nome da função ou cargo; objetivos; características; entre outros detalhes. Essa descrição deve atender aos níveis de detalhamento exigidos pela equipe multidisciplinar ou comitê gestor do projeto com o grau de necessidade do município. Os respectivos manuais organizacionais podem contribuir na realização dessa atividade.

Deve-se elaborar uma lista de todas as funções ou cargos, distribuindo-os nos diversos tipos, níveis ou classificações optados pela equipe multidisciplinar ou comitê gestor do projeto.

É preciso descrever as respectivas atividades pertinentes a cada função ou cargo.

Identificar e descrever perfis das pessoas

O atual perfil das pessoas ou o perfil profissional dos valores humanos do município deve ser identificado, descrito e conhecido. O referido perfil está relacionado com o conjunto de competências e habilidades necessárias para que as pessoas possam atuar de maneira efetiva no município, na prefeitura e nas organizações públicas municipais envolvidas. A ênfase dessa descrição está nas funções ou nos cargos que têm relações diretas com os sistemas de informação municipais e respectivos recursos da TI do município.

Está direcionado para basicamente três tipos: (1) gestor; (2) não gestor ou técnicos; e (3) auxiliares.

O perfil dos gestores requer sempre ter clara a visão sociotécnica da atividade pública municipal e, se for possível, da teoria geral de sistemas e dos recursos da TI. De acordo com essas abordagens, conceitua-se o *gestor* como uma função ou papel, não um cargo nem uma profissão. As habilidades requeridas dos gestores e o conceito de gestão sempre envolvem a atuação com três grandes competências: (1) pessoas ou RH; (2) processos ou atividades ou projetos municipais; e (3) recursos diversos, como tecnológicos, financeiros, materiais, de tempo etc. As formas de atuação relacionadas com a TI podem se apresentar essencialmente como CIO (*Chief Information Officer*) e ITM (*Information Technology Manager*).

O perfil dos não gestores contempla três grandes habilidades: (1) técnica; (2) de atividade pública municipal; e (3) comportamental (humana). As habilidades técnicas são adquiridas durante a formação técnica do profissional, em cursos acadêmicos e em outros complementares diversos, como metodologias, técnicas, ferramentas e demais recursos tecnológicos. As habilidades de atividade pública municipal são adquiridas no decorrer do exercício profissional, desenvolvendo soluções efetivas para o município, a prefeitura e as organizações públicas municipais, incluindo funções ou temáticas municipais, funções da administração, processos, procedimentos, idiomas, entre outras. As habilidades comportamentais ou humanas são adquiridas durante a vida pessoal, em educação, cultura, filosofia de vida e com os relacionamentos humanos e corporativos, como educação básica, proação, criatividade, comunicação, expressão e relacionamento pessoal, espírito de equipe ou administração participativa, planejamento pessoal, organização, concentração, atenção, disponibilidade, responsabilidade etc. As formas de atuação relacionadas com a TI podem se apresentar como especialista segmentado, analista de negócios ou informações, analista de sistemas, engenheiro de *software*, programador, entre outras.

O perfil dos auxiliares atende às exigências dessas respectivas e específicas funções no projeto e no município, na prefeitura e nas organizações públicas municipais envolvidas.

Caso esse perfil esteja descrito e avaliado no PEM, basta fazer referência à referida subfase.

Vale lembrar que, em algumas prefeituras, o perfil profissional é chamado de *competências* ou *habilidades* dos servidores municipais. Em outras organizações públicas municipais, também é chamado de *função desempenhada* ou *papel dos colaboradores*.

Na descrição dos perfis, sugere-se destacar as relações das funções (ou cargos) com os objetivos e as estratégias municipais, as atividades em sistemas de informação e de conhecimentos e os recursos da TI propostos no projeto.

Deve-se elaborar uma lista dos perfis, distribuindo-os nos diversos tipos, níveis ou classificações adotados pela equipe multidisciplinar ou comitê gestor do projeto.

É preciso descrever os perfis profissionais presentes no município, na prefeitura e nas organizações públicas municipais envolvidas.

Avaliar competências e habilidades das pessoas

Todos os RH da prefeitura e das organizações públicas municipais envolvidas devem ser avaliados com base nos perfis propostos que estão relacionados com o conjunto das competências e habilidades necessárias para que as pessoas possam atuar de maneira efetiva.

Cada pessoa deve ser avaliada individualmente para identificar o enquadramento nos respectivos perfis, valores e políticas de RH da prefeitura e das organizações públicas municipais envolvidas.

No caso dos munícipes ou cidadãos, as competências e habilidades podem ser elaboradas de maneira coletiva ou segmentadas, com direcionamento para a vocação e os objetivos do município e eventuais necessidades de mão de obra diferenciadas.

A avaliação de todos os RH do município deve considerar também os objetivos e as estratégias municipais, os sistemas de informação e de conhecimentos propostos, a TI proposta e os aspectos legais, educacionais e sociais pertinentes.

É preciso elaborar a avaliação formal das pessoas do município, da prefeitura e das organizações públicas municipais envolvidas.

Rever estrutura organizacional

O organograma e as dependências das secretarias municipais e das unidades departamentais da prefeitura e das organizações públicas municipais envolvidas devem ser revistos e avaliados com base nos perfis propostos.

A estrutura organizacional pode ser subdividida em funções ou temáticas municipais presentes em todos os municípios. As funções ou temáticas municipais não devem ser confundidas com secretarias municipais ou unidades departamentais, pois algumas não necessariamente têm todas as funções com secretarias ou departamentos equivalentes e com o mesmo nome. Independentemente do tipo e da forma de organograma utilizado pelo município, as funções ou temáticas municipais existirão na forma de atividades municipais (ver Seção 2.3).

A estrutura organizacional mais efetiva pode ser resumida em três níveis hierárquicos: (1) alta administração; (2) corpo gestor; e (3) corpo técnico.

Podem ser analisadas as forças e fraquezas ou os pontos fortes e fracos relacionados com as atividades ou os processos das estratégias municipais e das funções municipais, o estilo de administração ou modelo de gestão, os resultados municipais, a imagem institucional interna e externa e outras variáveis. As avaliações podem contemplar as situações atuais e futuras, respectivamente, de maneira positiva e negativa no tocante ao desempenho do município. Também pode ser avaliada a quantidade de servidores municipais e prestadores de serviços em relação à efetiva necessidade do município.

A avaliação da estrutura organizacional deve considerar também os sistemas de informação e de conhecimentos municipais propostos, a TI proposta e os aspectos legais e sociais pertinentes.

Deve-se elaborar a avaliação do organograma e das dependências das secretarias municipais e das unidades departamentais da prefeitura e das organizações públicas municipais envolvidas, destacando eventuais ajustes ou sugestões.

Avaliar processos de concursos, recrutamento e seleção

Os processos e sistemas de concursos, recrutamento e seleção dos profissionais devem ser avaliados com base nos perfis propostos.

A avaliação dessa atividade deve considerar também os sistemas de informação e de conhecimentos municipais propostos, a TI proposta e os aspectos legais e sociais pertinentes.

É preciso elaborar a avaliação formal dos processos e sistemas de concursos, recrutamento e seleção da prefeitura e das organizações públicas municipais envolvidas.

Avaliar processos de capacitação e de competências

Os processos e sistemas de capacitação e de competências atual, inclusive os programas de treinamento e planos de qualificação de pessoas, devem ser avaliados com base nos perfis propostos. Essa atividade também é chamada de *treinamento e desenvolvimento*.

A avaliação dessa atividade deve considerar, ainda, os sistemas de informação e de conhecimentos municipais propostos, a TI proposta e os aspectos legais e sociais pertinentes.

Por opção, pode-se também avaliar o sistema de remuneração.

Deve-se elaborar a avaliação formal dos processos e sistemas de capacitação e de competências da prefeitura e das organizações públicas municipais envolvidas.

Elaborar quadro demonstrativo da avaliação dos RH

Uma vez que as funções ou cargos, os perfis propostos, os RH, a estrutura organizacional, a forma de concursos, recrutamento e seleção e o sistema de capacitação e de competências foram identificados, conhecidos e analisados, será necessário sumariar esses itens em um quadro demonstrativo.

Esse resumo é elaborado para fins de apresentação pela equipe multidisciplinar ou comitê gestor do projeto e para aprovação final.

Deve-se elaborar um quadro-resumo da avaliação dos RH da prefeitura e das organizações públicas municipais envolvidas com as respectivas classificações optadas pela equipe multidisciplinar ou comitê gestor do projeto.

No projeto de PIM, a avaliação dos RH deve contemplar: identificação, descrição e avaliação das funções ou cargos e dos perfis e competências das pessoas; revisão da estrutura organizacional; e avaliação de concursos, recrutamento, seleção, capacitação e competências da prefeitura e das organizações públicas municipais envolvidas.

5.6.2 Planejar RH

Propor estratégias dos RH

As estratégias dos RH devem estar alinhadas com as estratégias municipais e as estratégias da unidade da TI.

As estratégias dos RH devem observar a visão dos gestores municipais quanto aos objetivos e às estratégias municipais e devem contribuir com a inteligência pública. Também devem contemplar as funções ou temáticas municipais descritas no PEM.

É preciso definir e descrever a proposta de estratégias dos RH da prefeitura e das organizações públicas municipais envolvidas.

Propor estrutura organizacional

Uma vez que o organograma e as dependências das secretarias municipais e unidades departamentais da prefeitura e das organizações públicas municipais foram revistos e avaliados com base nos perfis propostos, a proposta de ajustes ou de uma nova estrutura organizacional deve ser elaborada.

Devem ser consideradas as recomendações do PEM, bem como as recomendações da revisão da estrutura organizacional elaborada anteriormente.

A estrutura organizacional proposta também deve considerar os sistemas de informação e de conhecimentos municipais propostos, a TI proposta, os perfis propostos e os aspectos legais e sociais pertinentes.

É preciso elaborar a proposta da estrutura organizacional da prefeitura e das organizações públicas municipais envolvidas.

Definir perfis das pessoas

A definição dos perfis das pessoas está relacionada com as competências e habilidades necessárias para que elas possam atuar de maneira efetiva. Genericamente, está direcionada para basicamente três tipos: (1) gestor; (2) não gestor ou técnicos; e (3) auxiliares. Também deve contemplar gestores locais, servidores municipais e munícipes ou cidadãos.

Uma vez que os atuais perfis (ou competências ou papéis) dos valores humanos do município foram identificados, conhecidos e descritos, a definição formal desse perfil deve ser elaborada.

Caso esse perfil esteja definido no PEM, basta fazer referência à referida subfase.

Na definição dos perfis, sugere-se destacar as relações das funções (ou cargos) com os objetivos e as estratégias municipais, as atividades em sistemas de informação e de conhecimentos municipais e os recursos da TI propostos no projeto.

No perfil profissional definido, devem ser contempladas ou descritas todas as funções ou cargos existentes.

É preciso definir e descrever os perfis das pessoas necessários no município, na prefeitura e nas organizações públicas municipais envolvidas, principalmente para a efetivação do projeto.

Planejar necessidades de capacitação

Uma vez que os perfis das pessoas foram definidos e propostos, será necessário identificar as necessidades de treinamento ou capacitação.

A identificação e a lista das necessidades de treinamento ou capacitação devem considerar também os sistemas de informação e de conhecimentos municipais propostos, a TI proposta e os aspectos legais e sociais pertinentes.

O plano de necessidades de treinamento ou capacitação que contempla atividades de maneira coletiva e individual pode apresentar os seguintes itens: nome; finalidade; quantidade; tipo; características; cidadãos; clientes ou usuários a serem capacitados; fornecedor; período ou datas (datas de início e fim); prioridades; entre outros detalhes.

Deve-se elaborar um plano formal de necessidades de capacitação para o município, a prefeitura e as organizações públicas municipais envolvidas.

Propor processos de concursos, recrutamento e seleção

Uma vez que a forma de concursos, recrutamento e seleção dos profissionais foi avaliada, uma proposta para esses processos deve ser formalmente elaborada.

Essa atividade deve considerar também os perfis propostos, os sistemas de informação e de conhecimentos municipais propostos, a TI proposta e os aspectos legais e sociais pertinentes.

Os eventuais sistemas a serem desenvolvidos ou adquiridos devem estar alinhados com esses processos propostos.

É preciso propor os processos formais de concursos, recrutamento e seleção para a prefeitura e as organizações públicas municipais envolvidas.

Propor processos de capacitação e competências

Uma vez que o sistema de capacitação e de competências foi avaliado, inclusive seus programas de treinamento e planos de qualificação de pessoas, uma proposta para esses processos deve ser formalmente elaborada.

Essa atividade deve considerar também os perfis propostos, os sistemas de informação e de conhecimentos municipais propostos, a tecnologia da informação proposta e os aspectos legais e sociais pertinentes.

Os eventuais sistemas a serem desenvolvidos ou adquiridos devem estar alinhados com esses processos propostos.

Juntamente a essa proposta, pode eventualmente ser definido um sistema de remuneração do município.

Deve-se propor os processos formais de capacitação e competências da prefeitura e das organizações públicas municipais envolvidas.

Propor políticas de gestão de pessoas

As políticas de gestão de pessoas respondem pelas regras gerais de sua atuação e gestão e pelo detalhamento de seus procedimentos.

Das estratégias e políticas municipais são geradas as políticas de gestão de pessoas que envolvem todos os RH do município, das secretarias municipais e das unidades departamentais e respectivas políticas operacionais que têm ação mais direta nos processos, nas normas, nos procedimentos e nos fluxos cotidianos.

Essas políticas devem considerar a cultura e a filosofia personalizada do município e relatar seus princípios, valores ou pressupostos, os quais se integram ao modelo de gestão adotado. As políticas requerem a definição dos respectivos procedimentos.

É preciso definir e descrever as propostas de políticas de gestão de pessoas do município, da prefeitura e das organizações públicas municipais envolvidas.

Elaborar quadro geral dos RH necessários

Uma vez definidos os perfis das pessoas, planejadas as necessidades de capacitação, propostas as estratégias dos RH, a estrutura organizacional, os processos de concursos, recrutamento e seleção de pessoas, de capacitação e de competências dos RH, das políticas de gestão de pessoas, será necessário sumariar esses itens em um quadro demonstrativo.

Esse resumo é elaborado para fins de apresentação pela equipe multidisciplinar ou comitê gestor do projeto e para aprovação final.

Deve-se elaborar um quadro-resumo do planejamento dos RH da prefeitura e das organizações públicas municipais envolvidas com as respectivas classificações optadas pela equipe multidisciplinar ou comitê gestor do projeto.

No projeto de PIM, o planejamento dos RH deve contemplar as estratégias de RH, estrutura organizacional, perfis das pessoas, necessidades de capacitação, processos de concursos, recrutamento, seleção, capacitação, competências e políticas de gestão de pessoas da prefeitura e das organizações públicas municipais envolvidas. Deve-se considerar gestores locais, servidores municipais, munícipes ou cidadãos.

5.7 Priorizar e custear o projeto

Essa parte do projeto é direcionada para a priorização, a avaliação e o custeio do projeto, por meio da avaliação e do planejamento das informações, dos sistemas e dos RH municipais. Na prática, nesse momento o projeto de PIM já está propriamente planejado.

5.7.1 Estabelecer prioridades e necessidades

Definir critérios de prioridades
Todas as soluções avaliadas e planejadas nem sempre poderão ser executadas ao mesmo tempo. Essas soluções demandam atividades que devem ser priorizadas.

O primeiro critério de priorização pode ser o foco na atividade pública municipal, dando direcionamento para as soluções que contribuem diretamente com os objetivos e as estratégias municipais constantes no PEM. Assim, um critério de simplificação focada na atividade pública municipal pode ser adotado (Directa, 1992). Nesse caso, a decisão da prioridade pode ser simplificada e direcionada ao atendimento da atividade pública municipal. Dessa forma, a prioridade pode ser escolhida a partir das funções ou temáticas municipais prioritárias e dar atenção especial às soluções e aos sistemas ou módulos que contribuirão com o funcionamento operacional e com a inteligência pública.

Outro critério pode ser uma metodologia formal de prioridade, na qual devem constar itens a serem considerados e respectivos pesos. Nesse sentido, uma metodologia de priorização para desenvolvimento ou aquisição e implantação de soluções pode ser elaborada a partir dos principais fatores que podem influenciar a execução dessas atividades no município.

Cada fator pode ser subdividido em itens relevantes que devem ser pontuados e ponderados até chegar a uma pontuação total para determinar a pontuação global de priorização. A pontuação global fornece subsídios para a decisão de desenvolver, adquirir ou manter e implantar soluções.

Três fatores para priorização de soluções e de sistemas podem ser utilizados para estabelecer um grau de priorização: (1) necessidade; (2) dependência; e (3) complexidade.

O grau de necessidade baseia-se na importância das informações a serem geradas pelos sistemas, considerando pesos para: finalidade das informações e dos conhecimentos (apoio à atividade pública municipal, geração de novas informações e conhecimentos, legislação, apoio operacional e outros a serem definidos); e disponibilidade atual das informações e dos conhecimentos (total, parcial, nenhuma). O grau parcial de prioridade quanto à necessidade é dado pelo peso da finalidade multiplicado pelo peso da disponibilidade.

O grau de dependência baseia-se nas dependências de dados e informações de outros sistemas (manuais ou com TI), considerando pesos para dependência de dados e informações (dependência total, parcial ou sem dependência). O grau parcial de prioridade quanto à dependência é dado pelo peso desse item.

O grau de complexidade baseia-se em valores quantitativos dos pesos e na intensidade possível de aplicação da TI nos sistemas, considerando pesos para número de funções sistêmicas ou requisitos funcionais do *software,* número de depósitos de dados ou arquivos do *software*, forma de integração sistêmica ou relacionamentos entre *softwares* (no próprio sistema, com outros sistemas ou com todos os sistemas do município), percentual de informatização ou automação das funções sistêmicas e respectivos pesos para todos esses itens. O grau parcial de prioridade quanto à complexidade é dado pelo somatório dos pesos atribuídos e multiplicado por 10.

Os graus parciais obtidos pelos itens analisados permitem a apuração do grau de priorização para os sistemas e as soluções, considerando a seguinte fórmula: grau de necessidade (–) grau de dependência (–) grau de complexidade.

Nessa priorização, o município também pode mesclar as atividades de simplificação focada na atividade pública municipal com os fatores e pontuações. Os critérios de prioridades podem ser mesclados considerando a realidade atual do município, da prefeitura e das organizações públicas municipais envolvidas, principalmente no que tange aos impactos e ao plano econômico-financeiro.

Outra variável importante nessa determinação de prioridade são os critérios para definição de uma metodologia de tempos e custos para aquisição ou desenvolvimento das soluções propostas.

É preciso definir junto à equipe multidisciplinar ou comitê do projeto os critérios das prioridades para execução do projeto.

Elaborar quadro de prioridades

A partir dos critérios de prioridades definidos pelo município, um quadro deve ser elaborado. Por opção, pode ser separado em desenvolvimento (interno ou externo), manutenção, aquisição ou implantação de soluções.

Esse quadro também pode ser apresentado de modo geral ou por outra estrutura, como por funções ou temáticas municipais, por tipos de sistemas, por impactos sociais, por valores econômico-financeiros etc.

Um resumo também pode ser elaborado para fins de apresentação pela equipe multidisciplinar ou comitê gestor do projeto e para aprovação final do município.

Deve-se elaborar um quadro de prioridades das soluções do projeto.

Relatar recursos necessários

Os recursos necessários para a execução do projeto devem estar alinhados com os objetivos e as estratégias municipais, as informações municipais e as prioridades definidas.

Esses recursos podem ser os mais diversos, como humanos, tecnológicos, materiais ou logísticos, estruturais, financeiros, de tempo etc.

Por opção, um quadro resumido de necessidades de capacitação pode ser elaborado.

É preciso relatar os recursos necessários para execução do projeto.

No projeto de PIM, o estabelecimento de prioridades e demandas deve definir os critérios e os recursos necessários para as soluções a serem implantadas no município, na prefeitura e nas organizações públicas municipais envolvidas.

5.7.2 Avaliar impactos

Identificar impactos do projeto
Deve-se prever e discutir como as atividades do projeto e de todos os envolvidos afetarão o município, a prefeitura e as organizações públicas municipais envolvidas de maneira positiva e negativa.

Para a identificação dos impactos do projeto, pode ser elaborada uma lista de impactos contendo as abordagens ou tipos ambiental, comportamental, cultural, político, financeiro ou orçamentário, de infraestrutura, jurídico-legal, logístico, operacional, tecnológico, organizacional, de gestão etc.

É preciso elaborar uma lista dos tipos de impactos do projeto.

Descrever impactos e alternativas
A lista de impactos do projeto deve ser descrita com detalhes, separando-os em positivos e negativos.

Juntamente aos detalhes dos impactos, uma lista de alternativas ou recomendações para minimizá-los deve ser elaborada, destacando as medidas para preparar o município e as organizações públicas municipais envolvidas para as soluções adotadas no projeto.

É preciso elaborar a descrição dos impactos e suas respectivas alternativas.

Elaborar quadro demonstrativo dos impactos e das recomendações
Uma vez identificados, avaliados e discutidos os impactos que o projeto causará no município, na prefeitura e nas organizações públicas municipais envolvidas, será necessário sumariar esses itens em um quadro demonstrativo.

Esse resumo é elaborado para fins de apresentação pela equipe multidisciplinar ou comitê gestor do projeto e para aprovação final.

Deve-se elaborar um quadro-resumo dos impactos do projeto.

No projeto de PIM, a avaliação dos impactos deve identificar e descrever impactos e respectivas alternativas para o município, a prefeitura e as organizações públicas municipais envolvidas.

5.7.3 Elaborar plano econômico-financeiro

Desenvolver estratégias e políticas de retorno dos investimentos

As estratégias e políticas do plano econômico-financeiro e do retorno dos investimentos devem estar alinhadas com os objetivos e as estratégias municipais.

Compreende as atividades de um dos vários conjuntos de regras de decisão para orientar o comportamento dos recursos financeiros do município, ligados principalmente à postura de atuação e à forma de gestão do município. O desenvolvimento dessas estratégias e políticas deve considerar a avaliação formal de todo o projeto elaborado.

As metodologias e técnicas econômicas e financeiras específicas para esse fim devem ser utilizadas, bem como as legislações pertinentes do plano plurianual municipal (PPAM).

Deve-se descrever as estratégias e as políticas do plano econômico-financeiro e do retorno dos investimentos.

Elaborar análise de custos, benefícios, riscos e viabilidades

A partir da descrição das estratégias e das políticas do plano econômico-financeiro e do retorno dos investimentos, deve ser elaborada a análise de custos, benefícios, riscos e viabilidades.

É uma atividade que deve ser elaborada contemplando o projeto como um todo, deixando claros os investimentos e os respectivos retornos.

A análise de custos, benefícios e viabilidades é um grande argumento para o município justificar o projeto, pois deixa evidente os desembolsos, os benefícios mensuráveis e não mensuráveis, os riscos e a respectiva viabilidade do projeto. A prática tem mostrado que a justificativa de investimentos de projetos municipais tem sido mais fortemente embasada pelos benefícios chamados *não mensuráveis* ou *sociais*.

Cada município tem uma realidade econômica e financeira que deve ser respeitada. Essa realidade deve ser confrontada com os recursos e as tecnologias disponíveis no mercado, comparando-os entre o estado da arte de um lado e a sucata de outro (ver Seção 4.5). É recomendado atribuir os resultados a serem auferidos em determinado período de tempo.

Dessa forma, é possível ter a certeza de uma boa escolha entre as opções das soluções recomendadas pelo projeto, como desenvolvimento (interno ou externo), aquisições, manutenções etc.

Deve-se elaborar detalhadamente a análise de custos, benefícios, riscos e viabilidade do projeto.

Uma vez identificados, avaliados e discutidos os investimentos necessários para o projeto, será necessário sumariar esses itens em um quadro demonstrativo.

Por opção, pode-se sintetizar o plano econômico-financeiro em um orçamento geral para implantação do projeto, com quadro das estimativas distribuídas em contas mensais, anuais e totais.

Esse resumo é elaborado para fins de apresentação pela equipe multidisciplinar ou comitê gestor do projeto e para aprovação final.

Deve-se elaborar um quadro-resumo do plano econômico-financeiro do projeto.

No projeto de PIM, o plano econômico-financeiro deve contemplar as estratégias e políticas de retorno dos investimentos, a análise de custos, benefícios, riscos e viabilidades e as legislações pertinentes do PPAM do município e das organizações públicas municipais envolvidas.

5.8 Executar o projeto

Essa parte do projeto está direcionada para a execução do projeto propriamente dito, com base em toda a sua elaboração. Nesse momento, o PIM deve ser colocado em prática e iniciada sua segunda versão.

5.8.1 Elaborar planos de ações

Elaborar planos de trabalho para as soluções propostas
Uma vez que todo o PIM foi elaborado, as ações para executar o mesmo devem ser criteriosamente planejadas.

Para estruturar um plano de trabalho, todos os investimentos financeiros, os dispêndios de tempo e os demais recursos devem ser organizados na medida da necessidade de implantação e gestão do projeto.

Os planos de trabalho ou cronogramas podem ser desmembrados em diferentes atividades internas e externas, como: desenvolvimento das alternativas apresentadas; aquisição de pacotes; terceirização de atividades; implementações, ajustes ou manutenções de sistemas; implantação de soluções; elaboração de termos de referências municipais; revisão de decretos municipais; preparação de processos licitatórios; entre outras.

Deve-se elaborar planos de trabalho ou cronogramas (individuais e coletivos) para a execução das soluções propostas no projeto.

Elaborar quadro demonstrativo dos planos de ações

Depois da elaboração dos planos de trabalho ou cronogramas para execução das soluções propostas no projeto, um sumário ou quadro demonstrativo deve ser estruturado.

Esse resumo é elaborado para fins de apresentação pela equipe multidisciplinar ou comitê gestor do projeto e para aprovação final.

Os planos de ações podem ser descritos por meio de metas, as quais podem expressar uma série de atividades a serem elaboradas em determinado período de tempo. Também podem ser desmembrados em atividades estratégicas, táticas e operacionais.

Deve-se elaborar um quadro-resumo dos planos de ações do projeto.

No projeto de PIM, a execução do projeto deve contemplar os planos de ações para as soluções propostas para o município e as organizações públicas municipais envolvidas.

5.9 Gerir o projeto

Essa parte do projeto deve ser elaborada em todas as outras fases, ou seja, no início, no desenvolvimento e na conclusão do PIM. São atividades vitais para o sucesso do projeto. Também pode ser complementada com a fase zero (ver Capítulo 3).

5.9.1 Gerir, divulgar, documentar e aprovar

Gerir o projeto

O acompanhamento das atividades do projeto deve ser realizado desde seu início até sua conclusão.

Essa gestão está relacionada com a gestão de talentos, conflitos, interesses, o direcionamento dos investimentos, a manutenção dos custos, a redução dos tempos de execução das atividades e a garantia de qualidade, produtividade, efetividade, economicidade e inteligência de todo o projeto.

É preciso gerir o projeto com base no conceito e no objetivo adotados, na metodologia, na equipe multidisciplinar ou comitê gestor e nos instrumentos de gestão do projeto.

Divulgar o projeto

Juntamente à gestão, a divulgação do projeto deve ser providenciada.

Essa divulgação tem como principal objetivo o comprometimento e o envolvimento dos componentes direta (equipe multidisciplinar) e indiretamente envolvidos no projeto. Pode ser entendida como a venda ou a articulação do projeto no município.

Tal atividade também permite comunicar o início e o andamento do projeto, bem como a recepção de contribuições das pessoas envolvidas direta e indiretamente com o projeto. A divulgação formal e informal do projeto se constitui em uma inexorável ferramenta de articulação, desenvolvimento e conclusão do projeto (ver Seção 3.7).

É preciso divulgar o andamento, as dificuldades enfrentadas e o resultado do projeto.

Documentar o projeto

Juntamente à gestão e à divulgação, a documentação completa e detalhada do projeto deve ser providenciada.

Essa documentação tem como principal objetivo a formalização e a manutenção de um histórico documental do projeto. Tal atividade também permite um meio de comunicação com os envolvidos direta e indiretamente no projeto.

O histórico documental pode ser elaborado em papéis ou em meios magnéticos (com recursos da internet, por exemplo), os quais podem sedimentar a competência dos elaboradores do projeto em novas versões ou edições e também servir como um meio de compartilhamento e gestão do conhecimento no município.

As técnicas e ferramentas formais ou informais de organização e métodos (O&M) podem ser utilizadas, como formulários ou documentos específicos, diagramas, relatórios ou descrições formais, atas etc. Visando minimizar a desinformação dentro das prefeituras e organizações públicas, dirimir dúvidas e padronizar conceitos e nomeações, principalmente relacionados às atividades públicas municipais ou objetivos municipais, pode ser criado um dicionário de termos próprios ou palavras especiais utilizadas no município e no projeto com seus respectivos significados. Também pode ser chamado de *glossário*.

Ao término do projeto, um relatório final deve ser elaborado. Esse relatório deve conter todos os detalhes das fases do projeto, com eventuais anexos. Visa principalmente fornecer as informações necessárias para a execução do projeto e o acompanhamento e avaliação das atividades.

Esse relatório também servirá como base para a próxima versão ou edição do projeto.

Devem ser criados formulários para documentar todo o andamento, as dificuldades e os resultados parciais e finais do projeto.

Apresentar, avaliar e aprovar o projeto

O projeto deve ser constantemente apresentado, avaliado e aprovado pelos envolvidos, visando principalmente à verificação do grau de satisfação e ao atendimento às necessidades e aos requisitos do projeto, obedecendo aos padrões de qualidade, produtividade, efetividade e inteligência pública estabelecidos.

A avaliação, a revisão e a aprovação devem ser elaboradas principalmente nas passagens das partes ou fases do projeto, considerando: revisão da(s) partes ou fase(s) imediatamente anterior(es); apresentação dos produtos aos envolvidos; e deferimento formal.

Essas atividades podem ser elaboradas em reuniões ou em eventos específicos para esse fim. As técnicas e ferramentas formais ou informais de qualidade, produtividade e efetividade e as metodologias e técnicas de gestão ou gerenciamento de projetos disponíveis na literatura e no mercado podem contribuir nessa atividade.

Recomenda-se, ao final do projeto, uma apresentação formal a todo o município para avaliar a satisfação e obter a aprovação formal, com respectivos protocolos e assinaturas, incluindo gestores locais, servidores municipais e munícipes ou cidadãos.

No projeto de PIM, a gestão, a divulgação e a documentação devem ser formalmente aprovadas pela prefeitura e pelas organizações públicas municipais envolvidas.

Capítulo 6

Planejamento da tecnologia da informação e da cidade digital

O planejamento da tecnologia da informação e da cidade digital (PTI-CD), incluindo governo eletrônico e seus recursos tecnológicos, constitui-se em um instrumento complementar de gestão competente de prefeituras e organizações públicas municipais. O planejamento estratégico do município (PEM) deve ser complementado pelo planejamento de informações municipais (PIM), de sistemas de informação e dos recursos da tecnologia da informação (TI), incluindo projetos ou subprojetos de cidade digital convencional, *smart city* e cidade digital estratégica (ver Capítulo 1).

6.1 Conceito, modelos e recursos tecnológicos municipais

Para elaboração do PTI-CD, é relevante discutir coletivamente seu significado integrado, adotar um conceito e vivenciá-lo.

6.1.1 Informática ou TI

A informática ou TI pode ser conceituada como os recursos tecnológicos e computacionais para guarda, geração e uso de dados, informações e conhecimentos. Está fundamentada nos seguintes componentes: *hardware* e seus dispositivos e periféricos; *software* e seus recursos; sistemas de telecomunicações; gestão de dados e informações (Rezende; Abreu, 2013). Também pode ser chamada de *tecnologia da informação e comunicação* (TIC).

Todos esses componentes interagem e necessitam do componente fundamental: o recurso humano, também chamado de *peopleware* ou *humanware*. Embora conceitualmente esse componente não faça parte da TI, sem ele essa tecnologia não teria funcionalidade e utilidade.

O *hardware* contempla os computadores e respectivos dispositivos e periféricos, já *software* contempla os programas em seus diversos tipos, como o *software* de base ou operacionais, de redes, aplicativos, utilitários e de automação; eles dirigem, organizam e controlam os recursos de *hardware*, fornecendo instruções, comandos, ou seja, programas.

Os sistemas de telecomunicações são recursos que interligam o *hardware* e o *software*. As comunicações podem ser definidas como as transmissões de sinais de um emissor para um receptor por um meio qualquer. As telecomunicações se referem à transmissão eletrônica de sinais para comunicações, por meios como telefone, rádio e televisão. As comunicações de dados são um subconjunto especializado de telecomunicações que se referem à coleta, ao processamento e à distribuição eletrônica de dados, normalmente entre os dispositivos de *hardware* de computadores.

A gestão de dados e informações e respectivos recursos, parte integrante da TI, também é um subsistema especial do sistema de informação global das organizações públicas e privadas. Os dados, quando a eles são atribuídos valores, transformam-se em informações. A gestão de dados e informações compreende as atividades de guarda e recuperação de dados, níveis e controle de acesso às informações. Essa gestão contempla quatro atividades relevantes: (1) esquema de guarda de dados (cópia ou *backup*); (2) recuperação de dados; (3) controle de acesso; e (4) níveis de acesso ou de navegação sistêmica, o que requer um completo plano de contingência e de segurança.

6.1.2 Governo eletrônico

Quando a TI é aplicada à gestão pública (nas esferas do governo federal, estadual ou municipal), pode ser chamada de *governo eletrônico* (e-gov), que pode ser entendido como a utilização dos recursos de TI ou TIC na gestão pública e nas políticas das organizações federais, estaduais e municipais, incluindo a prefeitura e as organizações públicas municipais. Pode envolver ações de governo para governo ou de governo para a sociedade e seus munícipes ou cidadãos (e vice-versa), disponibilizando informações públicas em meios eletrônicos.

Para a implementação do governo eletrônico, é necessário planejamento participativo e envolvimento dos interessados nos projetos municipais, bem como recursos de informática, por exemplo, sistemas de telecomunicações, redes de computadores, *softwares* específicos relacionados com internet, bancos de dados e outros recursos tecnológicos. Os sistemas de informação podem ser expressos em portais ou cidades digitais por meio dos quais gestores locais, servidores municipais, munícipes ou cidadãos recebem e enviam informações que podem ser compartilhadas de maneira oportuna e personalizada. Essas tecnologias envolvem profundas mudanças organizacionais e culturais e não podem ser considerados produtos acabados, pois estão sempre em franco desenvolvimento participativo.

Essas perspectivas e exigências podem facilitar a inteligência pública no cumprimento da missão, no alcance de seus objetivos e na realização das estratégias municipais.

6.1.3 Modelo de sistemas de informação com TI

O modelo dinâmico dos sistemas de informação é complementado pelo modelo de sistemas de informação com TI, utilizando-se dos recursos tecnológicos disponíveis no mercado.

A ideia fundamental é a viabilização dos sistemas de informação por meio da TI, pois, atualmente, é praticamente impossível desenvolver e implantar sistemas de informação em municípios, prefeituras e organizações públicas municipais sem o uso desses recursos tecnológicos.

A TI permite a geração das informações oportunas e personalizadas municipais, também chamadas de *informações executivas* ou *inteligentes*, ou seja, não apenas as triviais.

Todas as características do modelo dinâmico de sistemas de informação são contempladas no modelo de sistemas de informação com TI, que pode ser graficamente representado pela Figura 6.1, a seguir, em que a TI é destacada.

Figura 6.1 – Modelo de sistemas de informação com TI

```
                        Sistemas de
                        informação                    Sinergia

    Níveis
    hierárquicos    Níveis ou uso          Informações
                    de informação:         executivas ou
        Alta                               inteligentes
        administração  Macrorrelacionadas  Sistemas
                       (meio ambiente      de informação
                       interno e externo)  estratégicos
        Corpo gestor
                       Em grupos           Sistemas de
                                           informação gerenciais
                                                                    TI
                                           Sistemas de informação
    Corpo técnico      No detalhe          organizacionais

                        Base de dados única das
                        funções ou temáticas municipais
```

Esse modelo de sistemas de informação com TI deve ser considerado no planejamento e na implantação dos projetos de cidade digital e de governo eletrônico em municípios.

6.1.4 Conceito de PTI-CD

O PTI-CD é um projeto e posteriormente um processo dinâmico, sistêmico, coletivo, participativo e contínuo para a formalização estruturada dos recursos da TI necessários à gestão da prefeitura e das organizações públicas municipais. Ele objetiva auxiliar nas decisões municipais nos níveis operacionais, táticos e estratégicos e facilitar a prestação dos serviços públicos municipais para a qualidade de vida de gestores locais, servidores municipais e munícipes.

6.2 Metodologia e projeto de planejamento da tecnologia da informação e da cidade digital

Para a elaboração adequada do PTI-CD, uma efetiva metodologia é requerida.

6.2.1 Metodologia de PTI-CD

Tal como a metodologia para o PEM e para o PIM, a metodologia do projeto de PTI-CD pode se constituir em uma abordagem organizada para alcançar o sucesso do projeto por meio de passos preestabelecidos ou roteiro (ver Seção 3.5).

Da mesma forma, a metodologia deve ser de e para todo o município e organização pública municipal envolvida, de maneira que seja entendida e utilizada por todos. Ela deve ser amplamente discutida e detalhadamente avaliada por todos, ou seja, por uma equipe multidisciplinar ou comitê gestor. Também deve ser revisada, atualizada e complementada na medida do desenvolvimento do projeto de PTI-CD.

6.2.2 Projeto de PTI-CD

O projeto de PTI-CD deve estar alinhado com os projetos de PEM e de PIM (incluindo os sistemas de informação e conhecimentos municipais).

A metodologia é composta de partes e fases do projeto de PIM, adicionando-se a avaliação e o planejamento da tecnologia da informação (PTI) e seus recursos de infraestrutura paralela da cidade digital.

A parte avaliar e planejar TI e cidade digital contempla as fases: avaliar TI; planejar TI (*software*, *hardware*, sistemas de telecomunicação, gestão de dados e informação); avaliar infraestrutura paralela da cidade digital; planejar infraestrutura paralela da cidade digital; e organizar unidade da TI.

A parte avaliar e planejar serviços municipais contempla as fases: avaliar serviços municipais; e planejar serviços municipais.

Figura 6.2 – Visão geral da metodologia do PTI-CD

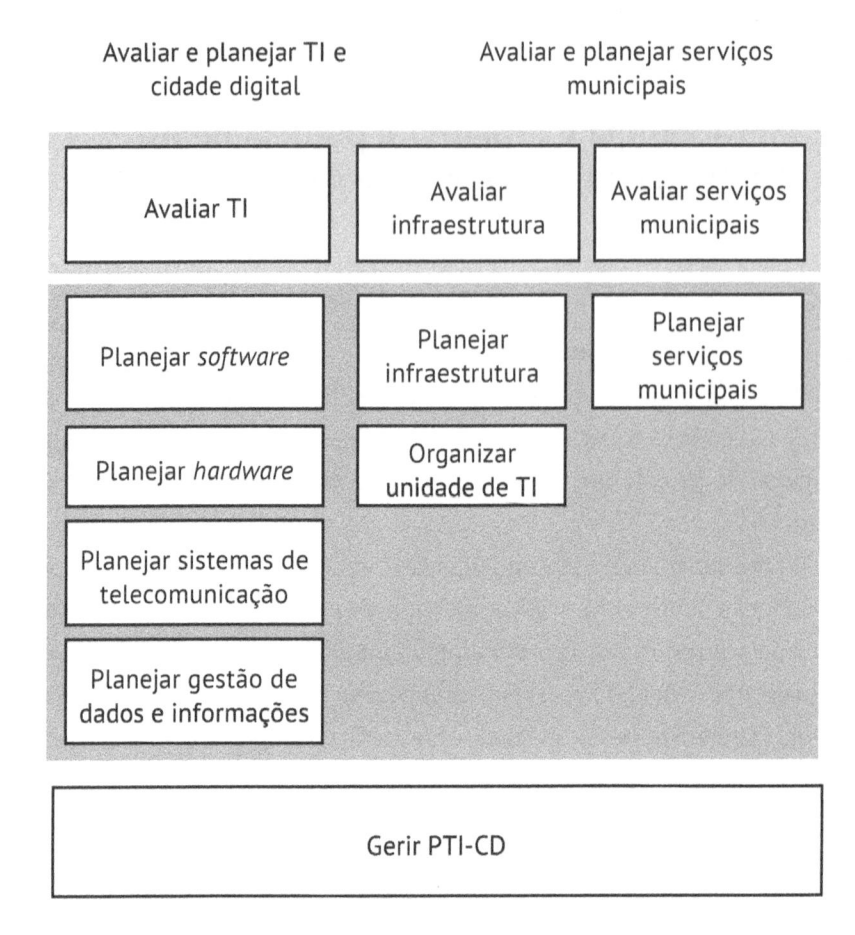

Avaliar e planejar TI e cidade digital

Avaliar e planejar serviços municipais

| Avaliar TI | Avaliar infraestrutura | Avaliar serviços municipais |

| Planejar *software* | Planejar infraestrutura | Planejar serviços municipais |

| Planejar *hardware* | Organizar unidade de TI | |

| Planejar sistemas de telecomunicação | | |

| Planejar gestão de dados e informações | | |

Gerir PTI-CD

Como em qualquer projeto municipal, as partes, fases e subfases da metodologia adotada podem ser adequadas, complementadas ou suprimidas conforme as especificidades do município e do projeto. Da mesma forma, o nível de detalhamento de cada subfase deve ser determinado pela equipe multidisciplinar ou comitê gestor do projeto, de acordo com o grau de necessidade do município.

6.3 Avaliar e planejar tecnologia da informação e cidade digital

Essa parte do projeto está direcionada para a identificação e a análise de todos os recursos atuais da TI da prefeitura e das organizações públicas municipais envolvidas, incluindo projetos ou subprojetos de cidade digital convencional, *smart city* e cidade digital estratégica.

Como consequência, serão ajustados ou propostos e planejados novos recursos tecnológicos necessários para atender a todas as informações e conhecimentos municipais e todos os sistemas municipais propostos para funcionamento efetivo da cidade digital.

6.3.1 Avaliar TI

Elaborar plano de trabalho

O plano de trabalho para avaliar a TI implica o planejamento da identificação de todos os recursos existentes no município e nas organizações públicas municipais envolvidas.

Esse plano pode ser desmembrado nas seguintes etapas: preparação e controle; realização do levantamento de dados e identificação da TI; análise e interpretação desses recursos tecnológicos; e conclusão e documentação. A primeira etapa requer um plano de trabalho para a equipe multidisciplinar ou comitê gestor do projeto. As técnicas de levantamento de dados, como observação pessoal, questionário, entrevista, seminário e pesquisa, podem ser empregadas para essa atividade.

Deve-se elaborar um plano de trabalho para levantamento da TI que contemple atividades de maneira coletiva e individual, definindo tarefas, responsáveis, prioridade, tempo (datas de início e fim), recursos necessários e *status*.

Identificar TI

Todos os recursos da TI existentes devem ser identificados e conhecidos. Essa atividade contempla seus componentes de *hardware*, *software*, sistemas de telecomunicação, gestão de dados e informação.

O *software* refere-se aos recursos programáveis, como *software* de base ou operacionais, utilitários, linguagens, de internet, de automações bancárias, industriais, comerciais, de escritório, entre outros; exceto aplicativos municipais, que são considerados sistemas de informação municipais.

O *hardware* refere-se a computadores, impressoras e seus respectivos dispositivos, periféricos e acessórios.

Os sistemas de telecomunicação referem-se aos recursos de comunicações (redes) ou transferência de dados entre os dispositivos de *hardware* ou entre os programas computacionais (*software*) e sistemas de informação.

A gestão de dados e informação refere-se às atividades de guarda (cópias) e recuperação de dados, controle de acesso (senhas) e níveis de navegação nas informações.

Essa atividade de identificação de toda a TI do município e das organizações públicas municipais envolvidas também é conhecida ou chamada de *parque da TI* ou *de informática do município*.

Devem ser elaboradas listas, tabelas ou mapas (diagramas, licenças e garantias) dos recursos atuais da TI, distribuindo-os nos diversos tipos ou classificações adotados pela equipe multidisciplinar ou comitê gestor do projeto.

Descrever e avaliar *hardware*

Todo *hardware* identificado deve ser descrito e detalhado para que os respectivos periféricos sejam conhecidos e avaliados.

A descrição do *hardware* faz parte do inventário da TI e pode apresentar os seguintes itens: nome; finalidade; quantidade; tipo; características; configuração; arquitetura; topologia; cidadãos; clientes ou usuários; fornecedor; problemas; documentações; entre outros. Essa descrição deve atender aos níveis de detalhamento exigidos pela equipe multidisciplinar ou comitê gestor do projeto com o grau de necessidade do município. Os respectivos manuais organizacionais podem contribuir na elaboração dessa atividade.

A avaliação do *hardware* deve considerar os sistemas de informação e de conhecimentos municipais propostos e os aspectos legais pertinentes.

Deve-se elaborar a descrição e a avaliação formal de todo o *hardware* da prefeitura e das organizações públicas municipais envolvidas.

Descrever e avaliar *software*

Todo *software* identificado deve ser descrito e detalhado para que seus respectivos recursos e utilitários sejam conhecidos e avaliados.

A descrição do *software* faz parte do inventário da TI e pode apresentar os seguintes itens: nome; finalidade; quantidade; tipo; características; configuração; arquitetura; topologia; cidadãos; clientes ou usuários; fornecedor; problemas; documentações; entre; entre outros. Essa descrição deve atender aos níveis de detalhamento de acordo com os padrões exigidos pela equipe multidisciplinar ou comitê gestor do projeto com o grau de necessidade do município. Os respectivos manuais organizacionais podem contribuir na elaboração dessa atividade.

A avaliação do *software* deve considerar os sistemas de informação e de conhecimentos municipais propostos e os aspectos legais pertinentes.

Deve-se elaborar a descrição e a avaliação formal de todo o *software* da prefeitura e das organizações públicas municipais envolvidas.

Descrever e avaliar sistemas de telecomunicação

Todos os sistemas de telecomunicação identificados devem ser descritos e detalhados para que os respectivos recursos sejam conhecidos e avaliados.

A descrição dos sistemas de telecomunicação faz parte do inventário da TI e pode apresentar os seguintes itens: nome; finalidade; quantidade; tipo; características; configuração; arquitetura; topologia; cidadãos; clientes ou usuários, fornecedor, problemas, documentações e outros detalhes. Essa descrição deve atender aos níveis de detalhamento exigidos pela equipe multidisciplinar ou comitê gestor do projeto com o grau de necessidade do município. Os respectivos manuais organizacionais podem contribuir na elaboração dessa atividade.

A avaliação dos sistemas de telecomunicação deve considerar os sistemas de informação e de conhecimentos municipais propostos e os aspectos legais pertinentes.

Deve-se elaborar a descrição e a avaliação formal de todos os sistemas de telecomunicação da prefeitura e das organizações públicas municipais envolvidas.

Descrever e avaliar gestão de dados e informação

Toda a gestão de dados e informação identificada deve ser descrita e detalhada para que os respectivos recursos sejam conhecidos e avaliados.

A descrição da gestão de dados e informação faz parte do inventário da TI que contempla a forma de elaboração da guarda (cópias) e da recuperação dos dados, do controle de acesso (senhas) e dos níveis de navegação nas informações.

Para a guarda de dados, a descrição pode apresentar os seguintes itens: nome; forma; finalidade; horário; dias semanais; locais; dispositivos; quantidades; volumes; tipos; características; configuração; responsável; fornecedor; arquitetura; topologia; problemas; documentações; entre outros.

Para a recuperação de dados, a descrição pode apresentar os mesmos itens da guarda de dados.

Para o controle de acesso ao uso da TI, a descrição pode apresentar os seguintes itens: nome; finalidade; forma de acesso (*login*); tipo de senha; esquema de autenticação; alçada ou direcionamento; características; problemas; documentações; entre outros.

Para o controle dos níveis de navegação nas informações, a descrição pode apresentar os seguintes itens: nome; forma; finalidade; tipo; alçada ou direcionamento; sistemas; características; cidadãos; clientes ou usuários; problemas; documentações; entre outros.

A descrição deve atender aos níveis de detalhamento exigidos pela equipe multidisciplinar ou comitê gestor do projeto com o grau de necessidade do município. Os respectivos manuais organizacionais podem contribuir na elaboração dessa atividade.

A avaliação da gestão de dados e informação deve considerar os sistemas de informação e de conhecimentos municipais propostos e os aspectos legais pertinentes.

Deve-se elaborar a descrição e a avaliação formal de toda a gestão de dados e informação da prefeitura e das organizações públicas municipais envolvidas.

Descrever e avaliar políticas de TI

As políticas dos recursos componentes da TI contemplam as atividades dos planos de contingência, logística, segurança e auditoria. As políticas podem ser interpretadas como regras gerais do município, as quais dependem de seus procedimentos e respectivas normas ou regras. As regras de TI devem contemplar as normas e os padrões técnicos operacionais para *software*, documentações e gestão de projetos.

Um plano de contingência contempla as alternativas para a execução dos sistemas de informação e de conhecimentos do município e para o completo funcionamento dos recursos da TI necessários ao processamento dos respectivos dados. As alternativas podem ser manuais ou eletrônicas e em outro ambiente de *hardware* e *software*, interno ou externo ao local físico atual. Fazem parte do plano de contingência os acordos com organizações correlatas, bem como os contratos com prestadores de serviços e fornecedores, no que dizem respeito a atendimento, suporte, substituição de equipamentos, de soluções etc.

A logística da TI compreende os recursos necessários para guarda, transporte, distribuição e manutenção.

A segurança da TI compreende os atos e as atividades pertinentes à guarda e recuperação de dados, ao controle de acesso aos equipamentos e ao tratamento dos níveis de navegação das informações. Também está relacionada com a logística e a auditoria dos recursos da TI, bem como com a segurança organizacional, mobiliária, ambiental, física, lógica, entre outras.

A auditoria da TI pode ser elaborada por atividades manuais ou por *softwares* específicos ou convencionais (auditoria eletrônica), procurando-se gerar alertas e armazenar todas as operações elaboradas pelos usuários, *logs* (*in*, de banco de dados, de comunicações, *out* e *accounting*, de rastreamentos), tentativas de fraudes, de acessos não permitidos, de manipulações em arquivos e outras checagens. Também pode ser utilizada como fechamento de valores, instrumento de suporte entre sistemas operacionais e sistemas comerciais, fiscalizador de operadores de sistemas, relator de falhas eletrônicas, perdas de dados, alternativas de recuperação de dados e outras diversas vulnerabilidades em que é envolvida a engenharia de *software*.

Deve-se elaborar a descrição e a avaliação formal das políticas dos recursos componentes da TI, contemplando as atividades e normas pertinentes aos planos de contingência, logística, segurança e auditoria da prefeitura e das organizações públicas municipais envolvidas.

Elaborar quadro demonstrativo da TI

Uma vez que todos os recursos da TI do município, da prefeitura e das organizações públicas municipais envolvidas foram identificados e descritos, eles devem ser sumariados em um quadro demonstrativo.

Esse resumo é elaborado para fins de apresentação pela equipe multidisciplinar ou comitê gestor do projeto e para aprovação final do município.

É preciso um quadro-resumo das políticas e dos recursos da TI do município, de modo a distribui-los nos diversos tipos ou classificações adotados pela equipe multidisciplinar ou comitê gestor do projeto. Tais classificações podem ser: tipo; fornecedor; quantidades; cidadãos; clientes ou usuários; funções ou temáticas municipais; unidades departamentais ou por uso operacional, gerencial ou estratégico.

No projeto de PTI-CD a avaliação da TI deve contemplar a identificação, a descrição e a avaliação de todos os recursos tecnológicos existentes no município, na prefeitura e nas organizações públicas municipais envolvidas.

6.3.2 Planejar TI

Desenvolver estratégias de TI

As estratégias dos componentes da TI devem estar alinhadas com os objetivos e estratégias municipais, as informações, os sistemas de informação e conhecimentos municipais e as estratégias e o modelo de gestão da unidade da TI, incluindo projetos ou subprojetos de cidade digital convencional, *smart city* e cidade digital estratégica.

Compreende as atividades dos vários conjuntos de regras de decisão para orientar o comportamento dos referidos recursos, ligados principalmente à postura de atuação e à forma de gestão da unidade da TI.

O desenvolvimento dessas estratégias deve considerar principalmente o planejamento dos sistemas de informação e de conhecimentos municipais propostos, bem como contemplar a avaliação formal de todos os recursos municipais da TI.

As estratégias da TI devem observar a visão dos gestores locais quanto aos serviços públicos municipais oferecidos e contribuir com a inteligência pública.

Ao implantar as referidas estratégias, deve-se elaborar a validação com as políticas, as normas, os padrões técnicos operacionais e a estrutura organizacional da unidade da TI, por meio de procedimentos formalizados e articuladores de resultados.

É preciso definir e descrever as estratégias dos componentes da TI da prefeitura e das organizações públicas municipais envolvidas.

Definir políticas de TI

As políticas dos componentes da TI contemplam as atividades relacionadas a todos os recursos computacionais do município e os respectivos planos de contingência, logística, segurança e auditoria.

As políticas podem ser interpretadas como regras gerais relacionadas com a TI do município, as quais dependem de seus procedimentos e respectivas normas detalhadas. Estão direcionadas ao "o que fazer" em termos de orientações ou parâmetros gerais.

Das estratégias e políticas do município e da unidade da TI são geradas as políticas dos recursos da TI do município que tem ação mais direta nos processos, nas normas, nos procedimentos e nos fluxos quotidianos.

Ao implantar as referidas políticas, deve-se elaborar a validação com as políticas, as normas, os padrões técnicos operacionais e a estrutura organizacional da unidade da TI. Essas políticas devem atender às estratégias de TI, às estratégias da unidade de TI e às estratégias municipais.

É preciso definir e descrever as políticas dos componentes da TI da prefeitura e das organizações públicas municipais envolvidas e respectivos procedimentos.

Definir normas e padrões técnicos operacionais

As políticas dos recursos da TI orientam as normas e os padrões técnicos operacionais do município.

As normas e os padrões técnicos operacionais relatam detalhadamente como as regras são aplicáveis no município, com ênfase nas questões técnicas, incluindo regras para estruturação, documentação e gestão dos recursos computacionais. Tais normas estão direcionadas ao "como fazer" em termos de orientações ou parâmetros gerais. Abrangem também os manuais, os formulários de trabalho, os leiautes padrões de documentos tecnológicos e os aspectos legais pertinentes. Podem também estar adequadas a determinada ferramenta de qualidade ou de norma técnica escolhida pelo município.

Além dos requisitos descritos nas normas e nos padrões técnicos operacionais da unidade da TI, tais normas e padrões devem contemplar: as exigências de compatibilidade entre *software* e *hardware*; o sistema de atualização, instalação e manutenção de *software* e *hardware* (de terceiros ou próprios); os critérios de controle, segurança, auditoria e avaliação permanente de *software* e *hardware*; e os padrões das respectivas configurações pertinentes de telecomunicações e gestão de dados e informações.

No que tange à gestão de dados e informações, a configuração deve contemplar regras para: controle de acesso aos *softwares* e aos sistemas; controle dos níveis de acesso ou de navegabilidade (alçada) nos sistemas; forma de cópias de dados e esquema de *backup*; forma de guarda de dados e esquema de segurança; e forma de recuperação de dados.

É preciso definir e descrever as normas e os padrões técnicos operacionais dos componentes da TI da prefeitura e das organizações públicas municipais envolvidas.

Configurar TI

Uma vez que todos os componentes da TI foram identificados e descritos, eles devem ser configurados para atender às estratégias e políticas da unidade da TI e, principalmente, aos sistemas de informação e de conhecimentos municipais propostos.

Essa atividade também é chamada de *parque da TI* ou *informática municipal*. O referido mapa pode ser separado ou classificado por arquitetura, sistema operacional, *software* de apoio, utilitários, ferramentas *office*, linguagens e outras tipologias.

A compatibilidade entre todos os recursos da TI do município deve ser observada. É importante dar atenção especial aos recursos de governo eletrônico, cidade digital e automação (municipal, de escritórios e bancária), nos quais os equipamentos e programas nem sempre são compatíveis e eventualmente podem exigir *software* intermediário para compatibilizá-los.

A configuração de *software*, *hardware* e telecomunicações faz parte do inventário da TI e pode apresentar os seguintes itens: nome; finalidade; quantidade; tipo; características; configuração; arquitetura; topologia; cidadãos; clientes ou usuários; fornecedor; problemas; documentações; entre outros. Essa descrição deve atender aos níveis de detalhamento exigidos pela equipe multidisciplinar ou comitê gestor do projeto com o grau de necessidade do município

Deve-se também considerar o equilíbrio entre o estado da arte e a realidade econômica e financeira do município.

Os diagramas (desenhos) e os respectivos manuais organizacionais podem contribuir na elaboração dessa atividade.

Deve-se elaborar a configuração formal de todos os componentes da TI necessários para o município, a prefeitura e as organizações públicas municipais envolvidas.

Elaborar quadro demonstrativo de TI

Com base na avaliação e na configuração de todos os componentes da TI, conforme as necessidades do município, esses detalhes devem ser sumariados em um quadro demonstrativo.

Esse resumo é elaborado para fins de apresentação pela equipe multidisciplinar ou comitê gestor do projeto e para aprovação final do município.

Deve-se elaborar um quadro-resumo do *software* configurado para o município e as organizações públicas municipais envolvidas.

No projeto de PTI-CD, o PTI deve contemplar estratégias, políticas, normas e padrões técnicos operacionais e respectivas configurações de todos os recursos tecnológicos existentes no município, na prefeitura e nas organizações públicas municipais envolvidas.

6.3.3 Avaliar infraestrutura paralela da cidade digital

Elaborar plano de trabalho

O plano de trabalho para levantamento da infraestrutura paralela da cidade digital implica o planejamento da identificação de todos os recursos auxiliares para o funcionamento da informática no município, na prefeitura e nas organizações públicas municipais envolvidas.

A infraestrutura paralela (ou de apoio) está relacionada com as necessidades de equipamentos e instalações elétricas, mobiliárias, prediais, de transportes e de materiais, como aterramentos, cabeamentos, antenas, salas, obras civis, ar-condicionado e outros recursos ambientais e de segurança etc.

Esse plano pode ser desmembrado nas seguintes etapas: preparação e controle; realização do levantamento de dados e identificação da infraestrutura paralela; análise e interpretação desses recursos; e conclusão e documentação. A primeira etapa requer um plano de trabalho para a equipe multidisciplinar ou comitê gestor do projeto. As técnicas de levantamento de dados, como observação pessoal, questionário, entrevista, seminário e pesquisa, podem ser empregadas para essa atividade.

Deve-se elaborar o plano de trabalho para o levantamento da infraestrutura paralela da cidade digital que contemple atividades de maneira coletiva e individual, definindo tarefas, responsáveis, prioridade, tempo (datas de início e fim), recursos necessários e *status*.

Descrever e avaliar infraestrutura paralela da cidade digital

Toda a infraestrutura paralela da cidade digital identificada deve ser descrita e detalhada para que seja conhecida e avaliada.

A descrição da infraestrutura paralela pode apresentar os seguintes itens: nome; finalidade; quantidade; tipo; características; configuração; arquitetura; topologia; cidadãos; clientes ou usuários; fornecedor; período de manutenção; problemas; documentações; entre outros. Essa descrição deve atender aos níveis de detalhamento exigidos pela equipe multidisciplinar ou comitê gestor do projeto com o grau de necessidade do município.

Os respectivos manuais organizacionais podem contribuir na elaboração dessa atividade.

A avaliação da infraestrutura paralela deve considerar os sistemas de informação e de conhecimentos municipais propostos, a TI proposta e os aspectos legais pertinentes.

Deve-se elaborar a descrição e a avaliação formal de toda a infraestrutura paralela da cidade digital do município.

Descrever e avaliar políticas de infraestrutura paralela da cidade digital

As políticas de infraestrutura paralela da cidade digital contemplam as atividades dos planos de contingência, logística, segurança e auditoria. As políticas podem ser interpretadas como regras gerais do município, as quais dependem de seus procedimentos e respectivas normas.

Um plano de contingência contempla as alternativas para o completo funcionamento de toda a infraestrutura paralela. As alternativas podem ser manuais ou eletrônicas e em outro ambiente de *hardware* e *software*, interno ou externo ao local físico atual. Fazem parte do plano de contingência os acordos com organizações correlatas, bem como os contratos com prestadores de serviços e fornecedores, no que dizem respeito a atendimento, suporte, substituição de equipamentos, de soluções etc.

A logística da infraestrutura paralela compreende os recursos necessários para guarda, transporte, distribuição e manutenção. A segurança da infraestrutura paralela está relacionada com a logística e a auditoria dos recursos da TI, bem como com a segurança organizacional, mobiliária, ambiental, física, lógica, entre outras. A auditoria da infraestrutura paralela pode ser elaborada por atividades manuais ou por *softwares* específicos ou convencionais (auditoria eletrônica).

É preciso elaborar a descrição e a avaliação formal das políticas de infraestrutura paralela da cidade digital, contemplando as atividades pertinentes aos planos de contingência, logística, segurança e auditoria. Nessa atividade, devem ser acrescidos os sistemas de atualização, instalação e manutenção, com respectivos critérios de controle.

Elaborar quadro demonstrativo da infraestrutura paralela da cidade digital

Uma vez que toda a infraestrutura paralela da cidade digital foi identificada e descrita, ela deve ser sumariada em um quadro demonstrativo.

Esse resumo é elaborado para fins de apresentação pela equipe multidisciplinar ou comitê gestor do projeto e para aprovação final do município.

É preciso elaborar um quadro-resumo ou um diagrama de toda a infraestrutura paralela do município, de modo a distribui-los nos diversos tipos ou classificações adotados pela equipe multidisciplinar ou comitê gestor do projeto. Tais classificações podem ser tipo, fornecedor, quantidades, cidadãos, clientes ou usuários, funções ou temáticas municipais, unidades departamentais ou por uso operacional, gerencial ou estratégico.

No projeto de PIM, a avaliação da infraestrutura paralela da cidade digital deve contemplar sua descrição, incluindo as respectivas políticas existentes no município, na prefeitura e nas organizações públicas municipais envolvidas.

6.3.4 Planejar infraestrutura paralela da cidade digital

Desenvolver estratégias de infraestrutura paralela da cidade digital

As estratégias de infraestrutura paralela da cidade digital devem estar alinhadas com os objetivos e as estratégias municipais e com as estratégias e o modelo de gestão da unidade da TI.

Compreende as atividades de um dos vários conjuntos de regras de decisão para orientar o comportamento dos recursos de infraestrutura paralela do município, ligados principalmente à postura de atuação e à forma de gestão da unidade da TI. Todas essas estratégias devem atender aos objetivos propostos da TI no que tange à infraestrutura paralela do município.

O desenvolvimento das estratégias de infraestrutura paralela deve considerar principalmente o planejamento dos sistemas de informação e de conhecimentos municipais propostos, de todos os recursos da TI, bem como contemplar a avaliação formal de todos os recursos de infraestrutura paralela do município.

As estratégias de infraestrutura paralela também devem observar a visão dos gestores quanto aos serviços públicos municipais e contribuir com sua inteligência.

Ao implantar as estratégias de infraestrutura paralela, deve-se elaborar a validação com as políticas, as normas, os padrões técnicos operacionais e a estrutura organizacional da unidade da TI, por meio de procedimentos formalizados e articuladores de resultados.

Por opção, as estratégias de infraestrutura paralela podem ser elaboradas juntamente às estratégias e ao modelo de gestão da unidade da TI.

Deve-se definir e descrever as estratégias de infraestrutura paralela da cidade digital do município.

Definir políticas de infraestrutura paralela da cidade digital

As políticas de infraestrutura paralela da cidade digital contemplam as atividades relacionadas a todos os recursos de infraestrutura paralela do município e os respectivos planos de contingência, logística, segurança e auditoria.

As políticas podem ser interpretadas como regras gerais relacionadas aos recursos de infraestrutura paralela do município, as quais dependem de seus procedimentos e respectivas normas detalhadas. Estão direcionadas ao "o que fazer" em termos de orientações ou parâmetros gerais.

Das estratégias e políticas do município e da unidade da TI são geradas as políticas de infraestrutura paralela do município que têm ação mais direta nos processos, nas normas, nos procedimentos e nos fluxos cotidianos.

Ao implantar as políticas de infraestrutura paralela, deve-se elaborar a validação com as políticas, as normas, os padrões técnicos operacionais e a estrutura organizacional da unidade da TI. Essas políticas devem atender às estratégias de infraestrutura paralela, às estratégias da unidade da TI e às estratégias municipais.

Por opção, as políticas de infraestrutura paralela podem ser elaboradas juntamente às políticas de TI e às políticas do município.

Deve-se descrever as políticas de infraestrutura paralela da cidade digital do município e respectivos procedimentos.

Definir normas e padrões técnicos operacionais de infraestrutura paralela da cidade digital

As políticas de infraestrutura paralela da cidade digital orientam as normas e os padrões técnicos operacionais de infraestrutura paralela do município.

As normas e os padrões técnicos operacionais relatam detalhadamente como as regras são aplicáveis no município no tocante à infraestrutura paralela, com ênfase nas questões técnicas, incluindo regras para estruturação, documentação e gestão dos recursos de infraestrutura paralela. Estão direcionadas ao "como fazer" em termos de orientações ou parâmetros gerais. Abrangem também os manuais, os formulários de trabalho, os leiautes padrões de documentos de infraestrutura paralela e os aspectos legais pertinentes. Podem também estar adequadas a determinada ferramenta de qualidade ou de norma técnica escolhida.

Além dos requisitos descritos nas normas e nos padrões técnicos operacionais da unidade da TI, tais normas e padrões devem contemplar: as exigências de compatibilidade entre infraestrutura paralela, *software*, *hardware*, sistemas de telecomunicação e gestão de dados e informações; o sistema de atualização, instalação e manutenção de infraestrutura paralela (sejam de terceiros ou próprios); os critérios de controle, segurança, auditoria e avaliação permanente de infraestrutura paralela; e, eventualmente, os padrões das respectivas configurações pertinentes.

Essencialmente, devem contemplar regras para: controles de acessos; manutenção; engenharia; contingência; entre outros.

Por opção, as normas e os padrões técnicos operacionais de infraestrutura paralela podem ser elaboradas juntamente às normas e aos padrões técnicos operacionais da unidade da TI e do município.

Deve-se definir e descrever as normas e os padrões técnicos operacionais de infraestrutura paralela da cidade digital do município.

Configurar infraestrutura paralela da cidade digital

Uma vez que todos os recursos e esquemas de infraestrutura paralela da cidade digital do município foram identificados e descritos, eles devem ser configurados para atender às estratégias e políticas da unidade da TI e, principalmente, aos sistemas de informação e de conhecimentos propostos para o município.

Essa atividade também é chamada de *parque de infraestrutura paralela da TI* ou *informática do município*. O referido mapa pode ser separado ou classificado em modelos, esquemas, rotinas, formas de integração e outras tipologias.

A compatibilidade entre todos os recursos de infraestrutura paralela deve ser observada, bem como entre os demais componentes dos recursos da TI.

A configuração dos recursos de infraestrutura paralela faz parte do inventário da TI e pode apresentar os seguintes itens: nome; finalidade; quantidade; tipo; características; configuração; arquitetura; topologia; cidadãos; clientes ou usuários; fornecedor; problemas; documentações; entre outros. Essa descrição deve atender aos níveis de detalhamento exigidos pela equipe multidisciplinar ou comitê gestor do projeto com o grau de necessidade do município.

Os diagramas (desenhos) e os respectivos manuais organizacionais podem contribuir na elaboração dessa atividade.

Deve-se também considerar o equilíbrio entre o estado da arte e a realidade econômica e financeira do município.

É preciso elaborar a configuração formal de todo os recursos de infraestrutura paralela da cidade digital necessários ao município.

Elaborar quadro demonstrativo de infraestrutura paralela da cidade digital
Uma vez que os recursos de infraestrutura paralela foram avaliados e configurados conforme necessidades da TI e dos sistemas de informação e de conhecimentos do município, esses detalhes devem ser sumariados em um quadro demonstrativo.

Esse resumo é elaborado para fins de apresentação pela equipe multidisciplinar ou comitê gestor do projeto e para aprovação final do município.

Deve-se elaborar um quadro-resumo dos recursos de infraestrutura paralela da cidade digital configurados para o município.

No projeto de PTI-CD, o planejamento da infraestrutura paralela da cidade digital deve contemplar estratégias, políticas, normas e padrões técnicos operacionais e respectivas configurações de todos os recursos tecnológicos paralelos existentes no município, na prefeitura e nas organizações públicas municipais envolvidas.

6.3.5 Organizar unidade da TI

Elaborar plano de trabalho

O plano de trabalho para a organização ou estruturação da unidade da TI implica o planejamento da identificação de todos os recursos existentes no município. Esse plano pode ser desmembrado nas seguintes etapas: preparação e controle; realização do levantamento de dados e identificação da unidade da TI; análise e interpretação dos recursos e valores; e conclusão e documentação. A primeira etapa requer um plano de trabalho para a equipe multidisciplinar ou comitê gestor do projeto. As técnicas de levantamento de dados, como observação pessoal, questionário, entrevista, seminário e pesquisa, podem ser empregadas para essa atividade.

É preciso elaborar o plano de trabalho para levantamento da unidade da TI que contemple atividades de maneira coletiva e individual, definindo tarefas, responsáveis, prioridade, tempo (datas de início e fim), recursos necessários e *status*.

Avaliar unidade da TI

A unidade da TI é a área, o departamento, o setor, ou a seção responsável pelos serviços de informática e pelos recursos de TI do município, anteriormente chamada de *centro de processamento de dados* (CPD).

Os municípios e as organizações públicas municipais preocupados com sua inteligência pública estão realizando trabalhos por objetivos ou tarefas, reduzindo os níveis hierárquicos e diminuindo o número de servidores municipais. Como consequência, exige-se melhor capacitação dos profissionais que nela atuam, bem como a reorganização da unidade da TI.

Toda a infraestrutura tecnológica e todos os recursos humanos (RH) unidade de TI do município devem ser avaliados com base nos perfis propostos, que estão relacionados com o conjunto das competências e habilidades necessárias para que as pessoas possam atuar de maneira efetiva.

Deve-se rever os objetivos e as atividades ou tarefas a serem elaboradas pela unidade da TI visando atender ao município como um todo.

A avaliação de todos os recursos da unidade da TI do município deve considerar também as estratégias municipais, os sistemas de informação e de conhecimentos municipais propostos, a TI proposta e os aspectos legais, educacionais e sociais pertinentes.

Como opção, pode-se relatar as oportunidades, as ameaças, as forças e as fraquezas dessa unidade.

É preciso elaborar a avaliação formal dos recursos da unidade da TI do município.

Definir e propor estratégias da unidade da TI

As estratégias da unidade da TI devem estar alinhadas com os objetivos e as estratégias do município.

Compreende as atividades e um dos vários conjuntos de regras de decisão para orientar o comportamento dos recursos da TI do município, ligados principalmente à postura de atuação e à forma de gestão da unidade da TI.

As estratégias da unidade da TI devem observar a visão, os serviços públicos municipais e a contribuição com a inteligência do município.

Por opção, as estratégias da unidade da TI podem ser elaboradas juntamente às estratégias municipais e a seu modelo de gestão.

Deve-se definir e descrever as estratégias da unidade da TI do município.

Definir modelo de gestão da unidade da TI

As estratégias do município e de TI poderão orientar o modelo de gestão mais adequado para a unidade da TI.

Apesar da existência dos modelos de gestão autoritário, democrático e situacional, o modelo de gestão mais indicado para a unidade da TI é o participativo. O modelo de gestão participativo é convergente aos sistemas abertos e utiliza equipes multidisciplinares (comitês) para elaboração de projetos, determinação de prioridades com planos de trabalho e desenvolvimento das diversas atividades pertinentes a essa unidade, sob orientação de metodologias e participação efetiva de gestores locais, servidores municipais e munícipes.

O modelo de gestão participativo pressupõe um gestor da unidade da TI com as competentes habilidades relacionadas a pessoas ou RH, a processos, atividades ou projetos municipais e a recursos diversos, como tecnológicos, financeiros, materiais, de tempo, entre outros. Ele deve atuar como um agente de mudanças, ser ativo, eclético, transparente e efetivo.

Deve-se definir e descrever o modelo de gestão da unidade da TI do município.

Definir políticas da unidade da TI

As políticas da unidade da TI respondem pelas regras gerais de sua atuação e gestão no município e pelo detalhamento de seus procedimentos. Estão direcionadas ao "o que fazer" em termos de orientações ou parâmetros gerais.

Das estratégias e políticas municipais são geradas as políticas de informações que envolvem os recursos e a unidade da TI do município e respectivas políticas operacionais que têm ação mais direta nos processos, nas normas, nos procedimentos e nos fluxos cotidianos. As políticas requerem a definição dos respectivos procedimentos.

Ao implantar as políticas da unidade da TI, deve-se elaborar a validação com as políticas, as normas, os padrões técnicos operacionais e a estrutura organizacional da unidade da TI. Essas políticas devem atender às estratégias da unidade da TI e às estratégias municipais.

Essas políticas devem considerar a cultura e a filosofia personalizada do município e devem relatar seus princípios, valores ou pressupostos, os quais se integram ao modelo de gestão adotado.

Merecem atenção especial os seguintes métodos de trabalho: metodologia de desenvolvimento de sistemas de informação e de outros projetos; metodologia de tempos e custos para aquisição ou desenvolvimento de soluções de TI; e metodologia de análise de custos, benefícios (mensuráveis e não mensuráveis), riscos e viabilidade.

Por opção, as políticas da unidade da TI podem ser elaboradas juntamente às políticas de TI e às políticas do município.

Deve-se definir e descrever as políticas e os procedimentos de TI do município.

Definir normas e padrões técnicos operacionais da unidade da TI

As políticas da unidade da TI e de TI orientam as normas e os padrões técnicos operacionais do município. Estão direcionadas ao "como fazer" em termos de orientações ou parâmetros gerais. Abrangem também os manuais, os formulários de trabalho, os leiautes padrões de documentos de *software* e os aspectos legais pertinentes. Podem também estar adequadas a determinada ferramenta de qualidade ou norma técnica escolhida pelo município.

As normas e os padrões técnicos operacionais relatam detalhadamente as regras aplicáveis ao município no tocante à tecnologia como um todo, com ênfase nas questões técnicas, incluindo normas, padrões e regras para programação, documentação e gestão de projetos. Abrangem os manuais organizacionais, os formulários de trabalho e os leiautes padrão de documentos de entrada, arquivamento e saída de dados.

No tocante a regras de programação de *software*, podem relatar a forma de uso de esqueletos de programas, normas de codificação e programação, incluindo até nome de variáveis, elementos de dados (campos), rosto e comentários de programas. Podem se enquadrar ou atender a padrões internacionais de qualidade e de modelagem dos recursos de TI. Essas regras devem atender às exigências de fases, subfases, produtos e pontos de aprovação dos métodos de trabalho definidos pelas políticas de TI.

Por opção, as normas e os padrões técnicos operacionais da unidade da TI podem ser elaboradas juntamente às normas e aos padrões técnicos operacionais dos recursos de TI do município.

Deve-se definir e descrever as normas e os padrões técnicos operacionais de TI do município.

Propor estrutura organizacional da unidade da TI

A estrutura organizacional da unidade da TI é dependente da estrutura organizacional do município expressa em seu organograma.

A posição organizacional da unidade da TI pode apresentar-se das seguintes maneiras: organização que presta serviços para o mercado em geral; divisão organizacional que presta serviços para todo o município ou para um grupo organizacional; instituto que congrega e centraliza as atividades da TI de diversas organizações públicas ou privadas; unidade central em *staff* ou de assessoramento; unidade departamental, como um departamento, setor ou seção dentro do município; solução que mescla os tipos anteriores.

Tais estruturas podem desenvolver soluções, suportar atividades, vender produtos, gerir prestadores de serviços etc. Independentemente da estrutura proposta, os conceitos de inteligência competitiva e de inteligência pública podem ser contemplados.

A proposta de estrutura organizacional para a unidade da TI deve avaliar e definir os objetivos e a forma de atuação dos prestadores de serviços e de terceirização de atividades. Também deve considerar um plano de contingência, de rodízios de pessoas e de reserva técnica de profissionais envolvidos.

É preciso propor a estrutura organizacional da unidade da TI integrada com o organograma da prefeitura e das organizações públicas municipais envolvidas, com os perfis propostos das pessoas ou perfil profissional dos valores humanos do município e com as estratégias municipais. Devem ser relatadas eventuais considerações pertinentes.

Elaborar quadro demonstrativo da unidade da TI

Uma vez que a unidade da TI do município foi avaliada e suas estratégias, políticas e normas, seu modelo de gestão e sua estrutura organizacional foram definidos, esses itens devem ser sumariados em um quadro demonstrativo.

Esse resumo é elaborado para fins de apresentação pela equipe multidisciplinar ou comitê gestor do projeto e para aprovação final do município.

É preciso elaborar um quadro-resumo das estratégias, políticas e normas, do modelo de gestão e da estrutura organizacional da unidade da TI do município.

No projeto de PTI-CD, a organização da unidade da TI deve contemplar a avaliação das propostas pertinentes. As propostas definem estratégias, modelo de gestão, políticas, normas pertinentes e estrutura organizacional necessária para atender ao município, à prefeitura e às organizações públicas municipais envolvidas.

6.4 Avaliar e planejar serviços municipais

Essa parte do projeto está direcionada para a identificação e a análise de todos os serviços municipais oferecidos pelo município e pelas organizações públicas municipais envolvidas.

6.4.1 Avaliar serviços municipais

Elaborar plano de trabalho
O plano de trabalho para avaliar os serviços municipais implica o planejamento da identificação de todos os serviços municipais oferecidos pelo município e pelas organizações públicas municipais envolvidas.

Esse plano pode ser desmembrado nas seguintes etapas: preparação e controle; realização do levantamento de dados e identificação dos serviços municipais; análise e interpretação desses serviços; e conclusão e documentação. A primeira etapa requer um plano de trabalho para a equipe multidisciplinar ou comitê gestor do projeto. As técnicas de levantamento de dados, como observação pessoal, questionário, entrevista, seminário e pesquisa, podem ser empregadas para essa atividade.

Deve-se elaborar o plano de trabalho para levantamento dos serviços municipais que contemple atividades de maneira coletiva e individual, definindo tarefas, responsáveis, prioridade, tempo (datas de início e fim), recursos necessários e *status*.

Descrever serviços municipais
Todos os serviços municipais devem ser descritos e detalhados para que sejam conhecidos e avaliados.

A descrição dos serviços municipais pode apresentar os seguintes itens: nome; tipo ou classificação; objetivo; características; cidadãos; clientes ou usuários; fornecedor; problemas; documentações; entre outros. Essa descrição deve atender aos níveis de detalhamento exigidos pela equipe multidisciplinar ou comitê gestor do projeto com o grau de necessidade do município e, principalmente, dos munícipes. Os respectivos manuais organizacionais podem contribuir na elaboração dessa atividade.

A avaliação dos serviços municipais deve considerar os sistemas de informação e de conhecimentos municipais propostos, os recursos da TI disponíveis e os aspectos legais pertinentes.

Deve-se elaborar a descrição e a avaliação formal de todos os serviços municipais do município e das organizações públicas municipais envolvidas.

Elaborar quadro demonstrativo dos serviços municipais

Uma vez que todos os serviços municipais da prefeitura e das organizações públicas municipais envolvidas foram identificados e descritos, eles devem ser sumariados em um quadro demonstrativo.

Esse resumo é elaborado para fins de apresentação pela equipe multidisciplinar ou comitê gestor do projeto e para aprovação final do município.

É preciso elaborar um quadro-resumo dos serviços municipais distribuindo-os nos diversos tipos ou classificações optados pela equipe multidisciplinar ou comitê gestor do projeto. Tais classificações podem ser tipo, quantidades, cidadãos, clientes ou usuários, funções ou temáticas municipais, unidades departamentais envolvidas, fornecedores ou prestadores de serviços.

No projeto de PTI-CD, a avaliação dos serviços municipais deve contemplar a identificação, a descrição e a avaliação de todos os serviços existentes no município, na prefeitura e nas organizações públicas municipais envolvidas.

6.4.2 Planejar serviços municipais

Definir estratégias dos serviços municipais

As estratégias dos serviços municipais devem estar alinhadas com os objetivos e as estratégias municipais, as informações, os sistemas de informação e conhecimentos municipais e os recursos da TI disponíveis.

Compreende as atividades dos vários conjuntos de regras de decisão para orientar o comportamento dos referidos serviços municipais oferecidos.

O desenvolvimento dessas estratégias deve considerar principalmente o planejamento dos sistemas de informação e de conhecimentos municipais propostos, bem como contemplar a avaliação formal de todos os serviços municipais avaliados.

As estratégias dos serviços municipais devem observar a visão dos gestores locais quanto aos serviços municipais oferecidos e contribuir com a inteligência pública.

Deve-se definir e descrever as estratégias dos serviços municipais da prefeitura e das organizações públicas municipais envolvidas.

Formalizar serviços municipais

Com base na definição das estratégias dos serviços municipais, tais serviços devem ser formalizados em documentos pertinentes.

A formalização dos serviços municipais pode apresentar os seguintes itens: nome; tipo ou classificação; objetivo; características; cidadãos; clientes ou usuários; funções ou temáticas municipais; fornecedores ou prestadores de serviços; desafios ou problemas pertinentes; componentes necessários de TI, infraestrutura paralela e RH; documentações; entre outros. Essa descrição deve atender aos níveis de detalhamento exigidos pela equipe multidisciplinar ou comitê gestor do projeto com o grau de necessidade do município e, principalmente, dos munícipes.

As técnicas e ferramentas formais ou informais de organização e métodos (O&M) podem contribuir na formalização dos serviços municipais, como formulários ou documentos específicos, diagramas, relatórios ou descrições formais, atas, entre outros recursos.

É preciso elaborar a formalização de todos os serviços municipais necessários para os cidadãos do município.

Elaborar quadro demonstrativo dos serviços municipais

Uma vez que todos os serviços municipais foram formalizados a partir de suas estratégias, esses detalhes devem ser sumariados em um quadro demonstrativo.

Esse resumo é elaborado para fins de apresentação pela equipe multidisciplinar ou comitê gestor do projeto e para aprovação final do município.

É preciso elaborar um quadro-resumo dos serviços oferecidos pelo município, pela prefeitura e pelas organizações públicas municipais envolvidas.

No projeto de PTI-CD, o planejamento dos serviços municipais deve contemplar identificação, estratégias e formalizações de todos os serviços municipais existentes na prefeitura e nas organizações públicas municipais envolvidas.

6.5 Executar, gerir e encerrar o projeto

Após a elaboração das fases *Avaliar e planejar TI e cidade digital* e *Avaliar e planejar serviços municipais*, pode-se rever a integração dessas fases com o projeto de PIM e com o projeto de PEM.

O projeto de PEM poderá ser complementado ou elaborado, principalmente no que tange a problemas ou desafios, objetivos, estratégias e ações municipais.

O projeto de PIM poderá ser complementado ou elaborado, principalmente no que tange aos modelos de informações, que são pré-requisitos para a avaliação e o planejamento dos sistemas de informação e de conhecimentos municipais propostos e respectivos perfis de RH necessários, sejam gestores locais ou servidores municipais, sejam munícipes.

O projeto de PTI-CD ainda pode ser complementado com a elaboração das fases *Avaliar e planejar RH* (ver Seção 5.6), *Priorizar e custear o projeto* (ver Seção 5.7) e *Executar o projeto* (ver Seção 5.8).

A fase *Gerir o projeto* deve ser elaborada juntamente com todas as fases do projeto de PTI-CD (ver Seção 5.9).

Todos os projetos municipais devem ser iniciados pela fase zero (ver Capítulo 3).

Lista de siglas

5S	*seiri*, *seiton*, *seiso*, *seiketsu* e *shitsuke* (utilização, organização, limpeza, bem-estar e autodisciplina)
5W1H	*who*, *when*, *what*, *where*, *why* e *how* (quem, quando, o que, onde, por que e como)
ABNT	Associação Brasileira de Normas Técnicas
BI	*Business Intelligence* (inteligência de negócios)
BSC	*Balanced Scorecard*
CIO	*Chief Information Officer*
CPD	centro de processamento de dados
CPM	*Critical Path Method* (método do caminho crítico)
CRM	*Customer Relationship Management* (gestão das relações com o consumidor)
DRE	demonstração do resultado do exercício
Ebit	*earnings before interest and taxes*
Ebitda	*earnings before interest, taxes, depreciation, and amortization*
ECC	*Enterprise Core Competence* (competências essenciais da organização)
EIS	*Executive Information Systems*
ERP	*Enterprise Resource Planning*
EVA	*economic value added*
FOFA	forças, oportunidades, fraquezas, ameaças
GIS	*Geographic Information System*
IA	inteligência artificial
ISO	*Organization for Standardization*
ITM	*Information Technology Manager*
LDO	Lei de Diretrizes Orçamentárias
LOA	Lei Orçamentária Anual
LOM	Lei Orgânica Municipal
LPPA	Lei do Plano Plurinanual
LRF	Lei de Responsabilidade Fiscal
MCom	Ministério das Comunicações

MIS	*Management Information Systems*
NPM	*New Public Management*
O&M	organização e métodos
OSM	organização, sistemas e métodos
PDCA	*plan, do, check, act* (planejar, fazer, verificar, agir)
PDM	plano diretor municipal
PEM	planejamento estratégico do município
PERT	*Program Evaluation and Review Technique* (técnica de avaliação e revisão de programa)
PIM	planejamento de informações municipais
PMBOK	*Project Management Body of Knowledge*
PMI	*Project Management Institute*
PODC	planejar, organizar, dirigir e controlar
PPAM	plano plurianual municipal
PSPM	planejamento de serviços públicos municipais
PTI	planejamento da tecnologia da informação
PTI-CD	planejamento da tecnologia da informação e da cidade digital
RH	recursos humanos
ROE	*return on equity*
ROI	*return on investment*
SAD	sistemas de apoio a decisões
SCM	*Supply Chain Management* (gestão da cadeia de suprimentos)
SIG	sistema de informação geográfica
SIS	*Spatial Information System*
SUS	sistema único de saúde
SWOT	*Strengths, Weaknesses, Opportunities, Threats*
TI	tecnologia da informação
TIC	tecnologia da informação e comunicação
TIR	taxa interna de retorno
VAUE	valor anual uniforme equivalente
VPL	valor presente líquido

Referências

AGENDA 21: Conferência das Nações Unidas sobre meio ambiente e desenvolvimento (1992: Rio de Janeiro). Curitiba: Ipardes, 2001.

ALBRECHT, K. Um modelo de inteligência organizacional. **HSM Management**, n. 44, maio/jun. 2004.

ANDRADE, N. de A. **Contabilidade pública na gestão municipal**. São Paulo: Atlas, 2002.

ANDREWS, K. R. **The Concept of Corporate Strategy**. Homewood: Richard D. Irwin, 1980.

ANSOFF, H. I. **The New Corporate Strategy**. New York: John Wiley & Sons, 1988.

BARZELAY, M. **The New Public Management**: Improving Research and Policy Dialogue. Berkeley: University of California Press, 2001. (The Aaron Wildavsky Forum for Public Policy, 3).

BRASIL. Constituição (1988). **Diário Oficial da União**, Poder Legislativo, Brasília, DF, 5 out. 1988. Disponível em: <https://www.planalto.gov.br/ccivil_03/constituicao/constituicao.htm>. Acesso em: 16 jan. 2024.

BRASIL. Lei n. 10.257, de 10 de julho de 2001. **Diário Oficial da União**, Poder Legislativo, Brasília, DF, 11 jul. 2001. Diposnível em: <https://www.planalto.gov.br/ccivil_03/leis/leis_2001/l10257.htm>. Acesso em: 16 jan. 2024.

BRASIL. Lei Complementar n. 101, de 4 de maio de 2000. **Diário Oficial da União**, Poder Legislativo, Brasília, DF, 5 maio 2000. Diponível em: <https://www.planalto.gov.br/ccivil_03/leis/lcp/lcp101.htm>. Acesso em: 16 jan. 2024.

BRASIL. Ministério das Cidades. **Plano diretor participativo**: guia para elaboração pelos municípios e cidadãos. Brasília: Confea, 2004. Disponível em: <https://bibliotecadigital.economia.gov.br/bitstream/123456789/181/2/Livro_Plano_Diretor_GUIA_DE_ELABORACAO.pdf>. Acesso em: 28 dez. 2023.

BRASIL. Ministério das Comunicações. Portaria n. 376, de 19 de agosto de 2011. **Diário Oficial da União**, Brasília, DF, 22 jul. 2011. Disponível em: <https://www.gov.br/mcom/pt-br/acesso-a-informacao/legislacao/copy_of_PORTARIAN376DE19DEAGOSTODE2011.pdf>. Acesso em: 16 jan. 2024.

CERTO, S. C.; PETER, J. P. **Administração estratégica**: planejamento e implantação da estratégia. Tradução de Flávio Deni Steffen. São Paulo: Makron Books, 1993.

CHIAVENATO, I. **Administração**: teoria, processo e prática. 3. ed. São Paulo: M. Books, 2000.

DEGEN, R. **O empreendedor**: fundamentos da iniciativa empresarial. Tradução de Álvaro Augusto Araújo Mello. São Paulo: Makron Books, 1989.

DENHARDT, R. B.; DENHARDT, J. V. The New Public Service: Serving Rather than Steering. **Public Administration Review**, Washington, v. 60, n. 6, p. 549- 559, Nov./Dec. 2000. Disponível em: <https://www.jstor.org/stable/977437?seq=11>. Acesso em: 23 jan. 2024.

DIRECTA. **Metodologias para sistemas e planejamento empresarial**. São Paulo: Directa BDO Consultores, 1992. Notas de treinamento.

DIXIT, A. K.; NALEBUFF, B. J. **Pensando estrategicamente**: a vantagem competitiva nos negócios, na política e no dia a dia. Tradução de Marcelo Levy. São Paulo: Atlas, 1994.

DOLABELA, F. **O segredo de Luísa**: uma ideia, uma paixão e um plano de negócios – como nasce o empreendedor e se cria uma empresa. São Paulo: Cultura, 1999.

DORNELAS, J. C. A. **Empreendedorismo**: transformando ideias em negócios. Rio de Janeiro: Campus, 2001.

DRUCKER, P. F. **Inovação e espírito empreendedor**: prática e princípios. Tradução de Carlos J. Malferrari. São Paulo: Pioneira, 1987.

ENGLAND, R. E.; PELISSERO, J. P.; MORGAN, D. R. **Managing urban America**. 7. ed. Washington: CQ Press, 2012.

ESTATUTO da cidade: guia para implementação pelos municípios e cidades. 2. ed. Brasília: Câmara dos Deputados, 2002.

FARREL, L. C. **Entrepreneurship**: fundamentos das organizações empreendedoras. Tradução de Heraldo da Silva Tino. São Paulo: Atlas, 1993.

FERNANDES, C. de S.; CARNIELLO, M. F. Análise estrutural do município de Mineiros/GO para implantação da cidade digital. **Revista Tecnologia e Sociedade**, v. 13, n. 28, maio/jun. 2017. Disponível em: <https://periodicos.utfpr.edu.br/rts/article/view/5180>. Acesso em: 16 jan. 2024.

FERRARI, C. **Curso de planejamento municipal integrado**: urbanismo. 5. ed. São Paulo: Pioneira, 1986.

FREY, K. Políticas públicas: um debate conceitual e reflexões referentes à prática da análise de políticas públicas no Brasil. Brasília: Instituto de Pesquisa Econômica Aplicada. **Revista IPEA**, v. 21, p. 211-259, 2000.

HARDT, C.; HARDT, L. P. A. **Plano diretor municipal**. Curitiba: Pontifícia Universidade Católica do Paraná – Doutorado e Mestrado em Gestão Urbana, 2009. Notas prévias de aula.

HITT, M. A.; IRELAND, R. D.; HOSKISSON, R. E. **Administração estratégica**. São Paulo: Thomson, 2002.

ISHIDA, T.; ISBISTER, K. (Eds.). **Digital Cities**: Technologies, Experiences, and Future Perspectives. Berlin: Springer, 2000. (Lecture Notes in Computer Science, v. 1.765). Disponível em: <https://link.springer.com/book/10.1007/3-540-46422-0>. Acesso em: 16 jan. 2023.

JONES, L. R.; THOMPSON, F. Um modelo para a nova gerência pública. Tradução de Maria Mercedes Mourão. **Revista do Serviço Público**, v. 51, n. 1, p. 41-80, jan./mar. 2000. Disponível em: <https://revista.enap.gov.br/index.php/RSP/article/view/319>. Acesso em: 23 jan. 2024.

KAPLAN, R. S.; NORTON, D. P. Using the Balanced Scorecard as a Strategic Management System. **Harvard Business Review**, v. 76, 1996.

KAUCHAKJE, S.; REZENDE, D. A. **Abordagens sociais e participativas do planejamento municipal**. Curitiba: Pontifícia Universidade Católica do Paraná – Doutorado e Mestrado em Gestão Urbana, 2009. Notas prévias de aula.

KROENKE, D. **Management Information Systems**. 2 ed. New York: McGraw-Hill, 1992.

LEMOS, E. **O que é inteligência empresarial**. Disponível em: <http://www.elisalemos.com.br/editorial/oque_intelig. html>. Acesso em: 24 jul. 2002.

LLONA, M.; LUYO, M.; MELGAR, W. **La planificación del desarrollo local em el Perú**: análisis de casos. Lima: Escuela para el Desarrollo, 2003. Disponível em: <https://assets-global.website-files.com/6197b9d2af046e33a7d9b6b9/61d61f25bf92e31834afa1de_La%20planificaci%C3%B3n%20estrat%C3%A9gica%20del%20desarrollo%20local%20en%20Per%C3%BA.%20An%C3%A1lisis%20de%20casos%20.pdf>. Acesso em: 24 jan. 2024.

MINTZBERG, H. Crafting Strategy. **Harvard Business Review**, July 1987. Disponível em: <https://hbr.org/1987/07/crafting-strategy>. Acesso em: 26 jan. 2024.

MINTZBERG, H.; AHLSTRAND, B.; LAMPEL, J. **Safári de estratégia**: um roteiro pela selva do planejamento estratégico. Tradução de Nivaldo Montingelli Jr. Porto Alegre: Bookman, 2000.

MINTZBERG, H.; QUINN, J. B. (Org.). **O processo da estratégia**. Tradução de James Suderland Cook. 3. ed. Porto Alegre: Bookman, 2001.

OLIVEIRA, D. de P. R. de. **Planejamento estratégico**: conceitos, metodologia e práticas. 14. ed. São Paulo: Atlas, 1999.

OSBORNE, D.; GAEBLER. T. **Reinventing Government:** How the Entrepreneurial Spirit is Transforming the Public Sector. Reading, MA: Addison-Wesley, 1992.

PASCUAL, J. M. **De la planificación a la gestión estratégica de las ciudades**. Barcelona: Diputació, 2001. (Colección Elements de debat, v. 13).

PMBOK 2000. Project Management Institute, 2000. **A Guide to the Project Management Body of Knowledge**. PMI Standard, CD-ROM.

PORTER, M. E. **Competitive Strategy**. New York: The Free Press, 1990.

QUINN, J. B. Strategies for Change. In: QUINN, J. B.; MINTZBERG, H.; JAMES, R. M. **The Strategy Process**: Concepts, Contexts and Cases. 2. ed. Englewood: Prentice-Hall, 1988. p. 4-12.

REZENDE, D. A. **Alinhamento do planejamento estratégico da tecnologia da informação ao planejamento empresarial**: proposta de um modelo e verificação da prática em grandes empresas brasileiras. 278 f. Tese (Doutorado em Engenharia de Produção) – Universidade Federal de Santa Catarina, Florianópolis, 2002. Disponível em: <http://repositorio.ufsc.br/xmlui/handle/123456789/83083>. Acesso em: 26 jan. 2024.

REZENDE, D. A. Cidade digital estratégica: conceito e modelo. In: INTERNATIONAL CONFERENCE ON INFORMATION SYSTEMS AND TECHNOLOGY MANAGEMENT – CONTECSI, 15., 2018, São Paulo. **Anais...** São Paulo: Contecsi USP, 2018a. p. 90-107. Disponível em: <https://www.tecsi.org/contecsi/index.php/contecsi/15CONTECSI/paper/view/5217/3111>. Acesso em: 17 jan. 2024.

REZENDE, D. A. **Inteligência organizacional como modelo de gestão em organizações privadas e públicas**: guia para projeto de *Organizational Business Intelligence* – OBI. São Paulo: Atlas, 2015.

REZENDE, D. A. **Planejamento de estratégias e informações municipais para cidade digital**: guia para projetos em prefeituras e organizações públicas. São Paulo: Atlas, 2012.

REZENDE, D. A. **Planejamento de informações públicas municipais**: guia para planejar sistemas de informação, informática e governo eletrônico nas prefeituras e cidades. São Paulo: Atlas, 2005.

REZENDE, D. A. **Planejamento de sistemas de informação e informática**: guia prático para planejar a tecnologia da informação integrada ao planejamento estratégico das organizações. 5. ed. São Paulo: Atlas, 2016.

REZENDE, D. A. **Planejamento estratégico público ou privado com inteligência organizacional**: guia para projetos em organizações de governo ou de negócios. Curitiba: InterSaberes, 2018b.

REZENDE, D. A. **Sistemas de informações organizacionais**: guia prático para projetos em cursos de administração, contabilidade e informática. 5. ed. São Paulo: Atlas, 2013.

REZENDE, D. A. Strategic Digital City: Concept, Model, and Research Cases. **Journal of Infrastructure, Policy and Development**, v. 7, n. 2, p. 1-16, 2023. Disponível em: <https://systems.enpress-publisher.com/index.php/jipd/article/view/2177>. Acesso em: 16 jan. 2023.

REZENDE, D. A.; ABREU, A. F. de. **Tecnologia da informação aplicada a sistemas de informação empresariais**. 9. ed. rev. e atual. São Paulo: Atlas, 2013.

REZENDE, D. A.; CASTOR, B. V. J. **Planejamento estratégico municipal**: empreendedorismo participativo nas cidades, prefeituras e organizações públicas. 2. ed. Rio de Janeiro: Brasport, 2006.

REZENDE, D. A. et al. Information and Telecommunications Project for a Digital City: A Brazilian Case Study. **Telematics and Informatics**, v. 31, n. 1, p. 98-114, Feb. 2014. Disponível em: <]https://www.sciencedirect.com/science/article/abs/pii/S0736585313000336>. Acesso em: 16 jan. 2023.

RUA, M. G. **Análise de políticas públicas**: conceitos básicos. Programa de Apoio a Gerência Social no Brasil. Brasília: BID, 1997.

SALIM, C. S. et al. **Construindo planos de negócios**: todos os passos necessários para planejar e desenvolver negócios de sucesso. Rio de Janeiro: Campus, 2001.

VASCONCELOS FILHO, P.; PAGNONCELLI, D. **Construindo estratégias para vencer**: um método prático, objetivo e testado para o sucesso da sua empresa. Rio de Janeiro: Campus, 2001.

VIGODA, E. From Responsiveness to Collaboration: Governance, Citizens, and the Next Generation of Public Administration. **Public Administration Review**, Washington, v. 62, n 5, p. 527-540, Sept./Oct. 2002. Disponível em: <https://www.jstor.org/stable/3110014>. Acesso em: 23 jan. 2024.

WRIGHT, P.; KROLL, M. J.; PARNELL, J. **Administração estratégica**: conceitos. Tradução de Celso Rimoli e Lenita R. Esteves. São Paulo: Atlas, 2000.

Sobre o autor

Denis Alcides Rezende é pós-doutor em Cidade Digital Estratégica (*Strategic Digital City*) (2014) pela DePaul University – School of Public Service, de Chicago (EUA), e em Administração (2006) pela Faculdade de Administração, Economia e Contabilidade da Universidade de São Paulo (FEA-USP); doutor em Engenharia de Produção (2002) pela Universidade Federal de Santa Catarina (UFSC); mestre em Informática (1999) pela Universidade Federal do Paraná (UFPR); especialista em Magistério Superior (1993) pela Universidade Tuiuti do Paraná (UTP); graduado em Administração de Empresas (1992) pela Faculdade de Plácido e Silva (Fadeps) e em Processamento de Dados (1986) pela Associação Educacional União Tecnológica do Trabalho da Faculdade de Ciências e Tecnologias do Paraná (UTT-Facet-PR). Atua com administração, estratégia, informação e gestão da tecnologia da informação desde 1980 e, desde 2002, com projetos de inteligência de organizações privadas e públicas (*organizational business intelligence*); também atua com atividades didáticas desde 1986 – atualmente leciona na Pontifícia Universidade Católica do Paraná (PUCPR) no doutorado e no mestrado em Gestão Urbana e na graduação, bem como em MBAs de outras instituições brasileiras. É pesquisador bolsista produtividade do Conselho Nacional de Desenvolvimento Científico e Tecnológico (CNPq) em Cidade Digital Estratégica desde 2013, com projetos em mais de 300 cidades nacionais e internacionais. Foi analista sênior e gerente em indústrias, comércio, banco e organizações de serviços e consultor da BDO International; Visiting Professor (Strategic Digital City) – Chaddick Institute for Metropolitan Development – School of Public Service – DePaul University – Chicago (USA), de maio de 2013 a março de 2016; e Project Coaching, Professor and Thesis Evaluator – Steinbeis University – School of International Business and Entrepreneurship – Alemanha, de fevereiro de 2015 a maio de 2016. É autor de 16 livros e coautor de 9 livros de inteligência organizacional, planejamento estratégico, sistemas de informação, tecnologia da informação e cidade digital estratégica (somando mais de 80 mil exemplares vendidos) e autor de mais de 350 artigos científicos publicados, tanto nacionais quanto internacionais. Desenvolve consultoria de projetos de inteligência organizacional, planejamento estratégico de organizações privadas e públicas, planos municipais, sistemas de informação, cidade digital estratégica e gestão da tecnologia da informação desde 1995 pela 9D Consultoria em Informação, Estratégia e Inteligência Organizacional, com projetos acadêmicos e de consultoria em cidades brasileiras e de outros países.

Para informações adicionais:
    www.DenisAlcidesRezende.com.br
    dar@DenisAlcidesRezende.com.br
    denis.alcides.rezende@gmail.com
    denis.rezende@pucpr.br

Os papéis utilizados neste livro, certificados por instituições ambientais competentes, são recicláveis, provenientes de fontes renováveis e, portanto, um meio **respons**ável e natural de informação e conhecimento.

Impressão: Reproset